Materialien für den Sekundarbereich II

Biologie

Karl-Heinz Scharf

Wilhelm Weber

Cytologie

Neubearbeitung

Schroedel Schulbuchverlag

Materialien für den Sekundarbereich II

Biologie

Cytologie, Neubearbeitung

Herausgegeben und bearbeitet von
Dr. Karl-Heinz Scharf, Dillingen
Prof. Dr. Wilhelm Weber, Reutlingen
unter Mitarbeit der Verlagsredaktion

Titelfoto: Erythrocyten in der Lunge,
Rasterelektronenmikroskopische Aufnahme,
Foto: M. Kage, Schloß-Weißenstein

Zeichnungen: Eva M. Scharf

ISBN 3-507-**10511**-X

Druck A 5 4 3 / Jahr 1988 87 86

Alle Drucke der Serie A sind im Unterricht parallel verwendbar. Die letzte Zahl bezeichnet das Jahr dieses Druckes.

Druck: Appl, Wemding

Inhaltsverzeichnis

1. Die Anfänge der Zellbiologie 7

2. Mikroskopische Untersuchung der Zelle

2.1. Auge-Lupe-Mikroskop 8
2.2. Bau und Funktion des Lichtmikroskops . 9
Praktikum: Herstellung einfacher Präparate 10
2.3. Lichtmikroskopische Untersuchung von Pflanzenzellen 11
2.4. Lichtmikroskopische Untersuchung tierischer Zellen 12
Praktikum: Längenmessung im Mikroskop 13
2.5. Lichtmikroskopische Untersuchungsmethoden 14
2.6. Das Elektronenmikroskop 16
2.7. Elektronenmikroskopische Untersuchungsmethoden 17
2.8. Gefrierätzung 18

3. Bau der Zelle

3.1. Größe und Gestalt der Zellen 20
3.2. Die Zellwand 24
3.3. Cytoplasma und Zellkern 26
3.4. Plastiden 28
Praktikum: Plastiden und Plastidenfarbstoffe 29
3.5. Vakuole und Zellsaft 30
3.6. Diffusion und Osmose 32
3.6.1. Plasmolyse und Turgor 32
Praktikum: Diffusion und Osmose 34
3.6.2. Theorie der Osmose 35
3.6.3. Die Zelle als osmotisches System . 36
3.6.4. Osmotische Bewegungen der Spaltöffnungen 38

4. Vom Einzeller zum Vielzeller

4.1. Einzellige Lebewesen 39
Praktikum: Lebenserscheinungen bei Einzellern 42
4.2. Übergangsformen zwischen Einzellern und Vielzellern 44
4.3. Die Zelle im Gewebeverband des Vielzellers 46
4.3.1. Tierische Gewebe 46
4.3.2. Pflanzliche Gewebe 48

5. Bewegungen als Leistungen der lebenden Zelle

5.1. Plasmaströmung 50
5.2. Geißeln und Cilien 52
5.3. Muskelkontraktion 54

6. Das elektronenmikroskopische Bild der Zelle

6.1. Kern und Kernhülle 57
6.2. Endoplasmatisches Reticulum 58
6.3. Ribosomen 59
6.4. Mitochondrien 60
6.5. Chloroplasten 64
6.6. Dictyosomen (GOLGI-Apparat) 66
6.7. Organisationsstufen der Zelle 68
6.8. Evolution von Mitochondrien und Plastiden 70

7. Vorgänge im Zellkern

7.1. Chromosomen 71
7.2. Mitose 72
7.3. Meiose 74
7.4. Nucleinsäuren 76
7.4.1. Bau und Raumstruktur der Desoxyribonucleinsäure 76
7.4.2. Bau und Raumstruktur der Ribonucleinsäure 80
7.4.3. Proteinbiosynthese und Genetischer Code 81

8. Bau- und Inhaltstoffe der Zelle

8.1. Ohne Wasser kein Leben 84
8.2. Kohlenhydrate 86
8.2.1. Monosaccharide 87
8.2.2. Oligosaccharide 88
8.2.3. Polysaccharide 89
8.3. Lipide 91
8.4. Proteine 92
8.4.1. Aufbau der Proteine 92
8.4.2. Raumstruktur der Proteine 93

9. Enzyme – Katalysatoren der Zelle

9.1. Bau und Wirkungsweise von Enzymen .. 95
Praktikum: Wirkungsweise von Enzymen 97
9.2. Einfluß von Außenbedingungen auf die Enzymreaktion 98
9.3. Enzymhemmung und Stoffwechselregulation 99
9.4. Anwendungen von Enzymen in Medizin und Technik 100

10. Biomembranen

10.1. Aufgaben und Eigenschaften von Biomembranen 101
Praktikum: Vitalfärbung von Pflanzenzellen 102
10.2. Feinbau von Biomembranen – Membranmodelle 103
10.3. Stofftransport durch Biomembranen 106
10.3.1. Diffusion 106
10.3.2. Passiver Transport 107
10.3.3. Aktiver Transport 109

11. Stoffwechsel der Zelle

11.1. Glycolyse 112
11.2. Citronensäurezyklus 115
11.3. Atmungskette 116

12. Photosynthese

12.1. Bedeutung der Photosynthese 117
Praktikum: Photosynthese 118
12.2. Bedingungen der Photosynthese 119
12.3. Lichtabsorption 120
12.4. Biochemie der Photosynthese 121
12.4.1. Die Herkunft des Sauerstoffs 121
12.4.2. Primärreaktionen – Sekundärreaktionen 122

Register 126

Bildquellenverzeichnis

11.1., 12.1., 12.6.: A. Jung, Hilchenbach; 13.1., 13.2.: K,-H. Scharf, Dillingen; 14.1., 14.2.: H. Tegen, Hambühren; 14.3.: R. Jung GmbH, Nußloch; 15.1., 15.2., 15.3., 15.4., 16.1., 17.1.: C. Zeiss, Oberkochen; 17.2.: J. Jaenicke, Rodenberg; 18.2.: R. G. Kessel, C. Y. Shih, Iowa City (USA); 20.1.A, 20.2.A: J. Lieder, Ludwigsburg; 21.1.A: A. Jung, Hilchenbach; 21.2.A: J. Lieder, Ludwigsburg; 24.1.A: A. Jung, Hilchenbach; 24.2.A, B: Strasburger, Lehrbuch der Botanik, G. Fischer Verlag, Stuttgart; 26.1., 26.2.: A. Jung, Hilchenbach; 28.1.: L. Hafner, Berlin; 28.2., 28.3.: A. Jung, Hilchenbach; 29.7.A, B, C: H. Tegen, Hambühren; 30.1.A, B, C: H. D. Frey, Rottenburg; 32.1.A, B: J. Jaenicke, Rodenberg; 33.1.A, 33.2.A: U. Kaiser, Göttingen; 34.1.: A. Jung, Hilchenbach; 34.2., 34.3.: H. Tegen, Hambühren; 37.1.A, B: W. Weber, Reutlingen; 38.1.: A. Jung, Hilchenbach; 38.4., 39.1.: Archiv; 39.2.: W. Stockem, Bonn; 40.2.A: M. Kage, Schloß Weißenstein; 41.1.: J. Lieder, Ludwigsburg; 41.2.A, 44.1.: Archiv; 44.2.: E. Pott, Stuttgart; 44.3.: J. Lieder, Ludwigsburg; 45.1.A: M. Kage, Schloß Weißenstein; 45.2.A: Photo-Center, Braunschweig; 46.1.A: J. Lieder, Ludwigsburg; 46.3.A: J. Lieder, Ludwigsburg; 46.3.D: M. Kage, Schloß Weißenstein; 47.1.: J. Lieder, Ludwigsburg; 47.2.: M. Kage, Schloß Weißenstein; 47.5., 48.1., 48.3.A, 49.1.: J. Lieder, Ludwigsburg; 49.3.A: A. Jung, Hilchenbach; 50.1.: Xeniel-Dia, Neuhausen; 50.2., 52.1.: V-Dia Verlag, Heidelberg; 52.2.: J. Jaenicke, Rodenberg; 53.1.: Archiv; 54.1.: E. Reale, Hannover; 57.1., 57.2., 58.1.: J. Jaenicke, Rodenberg; 59.1., 59.2.: A. Berkaloff u.a., Biologie und Physiologie der Zelle, Vieweg; 60.1.: J. Jaenicke, Rodenberg; 60.3.A: A. Berkaloff u.a., Biologie und Physiologie der Zelle, Vieweg; 62.1.: B. Nussinger, Nürnberg; 64.1.: J. Jaenicke, Rodenberg; 64.3.: W. Weber, Reutlingen (Somso-Modell); 65.1.: J. Jaenicke, Rodenberg; 66.1.A: A. Berkaloff u.a., Biologie und Physiologie der Zelle, Vieweg; 68.1.: F. Mayer, Göttingen; 69.2.: V-Dia Verlag, Heidelberg; 71.1.: W. Scheid, H. Traut, Münster; 71.2.: C. Fonatsch (Medizinische Hochschule, Hannover); 73.1.: A. S. Bajer, Eugene, Oregon (USA); 89.1.: A. Jung, Hilchenbach; 95.1.: Hoechst AG/Dräger, Frankfurt/Main; 101.1.: J. Lieder, Ludwigsburg; 101.2.: B. Nussinger, Nürnberg; 105.1.: J. Jaenicke, Rodenberg; 106.1.: M. Kage, Schloß Weißenstein; 111.2.: D.W. Urry, Birmingham, Alabama (USA).

1. Die Anfänge der Zellbiologie

Die Zellbiologie war wie kaum eine andere Wissenschaft abhängig von der Entwicklung eines einzigen Gerätes: des *Mikroskops.*

ROBERT HOOKE brachte mit der Erfindung des zusammengesetzten Mikroskops die Biologie einen entscheidenden Schritt weiter. Er untersuchte 1667 Flaschenkork und sah dabei „nicht sehr tiefe Poren, ähnlich einer Honigwabe", die er „cells" oder „boxes" nannte.

ANTON VAN LEEUWENHOEK baute etwa zur gleichen Zeit ein einfaches Mikroskop aus selbstgeschliffenen Linsen und untersuchte damit Wassertropfen aus Tümpeln sowie die roten Blutkörperchen im Blut des Lachses. Obwohl er viele seiner Beobachtungen noch nicht in einen Gesamtzusammenhang einordnen konnte, kamen ihm Zweifel an der damals noch allgemein anerkannten *Urzeugungstheorie,* nach der Lebewesen aus toter Substanz entstehen sollten.

MATHIAS SCHLEIDEN (1838) und THEODOR SCHWANN (1839) publizierten eine schon recht klare Beschreibung der Zelle und ihrer Funktionen. Sie erkannten, daß die Zelle eines jeden Gewebes einerseits eine in sich geschlossene Einheit darstellt, andererseits jedoch Baustein des gesamten Organismus ist. Diese Erkenntnisse waren die Grundlage der von ihnen begründeten **Zelltheorie,** die aussagt, daß alle Lebewesen aus Zellen aufgebaut sind.

RUDOLF VIRCHOW schließlich beobachtete 1855 den Vorgang der Zellteilung. Diese Entdeckung führte ihn zu der richtigen Schlußfolgerung, daß alle lebenden Zellen aus anderen lebenden Zellen hervorgegangen sein müssen. „Wo eine Zelle vorhanden ist, muß eine Zelle vorher existiert haben, genauso wie ein Tier nur aus einem Tier und eine Pflanze nur aus einer Pflanze hervorgeht."

Infolge ständiger Verbesserungen der Lichtmikroskope und der Erfindung des Elektronenmikroskops hat man heute ein genaues Bild von der Feinstruktur der Zelle.

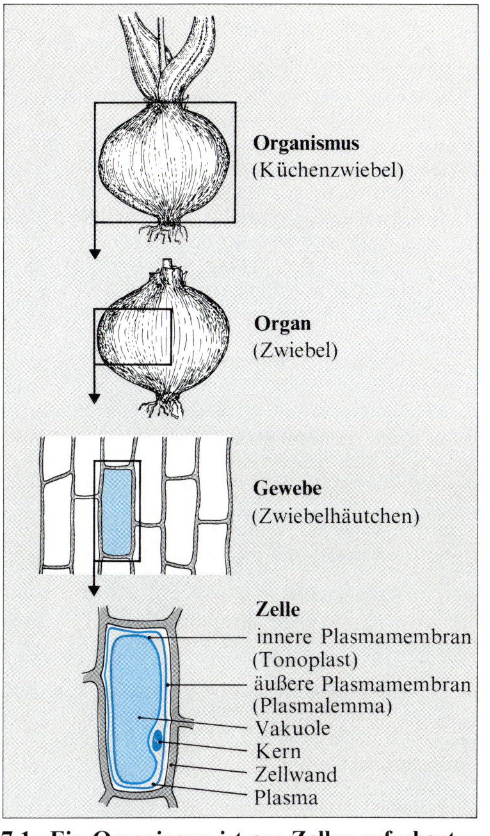

7.1. Ein Organismus ist aus Zellen aufgebaut

A 7.2. Übertragen Sie Bild 7.1. auf einen beliebigen tierischen Organismus. Nennen Sie auch Beispiele aus der Menschenkunde. Welche Möglichkeiten bietet eine Differenzierung eines vielzelligen Organismus in verschiedenartige Zellen?

A 7.3. Geben Sie aus anderen Forschungsgebieten wie der Chemie, der Medizin oder der Technik Beispiele für die schrittweise Entwicklung des Wissensstandes und für das Ineinandergreifen verschiedener, oft isolierter Einzelerkenntnisse!

2. Mikroskopische Untersuchung der Zelle

> I took a good clear piece of Cork, and with a Pen-knife sharpen'd as keen as a Razor, I cut a piece of it off, and thereby left the surface of it exceeding smooth, then examining it very diligently with a Microscope, me thought I could perceive it to appear a little porous.
> I with the same sharp Pen-knife, cut off from the former smooth surface an exceeding thin piece of it, and placing it on object Plate. I could exceeding plainly perceive it to be all perforated and porous, much like a Honey-comb, but that the pores of it were not regular.
> Our Microscope informs us that the substance of Cork is altogether fill'd with Air, and that that Air is perfectly enclosed in little Boxes or Cells distinct from one another.
> I no sooner descern'd these pores which were indeed the first microscopical pores I ever saw, and perhaps, that were ever seen, for I had not met with any Writer or Person, that had made any mention of them before this.

8.1. Auszug aus Micrographia (ROBERT HOOKE London 1667)

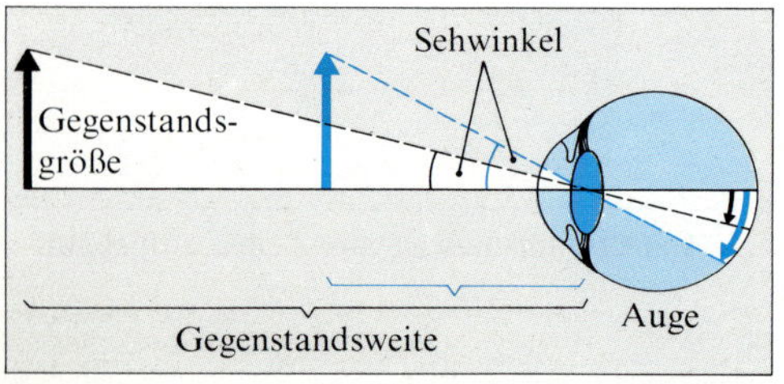

8.2. Perspektivische Vergrößerung. Ein Maß für die Größe des Netzhautbildes ist der Sehwinkel.

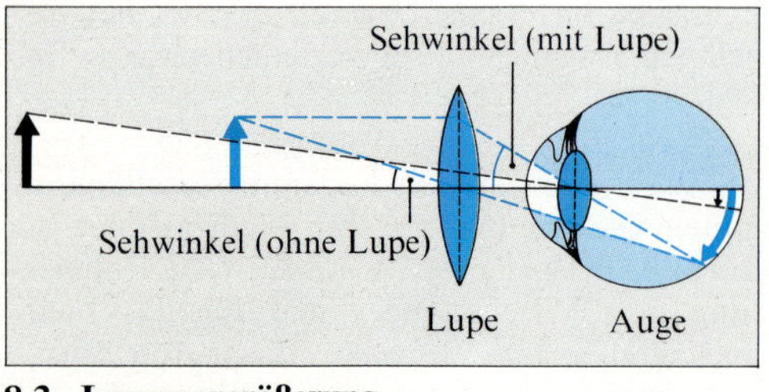

8.3. Lupenvergrößerung

2.1. Auge-Lupe-Mikroskop

Im Jahre 1667 berichtete ROBERT HOOKE von seinen mikroskopischen Beobachtungen an einem Korkstückchen. Zum ersten Mal war es möglich, einen Gegenstand wesentlich vergrößert zu sehen und Dinge sichtbar zu machen, die man mit bloßem Auge nicht erkennen kann.

Wollen wir einen Gegenstand, z.B. eine Bleistiftspitze oder einen einzelnen Buchstaben dieses Textes, mit bloßem **Auge** betrachten, so verringern wir den Abstand zum Objekt. Das Netzhautbild wird dabei größer. Wir nennen dies *perspektivische Vergrößerung*. Der Annäherung eines Gegenstandes an das Auge sind aber wegen der Linsenelastizität Grenzen gesetzt. Bei maximal abgekugelter Linse wird ein Punkt erreicht, bei dem ein Gegenstand gerade noch scharf gesehen wird. Wir nennen ihn den **Nahpunkt.**

Betrachten wir zwei eng benachbarte Punkte, z.B. Rasterpunkte einer Zeitungsabbildung, so stellen wir fest, daß diese einen bestimmten Mindestabstand aufweisen müssen, damit wir sie noch als getrennte Strukturen wahrnehmen können. Dabei beträgt der **Sehwinkel** etwa 2 Bogenminuten. Dieses Auflösungsvermögen wird bestimmt durch die Dichte der Sehzellen in der Netzhaut.

Mit einer **Lupe** kann man Gegenstände näher an das Auge heranbringen, ohne daß sie unscharf gesehen werden. Eine Annäherung an das Auge, d.h. eine Verkleinerung der Gegenstandsweite unter den Nahpunkt, bedeutet auch eine Vergrößerung des Sehwinkels und damit ein größeres Netzhautbild. Eine dreifache Lupenvergrößerung bedeutet beispielsweise eine dreifache Vergrößerung des Sehwinkels.

Erst durch die Erfindung des zusammengesetzten **Mikroskops,** eines aus zwei Linsensystemen bestehenden optischen Geräts, war es möglich, kleinste Strukturen mehrere hundert Mal zu vergrößern und so sichtbar zu machen.

2.2. Bau und Funktion des Lichtmikroskops

Betrachten wir ein Foto in einer Tageszeitung, so sehen wir oft schon mit bloßem **Auge,** daß es aus einzelnen Punkten zusammengesetzt ist. Auch die Bilder dieses Buches bestehen aus einzelnen Punkten. Eine **Lupe** zeigt dies sehr deutlich. Will man noch kleinere Strukturen erkennen, z.B. von biologischem Material, so verwendet man ein **Lichtmikroskop.**

Objektiv und Okular. Ein Mikroskop ist eine Kombination von zwei Linsensystemen, dem Objektiv und dem Okular. Meist sind mehrere *Objektive* in einen drehbaren Objektivrevolver geschraubt. So können sie schnell gewechselt werden. Die Eigenvergrößerung ist eingraviert. Je stärker die Objektivvergrößerung, desto geringer wird der Abstand der Frontlinse des Objektivs zum Objekt. Ein stärker vergrößerndes Objektiv muß deshalb sehr vorsichtig eingeschwenkt werden.
Auch das *Okular* ist austauschbar. Die Eigenvergrößerung ist auch hier eingraviert. Durch Multiplikation der Werte von Objektiv- und Okularvergrößerung erhält man die **Gesamtvergrößerung.**
Jede mikroskopische Untersuchung sollte mit der schwächsten Vergrößerung beginnen. Man erhält auf diese Weise einen ersten Überblick über das Objekt und kann eine optimale Präparatstelle auswählen. Erst danach werden stärkere Objektivvergrößerungen eingeschwenkt.

Kondensorlinse, Kondensorblende, Beleuchtung. Die meisten Schulmikroskope besitzen eine elektrische Ansteckleuchte, die das Gesichtsfeld gleichmäßig ausleuchtet. Eine einschwenkbare Kondensorlinse unterstützt diesen Effekt. Mit der Kondensorblende kann man Bildhelligkeit und Kontrast regeln.

Grobtrieb, Feintrieb. Zur Regulierung des Abstandes zwischen Objekt und Frontlinse dienen Grobtrieb und Feintrieb. Bei geringster Gesamtvergrößerung stellt man das Präparat zuerst mit dem Grobtrieb scharf ein. Bei guten Mikroskopen braucht auch nach einem Wechsel des Objektivs nur noch mit dem Feintrieb nachreguliert zu werden. Durch Hin- und Herdrehen der Mikrometerschraube kann man nacheinander verschiedene Höhenschichten des Präparats scharfstellen und sich dadurch eine räumliche Vorstellung des Objekts verschaffen.

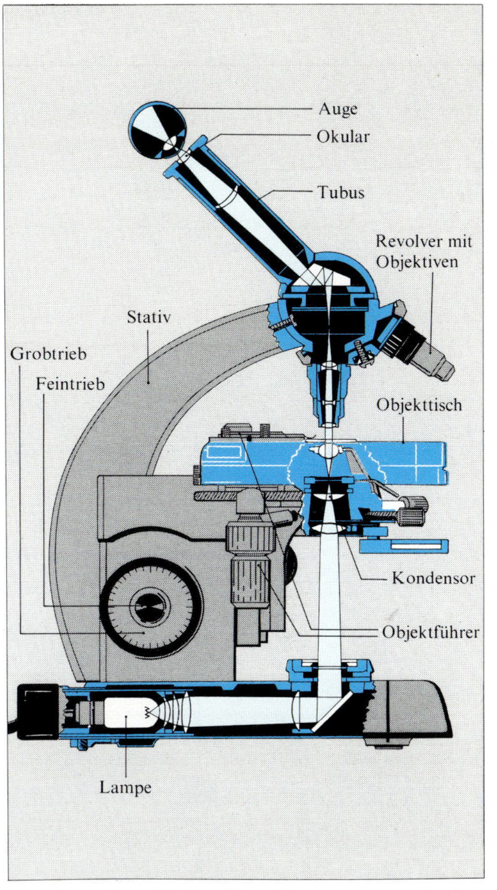

9.1. Bau eines Lichtmikroskops

A 9.2. Vergleichen Sie die Schemazeichnung der Abb. 9.1. mit Ihrem Mikroskop und benennen Sie dessen einzelne Teile.

A 9.3. Berechnen Sie für Ihr Mikroskop alle möglichen Vergrößerungen und tragen Sie diese in ein Kombinationsquadrat ein.

Pflege des Mikroskops

Zur Reinigung des Mikroskops benötigt man einen sauberen Leinenlappen, destilliertes Wasser, einen Pinsel sowie eventuell (für hartnäckige Schmutzstellen) Reinigungsbenzin (Alkohol darf zur Reinigung keinesfalls verwendet werden, da er den Kitt löst, mit dem die Linsen befestigt sind).

Nach jeder mikroskopischen Arbeit muß das Mikroskop gereinigt und vor Staub geschützt aufbewahrt werden.

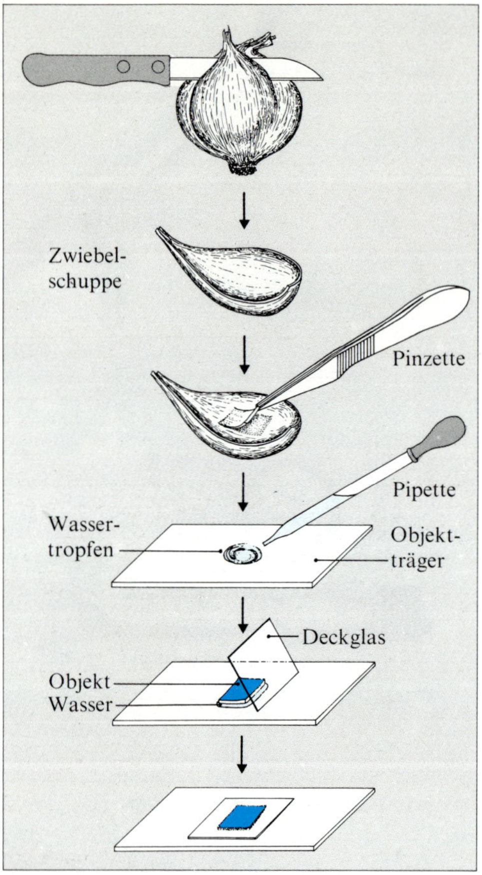

10.1. Präparation der Epidermis von der Innenseite einer Zwiebelschuppe

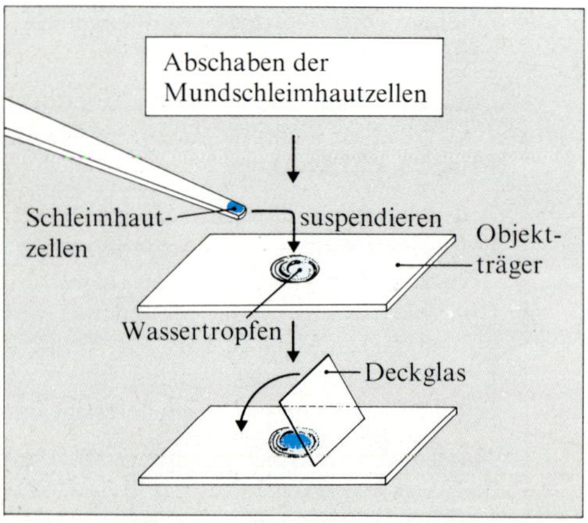

10.2. Präparation von Mundschleimhautzellen

Materialien und Geräte: Mikroskop, rote Zwiebel, Rasierklinge (an einer Seite mit Klebeband „entschärft"), Messer, Pinzette, Tropfpipette, Holzspatel (Zündhölzer), Objektträger, Deckgläser, Leitungswasser.

V 10.3. Zwiebelhäutchen

Wenn wir eine Zwiebel in Sektoren zerschneiden, so läßt sie sich leicht in einzelne „Zwiebelschuppen" zerlegen.
An der Außen- oder Innenseite einer Schuppe grenzen wir eine kleine, wenige Quadratmillimeter große Fläche mit der Rasierklinge ab. Mit einer Pinzette wird die so abgegrenzte Epidermis, das Zwiebelhäutchen, abgezogen. Auf einen sauberen Objektträger bringen wir mit einer Handpipette einen kleinen Tropfen Wasser etwa von der Größe des Zwiebelhäutchens. In den Wassertropfen hinein legen wir jetzt das Gewebestückchen. Man sollte darauf achten, daß das Objekt auch auf der Oberseite benetzt ist. Einige Sorgfalt erfordert jetzt das Auflegen des Deckglases. Man setzt es unter spitzem Winkel von der Seite her über den Wassertropfen. Ist dieser zu groß, schwimmt das Deckglas hin und her, ist er zu klein, bleiben Luftblasen unter dem Deckglas.
Im ersten Fall kann man mit Filterpapier Wasser vorsichtig von der Seite her absaugen. Im zweiten Fall wird vom Deckglasrand her mit einer Pipette vorsichtig Wasser zugefügt. Infolge der Kapillarkräfte dringt es sofort unter das Deckglas.

V 10.4. Mundschleimhaut

Wenn man mit einem Holzspatel oder einem abgeflachten Ende eines Zündhölzchens vorsichtig an der Innenseite der Wange entlangstreicht, kann man, ohne sich zu verletzen, Epithelzellen der Mundschleimhaut abschaben.
Wir lösen dabei von dem geschlossenen Plattenepithel der Mundschleimhaut einige Zellen ab. Epithelien sind Gewebe aus dicht beieinanderstehenden Zellen, die äußere und innere Oberflächen überziehen. Sie haben meist nur eine Lebensdauer von wenigen Tagen und werden laufend durch neue ersetzt. Man kann sie deshalb gefahrlos entfernen. Wir suspendieren die abgeschabten Zellen vorsichtig in einem Wassertropfen, der sich auf dem Objektträger befindet, und legen das Deckglas auf.

2.3. Lichtmikroskopische Untersuchung von Pflanzenzellen

Zur mikroskopischen Untersuchung von Pflanzenzellen eignen sich sehr gut die Zellen des Zwiebelhäutchens (Arbeitsanleitung S. 10). Hat man ein brauchbares Präparat hergestellt, wird dieses auf dem Objekttisch des Mikroskops fixiert. Wir beginnen die mikroskopische Beobachtung zunächst mit der schwächsten Objektivvergrößerung.

Hat man sich einen ersten Überblick verschafft und eine geeignete Präparatstelle in die Bildmitte gerückt, werden stärkere Objektivvergrößerungen verwendet. Die Kondensorblende muß dabei möglicherweise etwas geöffnet werden.

Deutlich sind jetzt die Zellgrenzen, die **Zellwände,** zu erkennen. Sie geben der Zelle ihre feste Gestalt. Der Zellinhalt erscheint dagegen strukturlos. Das Plasma liegt der Zellwand nur in dünner Schicht an und ist durchsichtig. Wir haben bei unserem Präparat bereits ältere (ausdifferenzierte) Zellen vor uns. Bei jungen (embryonalen) Zellen füllt das Plasma die Zelle noch vollständig aus. Mit zunehmendem Wachstum bilden sich zellsaftgefüllte Hohlräume, die **Vakuolen,** die bei älteren Zellen zu einer großen Zentralvakuole zusammengeflossen sind. Die Vakuole enthält eine wäßrige Lösung verschiedener organischer und anorganischer Stoffe. Haben wir rote Zwiebeln verwendet, so ist der Vakuoleninhalt kräftig rot gefärbt und gut sichtbar. Er enthält den Farbstoff Anthocyan („Blütenblau").

Der schon geübte Betrachter findet in der Zelle auch den **Zellkern.** Man benötigt dazu eine starke Vergrößerung (etwa 300 bis 400fach). Der stärker lichtbrechende, meist etwas körnige Zellkern liegt häufig an einer Wandfläche. Weil man durch die Zellen hindurchsieht, entsteht jedoch gelegentlich der Eindruck, der Kern liege in der Zellmitte.

Man kann mit ausgewählten Farbstoffen verschiedene Strukturen der Zelle *anfärben* und sie dadurch besser sichtbar machen. Ein geeigneter Farbstoff hierzu ist **Methylenblau.** Bereits eine 0,1-prozentige Lösung genügt, um den Zellkern kräftig blau hervortreten zu lassen. Durch verdünnte **Iod-Iodkalium-Lösung** kann man Zellen *fixieren.* Dabei wird die Zelle abgetötet und zugleich angefärbt. Vor allem der Zellkern tritt dabei hervor.

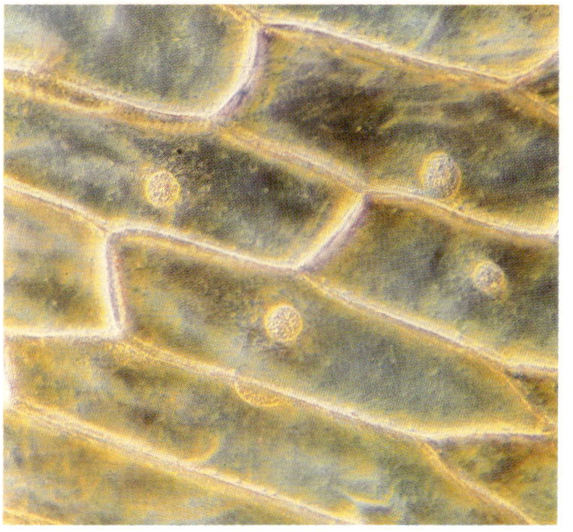

11.1. Zellen der Zwiebelepidermis (Foto)

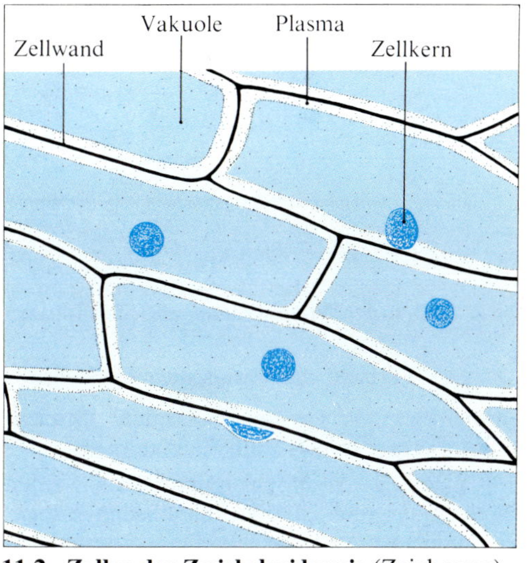

11.2. Zellen der Zwiebelepidermis (Zeichnung)

V 11.3. Anfärben von Zellen

Materialien und Geräte: Weiße Zwiebeln, 0,1prozentige Methylenblaulösung, Mikroskop

Durchführung: Wir legen ein Stückchen eines Zwiebelhäutchens in einen Tropfen Methylenblau und mikroskopieren nach Auflegen des Deckglases. Zeichnung!

V 11.4. Fixieren von Zellen

Materialien und Geräte: Weiße Zwiebel, Iod-Iodkaliumlösung (Lugolsche Lösung)

Durchführung: Wir legen ein Stückchen eines Zwiebelhäutchens in einen Tropfen Lugolsche Lösung und mikroskopieren nach Auflegen des Deckglases. Zeichnung!

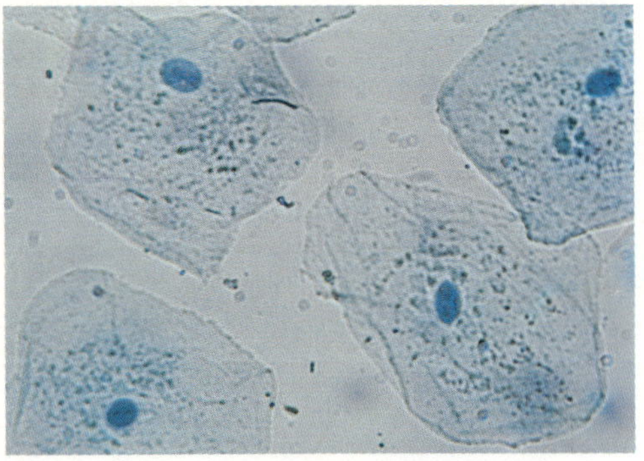

12.1. Zellen der Mundschleimhaut (Foto)

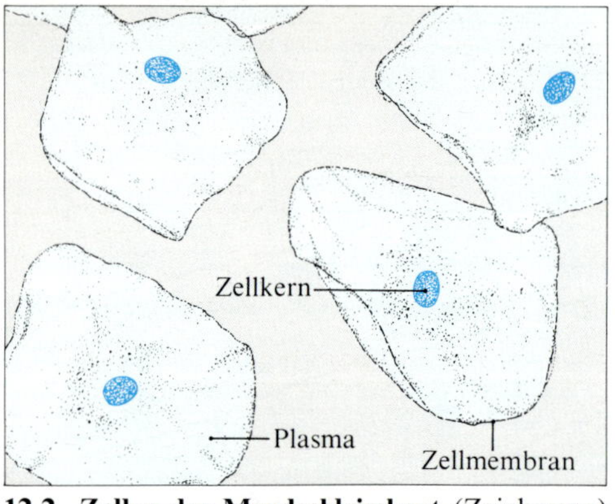

12.2. Zellen der Mundschleimhaut (Zeichnung)

V 12.3. Färbung von Mundschleimhautzellen

Materialien und Geräte: Holzspatel (Streichholz), 0,1prozentige Methylenblaulösung

Durchführung: Mundschleimhautzellen werden in einem Tropfen Methylenblaulösung suspendiert und nach Auflegen eines Deckglases mikroskopiert.

V 12.4. Beobachtung von Pantoffeltierchen

Materialien und Geräte: Pantoffeltierchenkultur, Watte, Mikroskop

Durchführung: In einen Tropfen einer Pantoffeltierchenkultur bringen wir einige Fäden Watte. Nach Auflegen des Deckglases mikroskopieren wir. Die Wattefäden hindern die Tiere etwas an der Bewegung.

V 12.5. Herstellung von Dauerpräparaten

Materialien und Geräte: Präparat z.B. eines Insektenflügels, Einschlußmittel (Caedax)

Durchführung: Auf ein trockenes Präparat wird ein kleiner Tropfen des zähflüssigen Harzes Caedax getropft.

2.4. Lichtmikroskopische Untersuchung tierischer Zellen

Mundschleimhaut. Zur Untersuchung tierischer Zellen eignen sich gut die Zellen der menschlichen Mundschleimhaut (Arbeitsanleitung S. 10).

Ein Präparat von Mundschleimhautzellen enthält eine große Zahl einzelner Zellen. Gelegentlich findet man auch noch Epithelstücke, bei denen der Zellverband teilweise erhalten ist. Dort liegen die Zellen flächig nebeneinander. Auch bei diesem Präparat können wir durch Färbung der Zellen mit *Methylenblau* den Kontrast der Zellstrukturen erhöhen. Vor allem der Zellkern tritt deutlich hervor. An den Zellrändern erscheinen (bei stärker geschlossener Kondensorblende) viele der flachen Zellen umgeschlagen. Dies ist ein Zeichen dafür, wie dünn und biegsam die Zellen sind.

Wir erkennen hier ein erstes Charakteristikum der tierischen Zelle: Sie besitzt *keine feste Zellwand* wie die Pflanzenzelle, sondern nur eine dünne, elastische **Zellmembran.** Ein weiterer Unterschied zur Pflanzenzelle fällt ebenfalls auf: Die für ältere Pflanzenzellen typische Vakuole fehlt bei allen tierischen Zellen.

Bei methylenblau-gefärbten Zellen und sehr starker Vergrößerung finden wir auf der Zelloberfläche auch fast immer kleine Stäbchen und Kugeln. Es handelt sich um Bakterien, die normalerweise im Mundraum vorkommen.

Pantoffeltierchen. Als Beispiel für ein einzelliges tierisches Lebewesen dient das Pantoffeltierchen (Paramecium). Es bewegt sich mit Hilfe von Wimpern, die die gesamte Zelloberfläche bedecken, um die Längsachse rotierend vorwärts.

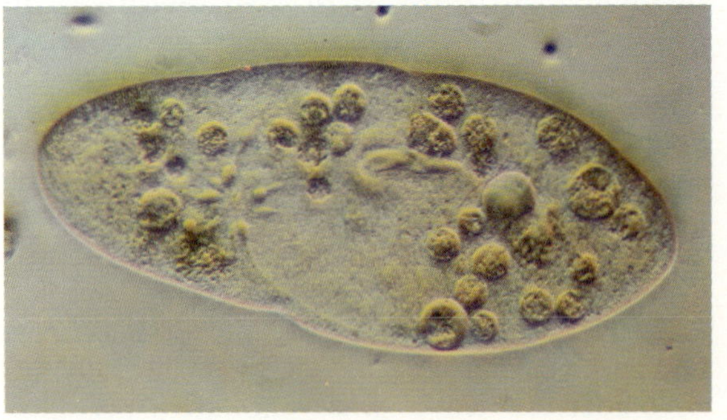

12.6. Pantoffeltierchen (Paramecium)

Längenmessung im Mikroskop

Materialien und Geräte: 1 Mikroskop, Präparat eines Zwiebelhäutchens (Präparationsanleitung S. 10), 1 Okularmikrometer, 1 Objektmikrometer.

Durchführung: Zur Messung von Zellgrößen kann man nicht einfach einen Maßstab – und sei er auch sehr klein – an die winzigen Objekte anlegen. Selbst transparentes Millimeterpapier ist hierfür ungeeignet oder gestattet allenfalls grobe Abschätzungen. Es gibt aber im Verlauf des Strahlengangs des Mikroskops eine Stelle, an die ein Maßstab gebracht werden kann. Im Okular entsteht ein sogenanntes reelles Zwischenbild (Abb. 9.1.). Dieses wird beim Mikroskopieren sozusagen mit einer Lupe (der Augenlinse des Okulars) betrachtet. An dieser Stelle kann ein Maßstab eingelegt werden.

Okularmikrometer: Hierzu eignet sich ein kleines Scheibchen mit eingravierter Stricheinteilung (10 mm in 100 Teilen), das genau auf die Sehfeldblende des Okulars paßt. Man muß zum Einlegen des Okularmikrometers allerdings die Augenlinse des Okulars abschrauben. Dann legt man das Okularmikrometerscheibchen mit der Stricheinteilung nach unten auf die Sehfeldblende und schraubt die Augenlinse wieder auf. Im Handel sind auch komplette Meßokulare erhältlich.

Der Okularmaßstab erlaubt zunächst noch keine absolute Messung, da er beim Objektivwechsel gleich groß bleibt und nacheinander mit verschieden stark vergrößerten Bildern des Objekts zur Deckung gebracht wird. Für jede Okular-Objektiv-Kombination muß das Okularmikrometer also geeicht werden.

Objektmikrometer. Zur Eichung des Okularmikrometers benutzt man einen Maßstab bekannter Länge, der anstelle des Präparats auf den Objekttisch gelegt wird. Diese Skala, die in ein objektträgergroßes Glasplättchen eingraviert ist, ist im allgemeinen 1 mm lang und in 100 Teile von je 10 µm eingeteilt. Die beiden Skalen werden nahe beieinander in parallele Lage gebracht. Für jede Okular-Objektiv-Kombination wird nun der Abstand zweier Teilstriche im Okularmikrometer ermittelt und für die anschließenden Messungen notiert.
Statt des Objektmikrometers werden jetzt wieder die zu messenden Präparate auf den Objekttisch gelegt.

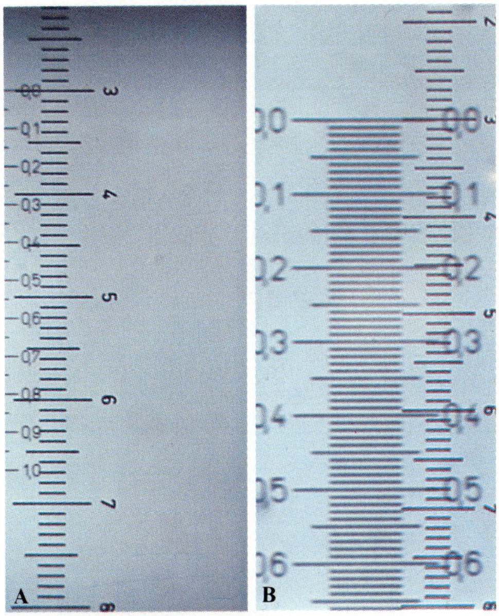

13.1. Eichung des Okularmikrometers: A bei 40facher Vergrößerung **B** bei 80facher Vergrößerung

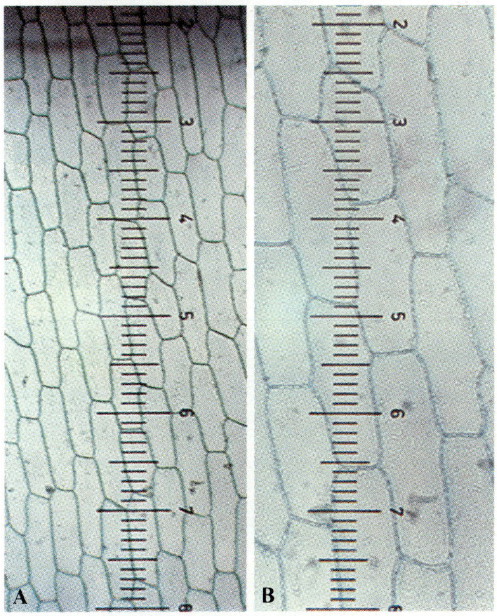

13.2. Präparat des Zwiebelhäutchens mit Okularmikrometer: A bei 40facher Vergrößerung **B** bei 80facher Vergrößerung

14.1. Herstellung eines Schnittes der Blattepidermis

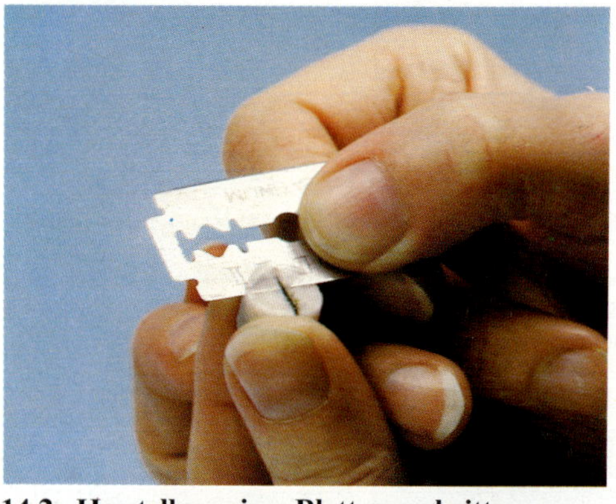

14.2. Herstellung eines Blattquerschnittes

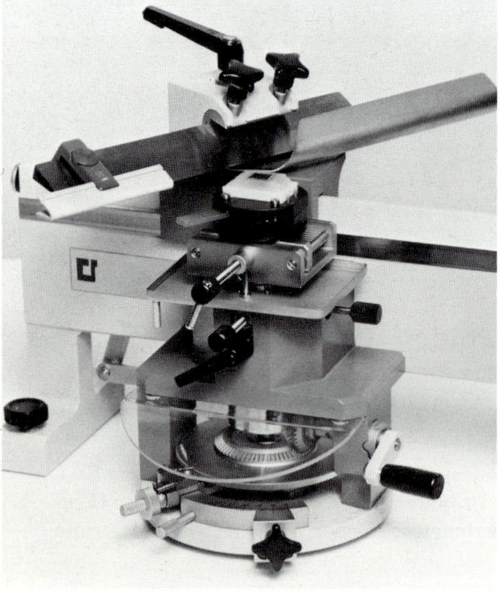

14.3. Mikrotom

2.5. Lichtmikroskopische Untersuchungsmethoden

Präparate des Zwiebelhäutchens und der Mundschleimhaut sind leicht herzustellen und eignen sich gut für erste Untersuchungen. Die Objekte sind so dünn und lichtdurchlässig, daß man sie nicht weiter vorbehandeln muß. Will man aber dickeres tierisches oder pflanzliches Gewebe untersuchen, so muß man zuerst dünne Schnitte herstellen.

Herstellung von Dünnschnitten. Mit etwas Geschick und Übung lassen sich auch mit einer Rasierklinge einfache Schnitte, z.B. von Blattgewebe, herstellen. In den Randzonen solcher „Handschnitte“ finden sich meist gut mikroskopierbare Bereiche, die nicht zu dick sind. Dünnschnitte gleichbleibender Qualität und Dicke erhält man jedoch erst mit einem Spezialapparat, dem **Mikrotom.** Bei diesem Gerät wird ein Metall-, Glas- oder Diamantmesser an dem speziell dafür vorbehandelten Gewebe vorbeigeführt. Durch gleichmäßigen Vorschub des Präparats können so Scheibchen von wenigen Mikrometern Dicke abgeschnitten werden.

Fixierung, Einbettung, Färbung. Um Gewebestücke in Dünnschnitte zerteilen zu können, muß man die Zellen in manchen Fällen abtöten und in einen haltbaren Zustand überführen. Dabei sollen die natürlichen Zellstrukturen so wenig wie möglich verändert werden. Eine solche *Fixierung* erfolgt meist mit Chemikalien, wie Formalin oder Alkohol, die mit den Eiweißstoffen des Präparats reagieren.
Fixiertes Gewebe ist zu weich, um in mikroskopierbare, dünne Scheibchen geschnitten zu werden. Es wird deshalb in härteres, aber gut schneidbares Material eingebettet. Besonders geeignet ist **Paraffin.** Da Paraffin mit Wasser nicht mischbar ist, muß das Präparat zuerst entwässert werden. Hierzu stellt man es nacheinander in Alkohol mit stufenweise ansteigender Konzentration. Dann wird es mit einer Flüssigkeit, z.B. Xylol, getränkt, die sich mit Paraffin mischt. Ein so vorbehandeltes Gewebe kann in das erwärmte flüssige Paraffin gebracht und nach dem Erhärten geschnitten werden.
Die Schnitte werden auf einen Objektträger gebracht, mit Hilfe von Xylol vom Paraffin befreit und anschließend gefärbt. Durch unterschiedliche Farbstoffaufnahme erhält man Farb- und Helligkeitsunterschiede innerhalb eines Schnittes. Man bezeichnet diesen Effekt als **Kontrastierung.**

Hellfeldmikroskopie. Dies ist das in der Schule übliche Verfahren, bei dem die Lichtwellen das Objekt durchstrahlen. Zusätzliche Kontraste können durch Färbung erzielt werden.

Dunkelfeldmikroskopie. Bei diesem mikroskopischen Verfahren gelangt nur Licht, das am Objekt gestreut wird, in das Objektiv und damit zum Auge des Betrachters. Man erreicht dies durch einen sogenannten *Dunkelfeldkondensor*. Durch ihn wird das Objekt schräg von unten angestrahlt. Es erscheint dadurch hell auf dunklem Untergrund. Mit der Dunkelfeldmikroskopie kann man sehr gut Zellbereiche darstellen, die sich von ihrer Umgebung durch eine plötzliche und starke Änderung der Lichtbrechung unterscheiden. Diese Brechungsdifferenzen werden im mikroskopischen Bild als Kontraste sichtbar.

Phasenkontrastmikroskopie. Viele biologische Objekte zeigen vor allem im lebenden Zustand Strukturen mit geringem Kontrast. Das heißt, durchfallendes Licht wird nur wenig absorbiert oder gebrochen. Schon geringe Dichteunterschiede reichen jedoch aus, Phasenunterschiede des durchstrahlenden Lichts zu erzeugen. Durch eine spezielle Konstruktion können solche Phasenunterschiede in Helligkeitsunterschiede umgewandelt und damit für unser Auge sichtbar gemacht werden.

Interferenzkontrastmikroskopie. Wie bei der Phasenkontrastmikroskopie werden Phasenunterschiede des Lichtes in Helligkeitsunterschiede umgesetzt. Im Unterschied zur Phasenkontrastmikroskopie wird das Licht, bevor es das Objekt durchstrahlt, in einen „Objektstrahl" und einen „Vergleichsstrahl" geteilt. Unterschiedlich stark lichtbrechende Teile des Objekts bewirken nun eine Phasenverschiebung des Lichtes und führen zu einem Phasenunterschied gegenüber dem Vergleichsstrahl. Nach Vereinigung der beiden Strahlengänge entstehen farbige Interferenzbilder, je nach dem Phasenunterschied, den das Objekt erzeugte.

Fluoreszenzmikroskopie. Hierbei nutzt man die Tatsache aus, daß manche Stoffe bei Bestrahlung mit ultraviolettem oder kurzwelligem sichtbarem Licht einen Teil der absorbierten Energie als langwellige Fluoreszenzstrahlung wieder abgeben. Auf diese Weise können z. B. biologische Strukturen aufgrund ihrer Eigenfluoreszenz oder nach Färbung mit fluoreszierenden Farbstoffen untersucht werden.

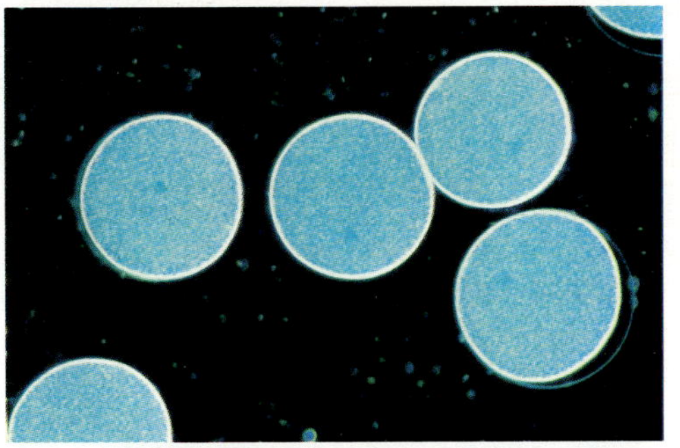

15.1. Dunkelfeldmikroskopie (Seeigeleier)

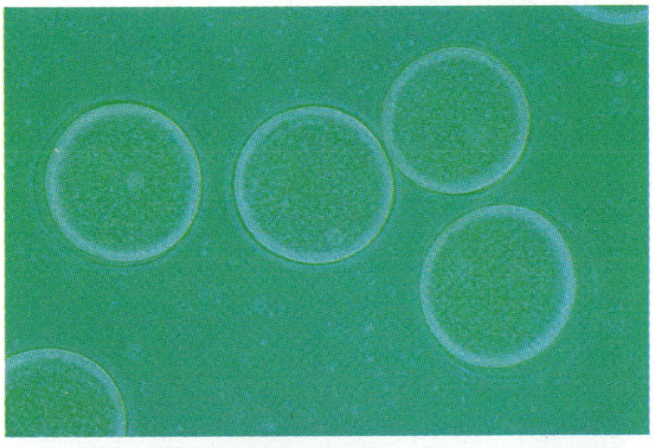

15.2. Phasenkontrastmikroskopie (Seeigeleier)

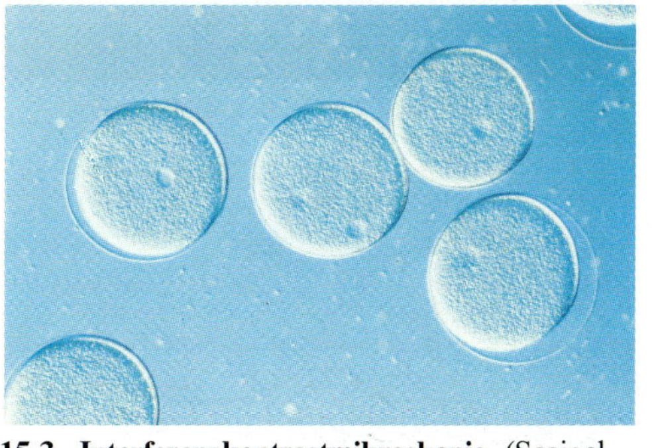

15.3. Interferenzkontrastmikroskopie (Seeigeleier)

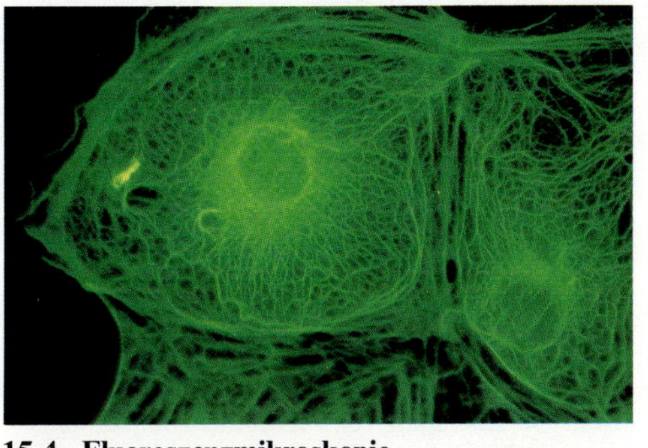

15.4. Fluoreszenzmikroskopie

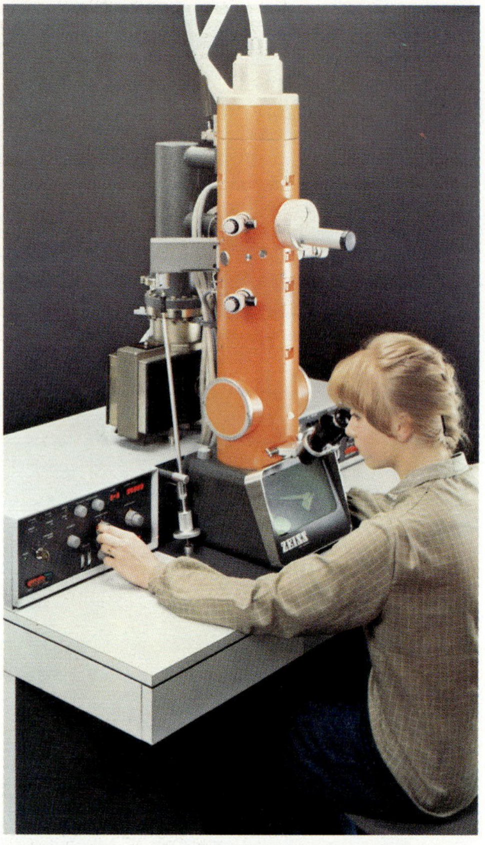

16.1. Aufbau eines Elektronenmikroskops

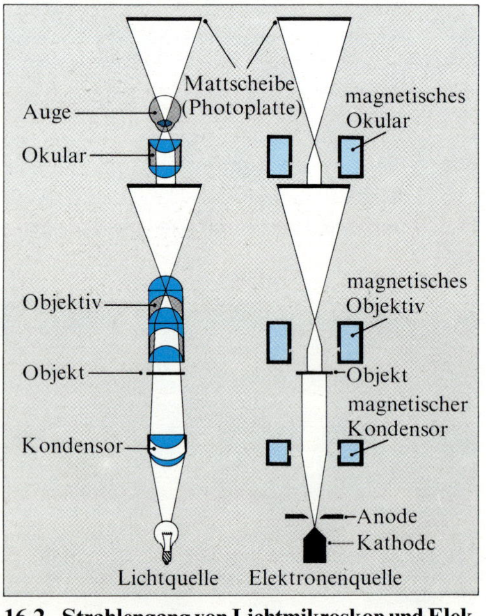

16.2. Strahlengang von Lichtmikroskop und Elektronenmikroskop im Vergleich

2.6. Das Elektronenmikroskop

Die Leistungsfähigkeit des Lichtmikroskops ist begrenzt durch die Wellenlänge des sichtbaren Lichtes. Auch das beste Lichtmikroskop kann zwei Punkte nur dann getrennt abbilden, d.h. auflösen, wenn deren Abstand mindestens so groß ist wie die halbe Wellenlänge des verwendeten Lichts. Bei Licht der Wellenlänge 600 nm beträgt das *Auflösungsvermögen des Lichtmikroskops* also etwa 300 nm. Zwei Punkte, die näher als 300 nm beieinander liegen, werden nicht mehr getrennt wahrgenommen.

Um 1920 erkannte man, daß sich Elektronen durch elektrische Felder auf sehr hohe Geschwindigkeiten beschleunigen und wie Licht bündeln und streuen lassen. Elektronen mit einer Geschwindigkeit von etwa 200000 km/sec verhalten sich wie „Licht" extrem kurzer Wellenlänge.

Als **Elektronenquelle** dient beim Elektronenmikroskop (EM) ein auf etwa 2500 °C erhitzter Wolframdraht. An dieser Glühkathode liegt eine Hochspannung von etwa −100000 Volt. Die austretenden Elektronen werden in einem starken elektrischen Feld bis auf zwei Drittel der Lichtgeschwindigkeit beschleunigt. Durch die Lochblende in der Anode tritt also ein extrem schneller und damit kurzwelliger Elektronenstrahl. Da Elektronen sogar von den Molekülen und Atomen der Luft abgelenkt werden, muß die Säule des Elektronenmikroskops, die die Elektronen durchfliegen, vollkommen luftleer gepumpt werden.
Elektronenstrahlen werden von Glaslinsen absorbiert, deshalb verwendet man im Elektronenmikroskop elektromagnetische Felder als elektromagnetische Linsen. Diese wirken auf den Elektronenstrahl wie Glaslinsen auf den Lichtstrahl des Lichtmikroskops. Elektromagnetische Linsen haben einen großen Vorteil: Durch Veränderung der Stromstärke kann man die Vergrößerung stufenlos regeln.
Mit modernen Elektronenmikroskopen erreicht man Auflösungsverbesserungen um etwa 1000fach gegenüber dem Lichtmikroskop. In der Praxis kann man noch Strukturen von 2 bis 3 nm auflösen.

Elektronenstrahlen sind für unser Auge nicht sichtbar. Man muß deshalb das von den Elektronen erzeugte „Bild" auf einem Leuchtschirm sichtbar machen. Das Prinzip entspricht der Bildentstehung auf dem Bildschirm des Fernsehgeräts.

2.7. Elektronenmikroskopische Untersuchungsmethoden

Der Präparationsweg für elektronenmikroskopische Untersuchungen ist mit demjenigen für die Lichtmikroskopie vergleichbar. Auch hier kennt man die Schritte *Fixieren, Entwässern, Einbetten* und *Schneiden*. Es gibt aber auch einige Besonderheiten bei den Präparationsschritten.

Fixierung. Für die Elektronenmikroskopie müssen lebende Objekte zunächst fixiert werden. Dies muß so schnell und so schonend wie möglich geschehen, damit die Strukturen der Zellen in ihrem ursprünglichen Zustand erhalten bleiben. Als Fixierungsmittel verwendet man Substanzen wie *Kaliumpermanganat* oder *Glutaraldehyd*. Jedes dieser Fixierungsmittel hat spezielle Anwendungsgebiete. Während $KMnO_4$ bevorzugt Zellmembranen fixiert, stabilisiert Glutaraldehyd andere Zellbestandteile.

Entwässerung, Einbettung. Präparate für die Elektronenmikroskopie müssen extrem wasserfrei sein, da selbst Spuren von Wasser im Hochvakuum des Elektronenmikroskops sofort verdampfen und den Elektronenstrahl ablenken würden. Jedes Präparat wird deshalb in wasserfreiem Alkohol oder Aceton entwässert und getrocknet, ehe es in ein Einbettungsmittel gegeben wird. Hierzu werden z. B. *Methacryl*, ein dem Plexiglas verwandtes Kunstharz, oder Epoxidharze verwendet.

Herstellung von Ultradünnschnitten. Schnitte mit einer Dicke von 10 bis 100 nm lassen sich nur mit einem Spezialgerät, dem **Ultramikrotom,** herstellen. Dabei wird das Objekt mit Glas- oder Diamantmessern geschnitten.

Kontrastierung. Präparate, deren Strukturen sich in ihrer Elektronendurchlässigkeit nur wenig unterscheiden, müssen „kontrastiert" werden. Dies kann durch *Negativkontrastierung* mit einem elektronenabsorbierenden Kontrastmittel oder durch *Schrägbedampfung* mit Metallen erfolgen.

Objektträger. Die fertigen Schnitte werden auf ein Kupferdrahtnetz gebracht, welches als Objektträger dient. Will man größere zusammenhängende Objektbereiche untersuchen, so verwendet man kleine Ringe aus Kupferdraht, über die hauchdünne Folien aus Kunststoff gespannt sind.

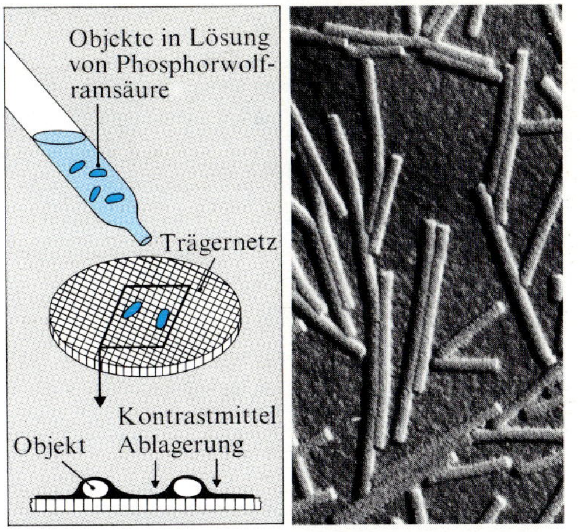

17.1. Das Prinzip der Negativkontrastierung. Man erzeugt einen elektronenundurchlässigen Hintergrund, von dem sich das weniger elektronendichte Objekt heller abhebt. Als Kontrastmittel verwendet man z. B. *Phosphorwolframsäure* oder *Uranylacetat*. Das Untersuchungsmaterial wird zusammen mit der Schwermetallsalzlösung auf das Objektträgernetz gebracht.

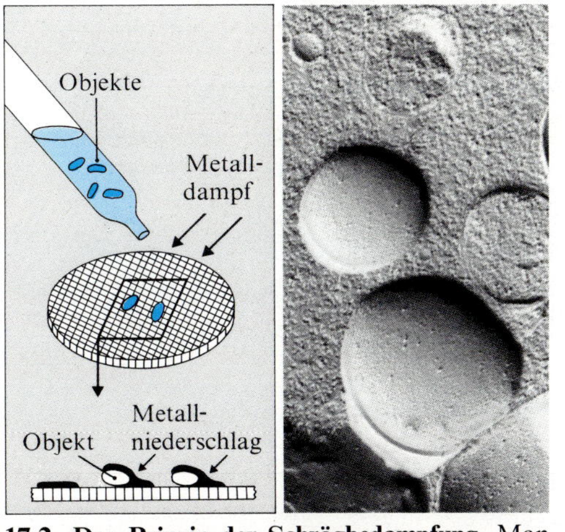

17.2. Das Prinzip der Schrägbedampfung. Man bedampft eine Objektoberfläche unter spitzem Winkel mit einem Metall, z. B. Gold oder Platin. Durch das Objekt erzeugte Schatten bleiben frei von Metallablagerungen. Sie sind elektronendurchlässig und erscheinen hell. Bedampfte Stellen erscheinen dunkel, da die Metallschicht die Elektronenstrahlen absorbiert.

A 17.3. Berechnen Sie, in wieviele Scheibchen ein Blatt dieses Buches mit einem Ultramikrotom geschnitten werden könnte, wenn eine Schnittdicke von 50 nm eingestellt ist.

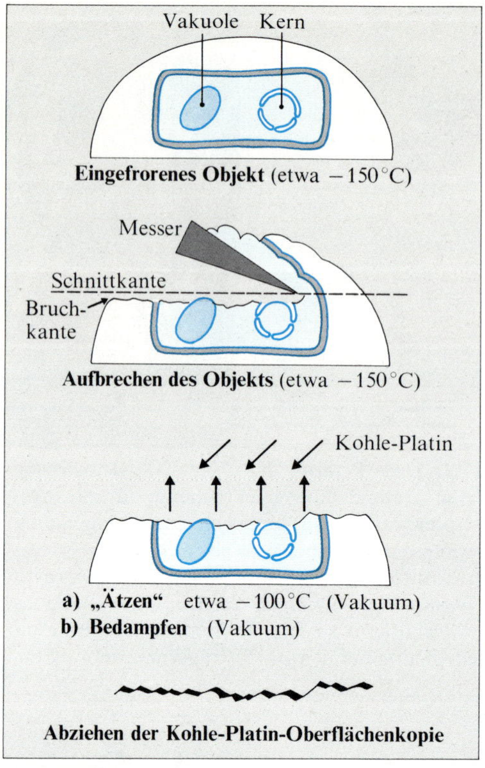

18.1. Gefrierätzung

2.8. Gefrierätzung

Mit dieser Präparationstechnik kann man sehr plastisch erscheinende elektronenmikroskopische Bilder von biologischen Strukturen herstellen. Man friert hierzu ein biologisches Objekt bei etwa −150 °C ein. Durch die schnelle Temperaturänderung gefriert das Zellwasser, ohne daß die zellulären Strukturen durch winzige Eiskristalle zerstört werden. Jetzt kann man das Objekt mit einem gekühlten Messer schneiden (genauer: aufbrechen). Dabei entstehen Bruchflächen, die häufig den biologischen Strukturen der Zelle folgen. Wenn man jetzt im Hochvakuum einen Teil des Eises von der Oberfläche sublimiert, bleiben die wasserärmeren Strukturen als Relief stehen.

Auf diese zerklüftete Oberfläche dampft man unter spitzem Winkel eine Platin-Kohle-Schicht auf. Erhabene Stellen der Oberfläche erhalten so eine Beschichtung, werfen ihrerseits aber „Schatten" auf benachbarte „Täler", die entsprechend elektronendurchlässig bleiben. Zur elektronenmikroskopischen Betrachtung muß man die Metallschicht vom Objekt lösen. Man betrachtet also nicht die biologische Struktur selbst, sondern einen Negativabdruck der Oberfläche.

Rasterelektronenmikroskop (REM)

Beim Rasterelektronenmikroskop werden ganze Objekte betrachtet, nicht Dünnschnitte wie bei der Durchstrahlungsmikroskopie. Beim Auftreffen von schnellen Elektronen *(Primärelektronen)* auf die Oberfläche eines Objekts werden dort Elektronen herausgeschlagen, die sich relativ langsam bewegen *(Sekundärelektronen)*. Die Zahl der freiwerdenden Sekundärelektronen hängt sowohl vom Auftreffwinkel des Primärelektronenstrahls als auch vom Material des Objekts ab. Je steiler, d.h. je größer der Auftreffwinkel und je höher die Kernladungszahl der Objektbausteine ist, desto mehr Sekundärelektronen entstehen.

Bei der Rasterelektronenmikroskopie tastet man das Objekt zeilenweise mit einem stark gebündelten Primärelektronenstrahl von etwa 10 nm Durchmesser ab. Die herausgeschlagenen, langsamen Sekundärelektronen werden in einem Detektor gesammelt und in einen Bildpunkt entsprechender Helligkeit umgesetzt. Punkt für Punkt und Zeile für Zeile entsteht so ein Oberflächenbild des untersuchten Gegenstandes.

18.2. REM-Aufnahme einer Kieselalge

Isolierung von Zellbestandteilen mit der Ultrazentrifuge

Für manche Untersuchungen ist es günstig, Zellen aufzubrechen und ihre Bestandteile zu isolieren, um sie anschließend einzeln zu untersuchen. Das Verfahren heißt **Zellfraktionierung** und ist zu einer wichtigen Methode der Zellbiologie geworden.

Homogenisierung. Zunächst wird das Gewebe in einer Pufferlösung bei einem pH-Wert um 7 zerkleinert. In einem Glasgefäß mit eingeschliffenem Kolben, einem *Homogenisator,* werden die Zellen schonend aufgebrochen. Der Kolben wird dazu drehend auf- und abbewegt, wodurch die Zellen zwischen Kolben und Glaswand hindurchgepreßt werden und aufplatzen. Der entstandene dünnflüssige Brei aus unzerstörten Zellen und Zellbestandteilen, das *Zellhomogenat,* wird jetzt weiterverarbeitet.

Differentielle Zentrifugation. In einer verdünnten, gepufferten Rohrzuckerlösung werden die Zellbestandteile in der Zentrifuge voneinander getrennt. Die Teilchen setzen sich während der Zentrifugation in der Reihenfolge abnehmender Größe und Dichte als Niederschlag ab.
Zur Auftrennung wählt man verschiedene Umdrehungsgeschwindigkeiten. Die dabei auftretenden Zentrifugalbeschleunigungen werden als Vielfaches der Erdbeschleunigung g ($g = 9{,}81\ m/s^2$) angegeben. Moderne Ultrazentrifugen erreichen Zentrifugalbeschleunigungen von 500 000 g. Mit ihnen lassen sich sogar so kleine Teilchen wie Proteinmoleküle sedimentieren.

Dichtegradientenzentrifugation. Bei diesem Verfahren bringt man die Probe auf einen *Dichtegradienten.* Das ist eine Lösung von Rohrzucker oder Caesiumchlorid, die mit von unten nach oben abnehmender Dichte in ein Zentrifugenglas eingebracht wird. Auf die Oberfläche eines solchen Gradienten bringt man jetzt eine Probe des Zellhomogenats und zentrifugiert in der Ultrazentrifuge. Hierbei sedimentieren die Zellbestandteile jeweils nur soweit, bis sie in die Zone ihrer Dichte gelangen. Mit dieser Methode kann man Teilchen von gleicher Größe, aber geringem Dichteunterschied auftrennen.

Für die Dichtegradientenzentrifugation verwendet man häufig Proben, die bereits durch differentielle Zentrifugation vorgereinigt wurden.

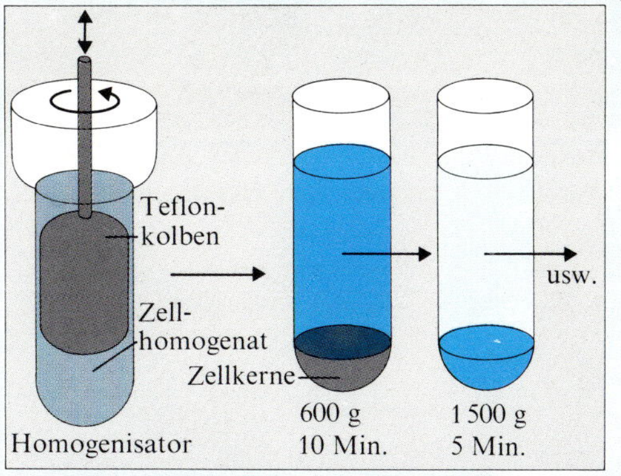

19.1. Homogenisation und differentielle Zentrifugation. Diese Methode dient der Anreicherung von Zellbestandteilen.

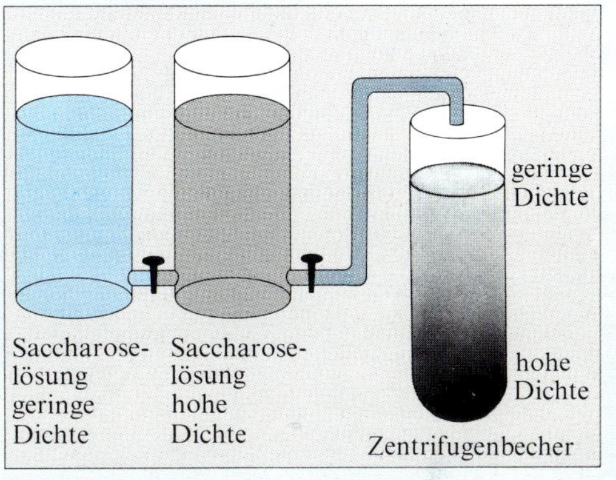

19.2. Herstellung eines Dichtegradienten

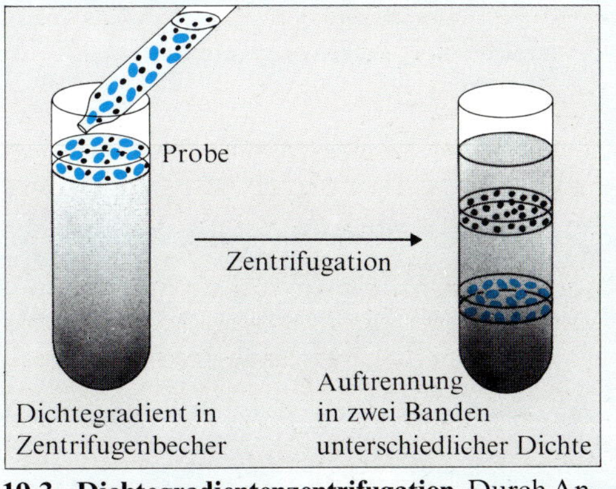

19.3. Dichtegradientenzentrifugation. Durch Anstechen des Plastikzentrifugenbechers am Boden können die Proben vorsichtig entnommen werden.

3. Bau der Zelle

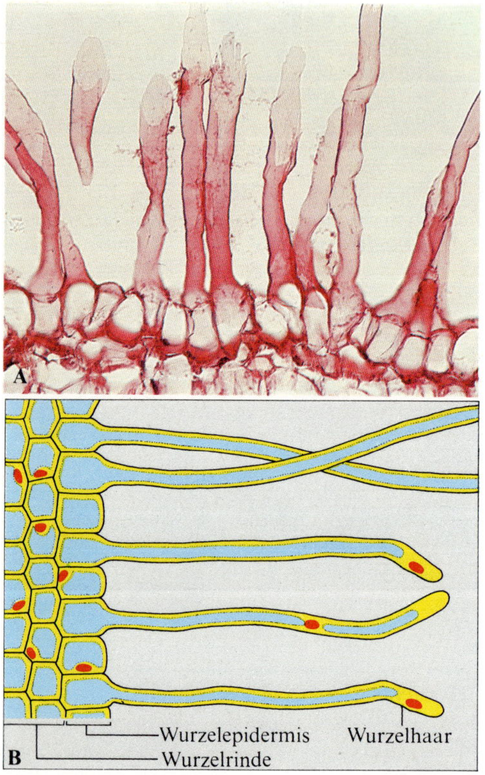

20.1. Wurzelhaare: **A** Lichtmikroskopische Aufnahme, **B** Schema.

3.1. Gestalt und Größe der Zellen

Mit den Zellen des Zwiebelhäutchens und der Mundschleimhaut haben wir nur zwei von vielen vorkommenden Zellformen und Zellgrößen kennengelernt. Die beiden untersuchten Zellarten zeigen weitgehend die Grundgestalt der pflanzlichen bzw. der tierischen Zelle. Entsprechend den vielfältigen Funktionen der Zellen sind ihre Größe und Gestalt außerordentlich verschieden. Wir wollen diese Verschiedenheit zunächst an einigen Beispielen kennenlernen.

Zellformen. Zieht man Keimpflanzen, z.B. der Kresse, in einer feuchten, verschlossenen Schale heran, erkennt man mit bloßem Auge kurz hinter der Spitze der Keimwurzel einen samtartigen Haarbesatz auf der Wurzeloberfläche. Das mikroskopische Präparat zeigt uns, daß es sich dabei um schlauchartige Ausstülpungen der Oberhautzellen handelt. Eine solche ausgewachsene *Wurzelhaarzelle* kann bis etwa 8 mm lang sein. Das Zellplasma überzieht in einer dünnen Schicht die Innenseite der Zellwand, der Zellkern liegt in der Nähe der Haarspitze. Die Zellwand ist dünn und zart, das Wurzelhaar kann sich dadurch den Bodenteilchen eng anschmiegen. Die Form der Wurzelhaare hat eine starke

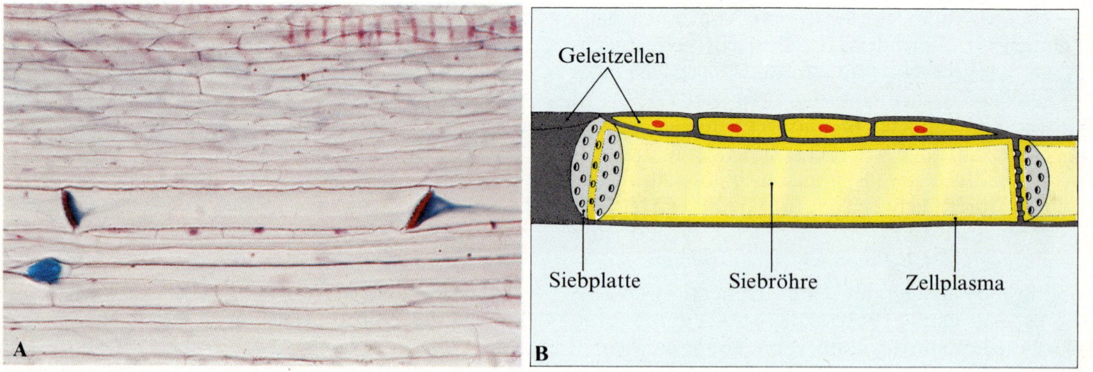

20.2. Siebröhre mit Geleitzellen: **A** Lichtmikroskopische Aufnahme, **B** Schema

Oberflächenvergrößerung der Zelle zur Folge, deren Aufgabe es ist, Wasser und Nährsalze aus dem Boden aufzunehmen.

Für den Transport von Stoffen besitzen die Pflanzen besondere Leitungsbahnen. In diesen findet man neben wasserleitenden Zellen auch solche, die dem Transport von organischen Stoffen dienen. Dies sind die *Siebröhrenglieder*. Sie haben etwa zylindrische Gestalt und stehen in langen Reihen übereinander, die man als Siebröhren bezeichnet. Die horizontalen Querwände sind siebartig durchbrochen (Siebplatten), so daß der Saftstrom fast ungehindert hindurchfließen kann. Die Siebzellen können bis zu 1 mm lang werden. Eng mit ihnen verbunden sind stets mehrere kleinere Geleitzellen, die sich durch einen großen Zellkern und reichlich Plasma auszeichnen.

Von tierischen Zellen weisen die *Nervenzellen* einen besonderen Bau und eine erstaunliche Länge auf. Vom eigentlichen Zelleib des Neurons, wie die ganze Nervenzelle auch genannt wird, gehen Fortsätze aus. Ein langer Fortsatz, der Neurit, leitet Impulse zu anderen Nervenzellen, zu Muskel- oder Drüsenzellen hin. Über bäumchenartig verzweigte Ausläufer, die Dendriten, empfängt das Neuron Impulse von Sinneszellen oder von anderen Nervenzellen. Die Neuriten, die z. B. vom Rückenmark bis in die Fußspitzen reichen müssen, können beim Menschen bis zu 1 m lang sein.

Eine große Formenfülle weisen die *Einzeller* auf. Bei der begeißelten Hornalge Ceratium beispielsweise, deren Arten im Plankton der Binnengewässer und des Meeres zu finden sind, besteht die Zellwand aus aneinandergesetzten Platten. Einige dieser Platten sind in hornartige Fortsätze verlängert. Dadurch wird die Oberfläche der Zelle vergrößert und das Schweben im Wasser erleichtert.

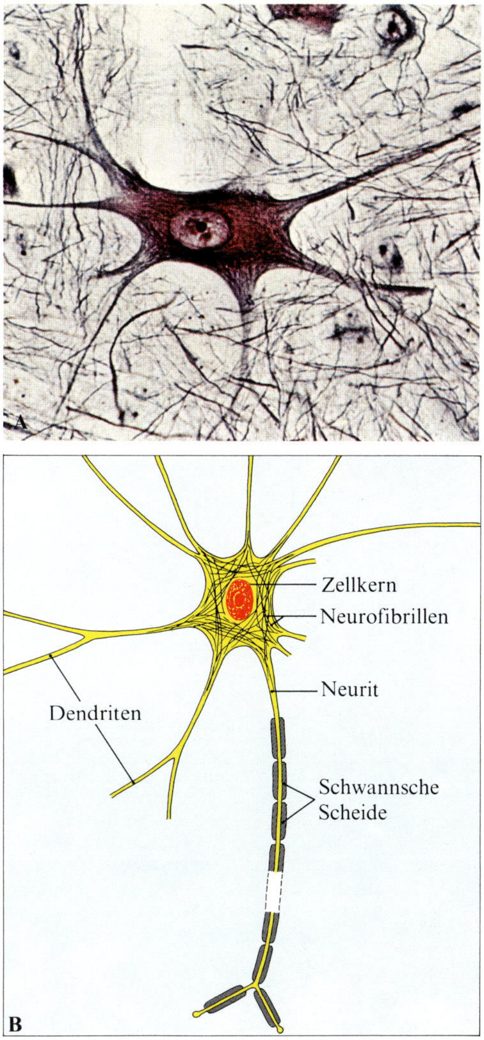

21.2. Nervenzelle: A Lichtmikroskopische Aufnahme, **B** Schema

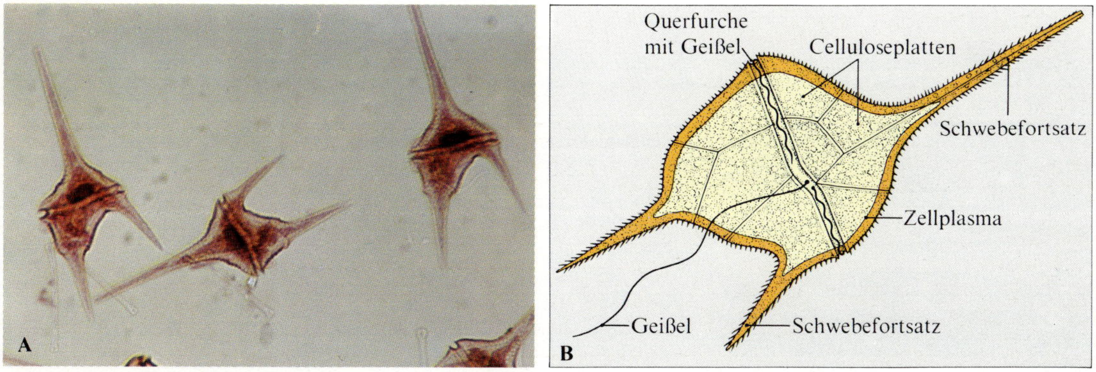

21.1. Einzellige Hornalge Ceratium: A Lichtmikroskopische Aufnahme, **B** Schema

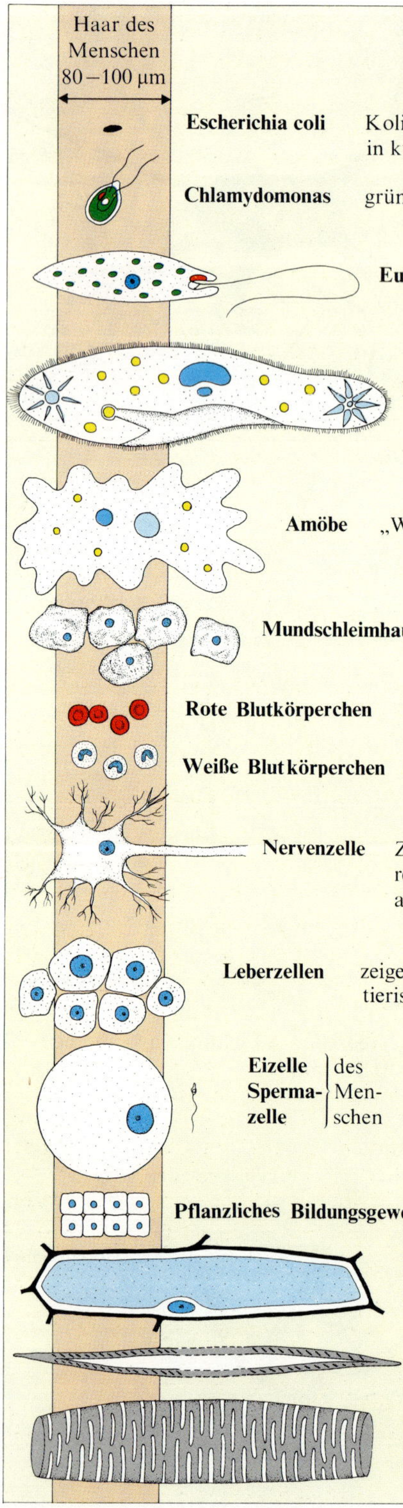

Zelle	Beschreibung	Durchschnittsgröße in µm
Escherichia coli	Kolibakterium, Zellen rundlich oder stäbchenförmig, einzeln oder in kurzen Ketten, im Darm des Menschen und der Wirbeltiere	1–5 lang 0,5 breit
Chlamydomonas	grüner Flagellat mit 2 Geißeln, im Süßwasser	20
Euglena	„Augentierchen", mit einer langen Geißel, zahlreiche unterschiedlich große Arten im Süßwasser	55–170
Paramecium	„Pantoffeltierchen", feste Gestalt, mit Wimpern zur Fortbewegung, 2 Zellkerne	300
Amöbe	„Wechseltierchen", ohne feste Gestalt, mit „Scheinfüßchen"	200–600
Mundschleimhaut	Deckgewebe der Mundhöhle, aus plattenförmigen Zellen bestehend	70
Rote Blutkörperchen	Zellen ohne Kern, mit rotem Blutfarbstoff, scheibenförmig, in der Mitte eingedellt	7,5
Weiße Blutkörperchen	kernhaltig, amöboid beweglich, Abwehrfunktion	12
Nervenzelle	Zelle aus dem Zentralnervensystem, mit kürzeren reizaufnehmenden Fortsätzen (Dendriten) und einem langen ableitenden Fortsatz (Neurit)	7–100 Neurit bis 1 m
Leberzellen	zeigen ähnlich wie die Mundschleimhautzellen die Grundgestalt tierischer Zellen	30
Eizelle des Menschen	Zelle mit viel Zellplasma	~200
Spermazelle des Menschen	bestehend aus Kopf, Mittelstück und Schwanz	Schwanzlänge bis 58
Pflanzliches Bildungsgewebe	junge, noch teilungsfähige Zellen aus der Wurzelspitze	20
Zwiebelepidermiszelle	Zelle aus dem Zwiebelhäutchen, zeigt den typischen Bau einer Pflanzenzelle	50–400
Pflanzliche Faserzelle	beiderseits lang zugespitzt, unterschiedlich lang	bis 55 cm
Glied einer Netztrachee	Tracheen der Pflanzen = Wasserleitungsbahnen, durch Auflösung der Querwände der einzelnen Zellen (Tracheenglieder) entstanden	400

22.1. Zellformen und Zellgrößen

Zellgrößen. Die kleinsten Zellen finden wir unter den Bakterien. Die Micrococcen sind kaum 0,2 μm groß. Die meisten Bakterien liegen zwischen 0,5 und 20 μm. Bei Bakterien und Blaualgen ist die Kernsubstanz (DNA) nicht durch eine Kernhülle gegen das Plasma abgegrenzt. Sie bilden zusammen die Gruppe der *Prokaryonten*. Die Einzeller und die Zellen der vielzelligen Pflanzen und Tiere besitzen einen abgegrenzten Zellkern und werden daher als *Eukaryonten* bezeichnet.

Unter den **Einzellern** gibt es neben kleinen Formen wie dem Flagellaten Chlamydomonas mit etwa 20 μm Länge auch größere wie z.B. die Gattung Euglena („Augentierchen"), deren große Arten 500 μm erreichen können. Die größte einzellige Alge ist die in wärmeren Meeren wie dem Mittelmeer vorkommende Schirmalge Acetabularia (vgl. Abb. 27.1.), die bis etwa 9 cm hoch werden kann.

Bei den **vielzelligen Pflanzen und Tieren** liegen die Zellen meist in einem engeren Größenbereich, nämlich zwischen 5 μm und 100 μm. Einige Beispiele sind der Abbildung 22.1. zu entnehmen. Die Größenextreme können sowohl bei Tieren als auch bei Pflanzen weit über die normalen Grenzwerte hinausgehen. Die größte tierische Zelle ist mit 7,5 cm der Dotter des Straußeneies. Meist sind die Zellen nur in einer Dimension stark vergrößert wie die Nervenzellen. Faserzellen von Pflanzen erreichen bei nur geringer Dicke Längen bis zu 55 cm, Milchröhren von hohen Wolfsmilchgewächsen können mehrere Meter lang werden.

Obwohl die Zellgrößen zwischen weit auseinander liegenden Extremen variieren, scheinen doch gewisse Gesetzmäßigkeiten für untere und obere Grenzwerte zu bestehen. Die untere Grenze ist vermutlich dadurch gegeben, daß in der Zelle noch bestimmte Bestandteile, die für das Leben der Zelle unbedingt notwendig sind (Organellen), untergebracht werden können. Für das obere Extrem ist offenbar die *Kern-Plasma-Relation* einer der begrenzenden Faktoren. Sie besagt, daß die Kerngröße und die vom Kern zu kontrollierende Plasmamenge in einem bestimmten Verhältnis zueinander stehen müssen. Der Kern kann anscheinend nur in einer begrenzten Plasmamenge seine Steuerungsfunktion erfüllen. Bei noch wachsenden Zellen, z.B. in Bildungsgeweben von Pflanzen, kommt es zur Zellteilung, wenn sie eine gewisse Größe und damit ein bestimmtes Kern-Plasma-Verhältnis erreicht haben.

V 23.1. Ansetzen eines Heuaufgusses

Materialien und Geräte: Glas (1–2 l), Glasscheibe, Heu, Tümpelwasser

Durchführung: Ein Heuaufguß wird jeweils 4, 3 und 2 Wochen vor der Untersuchung angesetzt. Dazu füllt man in das Glas eine Handvoll Heu, gibt leicht faulendes Pflanzenmaterial (Salatblätter, moderndes Laub...) hinzu und füllt mit Tümpel- oder Regentonnenwasser auf. Glas mit Glasscheibe abdecken und an einem warmen Ort (ca. 25 °C) aufstellen. Nach einiger Zeit bildet sich an der Wasseroberfläche eine aus Bakterien und anderen Mikroorganismen bestehende Kahmhaut.

V.23.2. Mikroskopische Beobachtung von Pantoffeltierchen

Materialien und Geräte: Heuaufguß, Mikroskop, Objektträger, Deckgläser, Iod-Iodkalium, Pipette

Durchführung: Man entnimmt mit der Pipette einen Tropfen Wasser unterhalb der Kahmhaut und beobachtet im mikroskopischen Präparat Form und Bewegung der Pantoffeltierchen. Durch Zusatz eines Tropfens Iod-Iodkalium werden sie abgetötet und fixiert. Danach kann die Größenmessung erfolgen (siehe dazu S. 13).

V 23.3. Mikroskopische Epidermispräparate

Materialien und Geräte: Blatt von Sumpfdotterblume oder Alpenveilchen oder Haselwurz und von Tradescantia. Rasierklinge, Mikroskop

Durchführung: Von der Unterseite eines Blattes einer Tradescantia-Art wird ein Stückchen Blatthaut (Epidermis) mit einer Rasierklinge abgelöst. Dabei spannt man das Blatt über einen Finger und achtet darauf, daß der Schnitt nur die Epidermis erfaßt (Schnitt muß glasig-durchsichtig sein). Von dickeren Blättern wie Sumpfdotterblume, Alpenveilchen und Haselwurz kann man ein Epidermispräparat ohne Schneiden herstellen. Beim Durchreißen des Blattes, wobei die Blattstücke scherend übereinandergezogen werden müssen, bleibt die Epidermis an der Rißlinie als farbloses Häutchen stehen und kann hier mit der Pinzette abgezupft werden. Zeichnung der Zellen!

V 23.4. Mikroskopisches Präparat des Binsenmarks

Materialien und Geräte: Stengel der Flatterbinse, Rasierklinge, Mikroskop

Durchführung: Durch den Stengel wird ein Querschnitt angefertigt. Zeichnung einiger Zellen.

3.2. Die Zellwand

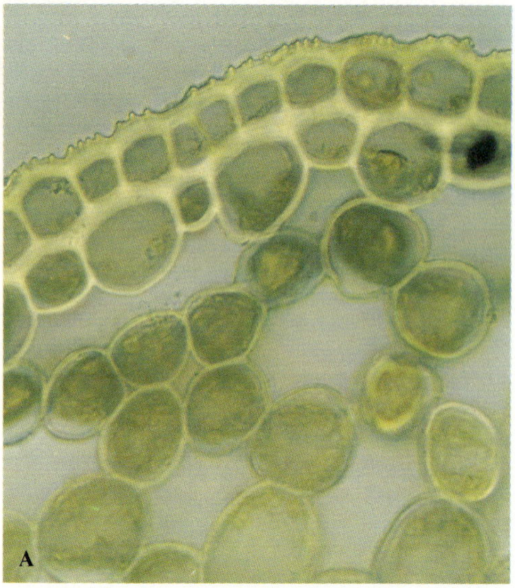
A

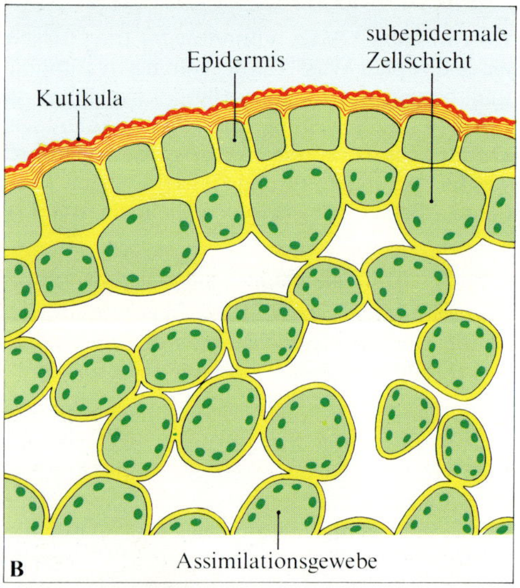

B

24.1. Pflanzenzellen mit verdickter Zellwand: **A** Lichtmikroskopische Aufnahme, **B** Schema.

Der hohle Roggenhalm kann bei nur geringer Wanddicke und wenigen mm Durchmesser eine Höhe von 1,50 m erreichen und dabei noch die Last der reifen Ähre tragen, ohne zu knicken. Er kann sogar vom Wind gegen den Boden gedrückt werden und sich dann wieder elastisch aufrichten. Der Stamm eines Obstbaumes hat die schwere Krone mitsamt den Früchten zu tragen und muß den Stürmen widerstehen. Seine Wurzeln müssen den an ihnen zerrenden Kräften gewachsen sein.
Diese mit Elastizität gepaarte Festigkeit bestimmter Pflanzenteile beruht auf der Festigkeit der Zellwände, die unterschiedlich dick sein können. Ein Löwenzahnschaft erschlafft im Gegensatz zum Roggenhalm bei Wasserverlust schnell. Die Wände seiner zarten Zellen haben nur geringe Dicke.

Die **Cellulose** ist mengenmäßig und strukturell der wichtigste Zellwandbaustoff. Unter Wasseraustritt werden 8000 bis 12000 Moleküle Traubenzucker (Glucose) zu einem langen, fadenförmigen Cellulose-Molekül polymerisiert. Eine große Anzahl solcher Fadenmoleküle ist nach einem bestimmten Anordnungsprinzip jeweils zu einem Bündel zusammengelagert, das man als **Mikrofibrille** bezeichnet. Die Mikrofibrillen sind die mit dem Elektronenmikroskop erfaßbaren Baueinheiten der Zellwand.

Cellulose ist von großer wirtschaftlicher Bedeutung. Das zum großen Teil aus Cellulose aufgebaute Holz ist ein wichtiger Baustoff. Es dient außerdem als Ausgangsmaterial für die Papierherstellung. Für die menschliche Ernährung ist sie direkt nicht verwertbar, da unserem Verdauungssystem Cellulose abbauende Enzyme fehlen. Technisch allerdings kann Cellulose in Traubenzucker zerlegt werden.

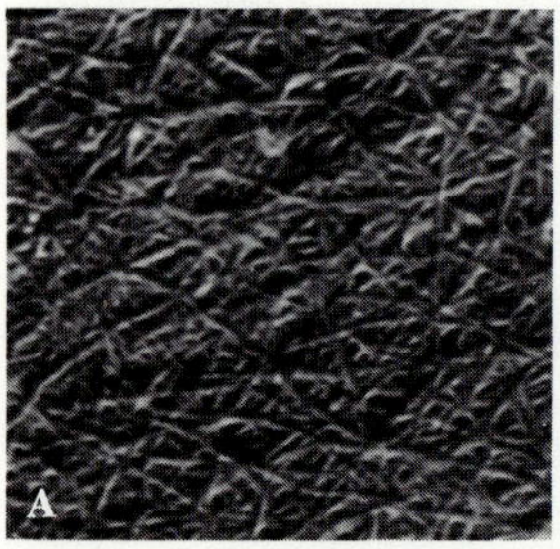
A

B

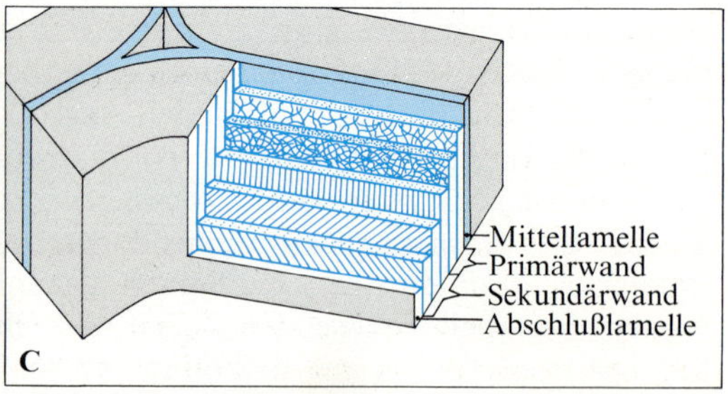

C

24.2. Bau der Zellwand: **A** Streuungstextur der Primärwand (EM-Bild), **B** Paralleltextur der Sekundärwand (EM-Bild), **C** Schichtenbau der Zellwand.

Der licht- und elektronenmikroskopische Bau der Zellwand wird am besten verständlich, wenn wir die Entstehung der Zellwand verfolgen: Eine neue Zellwand wird jeweils bei der Zellteilung gebildet. In der Äquatorialebene wird eine dünne Haut, die **Primordialwand,** angelegt. Sie bleibt als *Mittellamelle* in der fertig ausgebildeten Zellwand dauernd erhalten. Bei der Fruchtreife wird in manchen Fällen die Mittellamelle enzymatisch aufgelöst, so daß das Fruchtfleisch breiig wird. Auch bei der Fäulnis von Pflanzengewebe greifen die Enzyme der Bakterien zunächst die Mittellamelle an.

Von den beiden benachbarten Zellen her werden auf die Primordialwand die **Primärwände** aufgelagert. In diesen noch dehnungsfähigen Schichten sind die Mikrofibrillen regellos gelagert; elektronenoptische Bilder zeigen daher eine *Streuungstextur.* Mit dem Wachstum der Zelle muß sich die junge Zellwand ausweiten *(Flächenwachstum).* Diese plastische Dehnung führt zu einer Wandverdünnung. Sie wird ausgeglichen durch wiederholte Auflagerung neuer Fibrillennetze. Je jünger die aufgelagerte Schicht, um so weniger wird ihr Fibrillennetz gedehnt. Dieses Wachstum der Primärwand hält an, bis die Zelle ihre endgültige Größe erreicht hat.

Nach Fertigstellung der Primärwand setzt das *Dickenwachstum* der Zellwand ein. Nunmehr werden relativ starre Schichten beiderseits aufgelagert. So entsteht die den Hauptteil der Zellwand ausmachende **Sekundärwand.** In ihr sind die Mikrofibrillen schichtenweise parallel, oft von Schicht zu Schicht gekreuzt, gelagert *(Paralleltextur).* Die Schichten sind vielfach optisch inhomogen, so daß sie bei einer gewissen Dicke der Sekundärwand im Mikroskop gut erkennbar sind. Die zum Schluß des Wandwachstums angelagerte Schicht ist die *Abschlußlamelle,* oft auch *Tertiärwand* genannt.

Feinbau der Mikrofibrillen. Jede einzelne Mikrofibrille mit einer Dicke von 20 bis 30 nm ist selbst wieder aus 15 bis 20 *Elementarfibrillen* oder *Micellarsträngen* zusammengesetzt. Dies sind unscharf begrenzte Bündel von je 50 bis 100 Fadenmolekülen der Cellulose, die in ihrem Längsverlauf abschnittsweise parallel angeordnet sind. Diese Abschnitte werden als *Micelle* (Einz.: das Micell) bezeichnet. In den Bereichen zwischen diesen Micellen sind die Cellulosemoleküle weniger straff geordnet. Die Micellarstränge sind untereinander durch hinüber und herüber ziehende Cellulosemoleküle vernetzt.

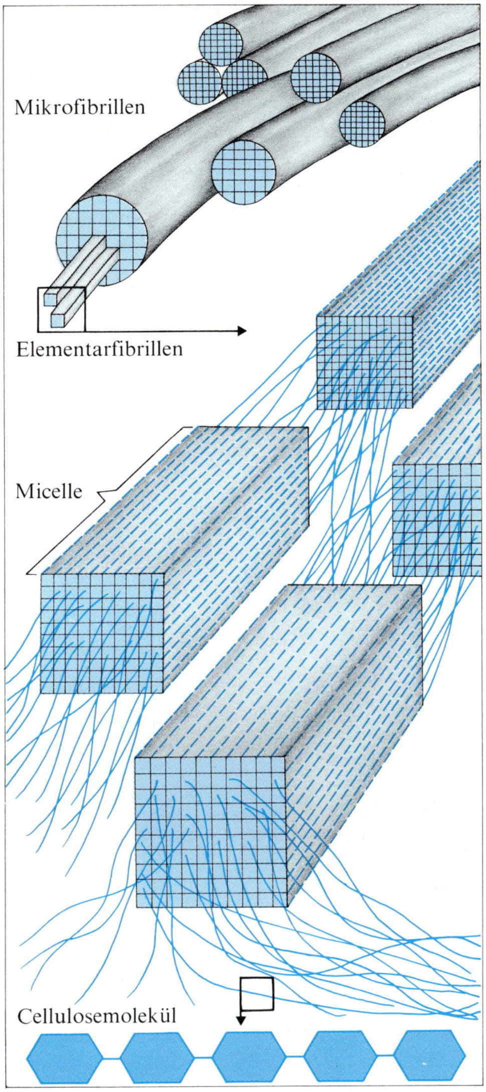

25.1. Feinbau der Mikrofibrillen

V 25.2. Nachweis von Cellulose

Materialien und Geräte: Holundermark, Sonnenblumenmark, Zwiebelhäutchen, Filtrierpapier, Papiertaschentuch, Watte, Chlorzinkiodlösung, Mikroskop

Durchführung: Wir stellen mikroskopische Schnittpräparate vom Holunder- und Sonnenblumenmark her. Das mikroskopische Präparat des Zwiebelhäutchens wird nach der Anleitung S. 10 angefertigt. Wir geben zunächst einen Tropfen Chlorzinkiodlösung auf Papier und Watte und danach zu den drei mikroskopischen Präparaten.

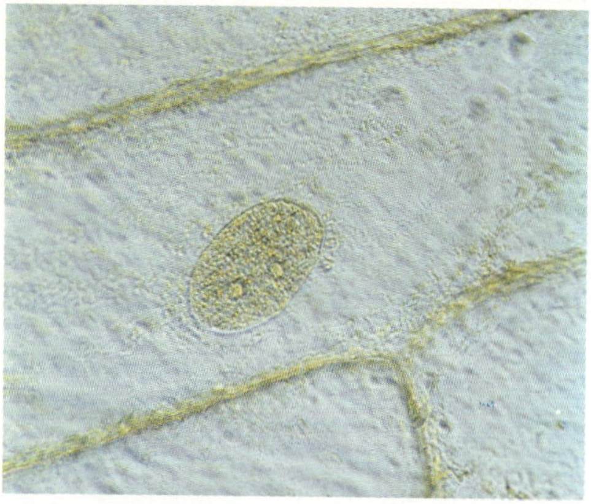

26.1. Zelle aus der Zwiebelepidermis mit Kern und darin enthaltenen Kernkörperchen

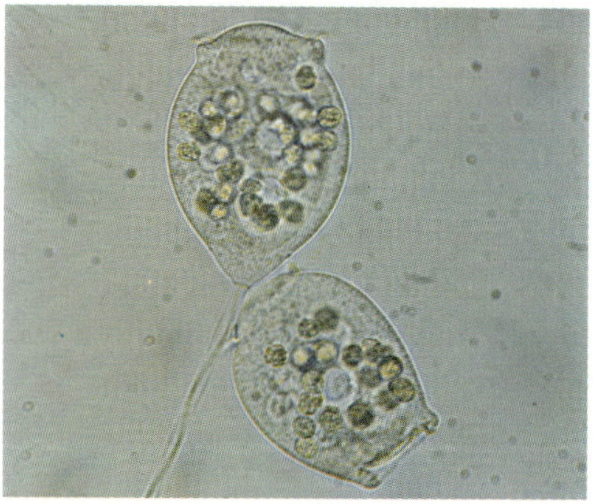

26.2. Das Glockentierchen Vorticella. Alle Wimpertierchen (Ciliaten) besitzen zwei Kerne: Der Großkern dient der Stoffwechselsteuerung der Zelle, der Kleinkern enthält die genetische Information. In den beiden Zellen erkennt man zahlreiche Nahrungsvakuolen.

Zusammensetzung des Cytoplasmas

Das Plasma besteht aus organischen und anorganischen Stoffen. Mengenmäßig herrscht mit 60–90% das Wasser vor. Der Wassergehalt ergibt sich als Differenz zwischen Frischgewicht und Trockengewicht. Je nach Zellart ist die Zusammensetzung der Trockensubstanz verschieden. Als Beispiel die Zusammensetzung der Trockensubstanz bei Schleimpilzen:

Eiweißstoffe	55%
Fette	25%
Kohlenhydrate	12%
Salze u.a.	7%

3.3. Cytoplasma und Zellkern

Bei der mikroskopischen Untersuchung des Zwiebelhäutchens haben wir in den Zellen einen durchscheinenden, leicht körnigen Inhalt erkannt, in den auch der Zellkern eingebettet war: das **Cytoplasma.** Auch in den anderen untersuchten lebenden Zellen war der plasmatische Inhalt zu sehen. Das Cytoplasma (kurz auch: Plasma) ist die lebende Substanz der Zelle. Sie ist an ihrer äußeren Oberfläche durch eine Zellmembran, das Plasmalemma, nach außen abgeschlossen. Im Unterschied zur tierischen Zelle ist das Cytoplasma der Pflanzenzelle außen noch von einer Zellwand umschlossen.

Cytoplasma. Schon die lichtmikroskopische Betrachtung zeigt uns, daß das Plasma keine strukturell einheitliche Masse ist. Vielmehr sind in eine optisch mehr oder weniger leer erscheinende Grundmasse zahlreiche abgegrenzte, voneinander sehr verschiedene Strukturelemente eingeschlossen. Dazu gehören der *Zellkern,* die *Plastiden* und die an der Grenze der lichtmikroskopischen Sichtbarkeit liegenden *Mitochondrien.* Weitere Strukturen erschließt uns das Elektronenmikroskop, z.B. cytoplasmatische *Membransysteme, Ribosomen* und *Microtubuli.* Alle Zellbestandteile haben im Leben der Zelle bestimmte Funktionen zu erfüllen. Sie stellen gleichsam die „Organe der Zelle“ dar und werden deshalb als *Zellorganellen* bezeichnet.

Die Konsistenz des Cytoplasmas wechselt zwischen dem flüssigen *Sol-* und dem festeren *Gelzustand.* In einigen Pflanzenzellen, z.B. den Blattzellen der Wasserpest, können wir eine fließende Bewegung des Cytoplasmas beobachten. Dies gibt uns einen Hinweis darauf, daß das Plasma Flüssigkeitscharakter haben kann. Andererseits zerfließt das Plasma bei Zellverletzungen meist nicht im umgebenden Wasser, sondern bildet sofort eine gelartige Haut. Oft lassen sich in der Zelle, besonders deutlich in der Amöbe, ein körnerfreies, festeres Außen- oder *Ektoplasma* und ein körnerreiches, flüssiges Innen- oder *Endoplasma* unterscheiden. Dies zeigt, daß Sol- und Gelzustand auch unmittelbar nebeneinander im Plasma bestehen können.

Kompartimentierung. In der Zelle laufen auf engstem Raum vielfältige Lebensvorgänge neben- und nacheinander ab. Dies setzt eine hochkomplizierte *Organisation* des Plasmas voraus. Sie erschließt sich uns im Lichtmikroskop nur sehr vordergründig und ist auch mit dem Elektronenmikroskop bisher nur teilweise aufgeklärt worden. Immerhin haben elektronenmikroskopische Untersuchungen, oft in Verbindung mit der Methode der Ultrazentrifugation (vgl. S. 19), uns schon weitgehende Einblicke in das submikroskopische Ordnungsgefüge des Plasmas ermöglicht. Als wesentliche Grunderkenntnis hat sich dabei ergeben, daß das Cytoplasma durch ein vielfältiges System von Membranen in zahlreiche abgeschlossene Räume (Kompartimente) aufgeteilt ist. So können verschiedene Stoffwechselvorgänge in diesen getrennten Reaktionsräumen unabhängig voneinander ablaufen. Diese Aufteilung der Zelle in getrennte Reaktionsräume bezeichnet man als *Kompartimentierung*. Im Zusammenhang damit ist die Tatsache zu sehen, daß viele Enzyme des Zellstoffwechsels nicht frei im Plasma gelöst vorkommen, sondern an Membranen gebunden sind oder in membranumschlossenen Organellen liegen.

Zellkern. Im allgemeinen besitzen die Zellen einen einzigen, stets vom Cytoplasma eingeschlossenen *Zellkern* (Nucleus). Die Bedeutung des Kerns für das Leben der Zelle zeigen Versuche mit Einzellern. Zerschneidet man eine Amöbe in zwei Teile, lebt das kernhaltige Stück weiter und wächst wieder zur ursprünglichen Größe heran. Das kernlose Stück stirbt nach einigen Tagen ab. Pflanzt man aber einem solchen kernlosen Zellfragment den Kern einer anderen Amöbe ein, lebt es weiter und entwickelt sich normal. Solche mikrochirurgischen Eingriffe werden mit einem Spezialgerät, dem Mikromanipulator, vorgenommen. Eine Zelle ist also ohne Zellkern nicht lebensfähig. Nur die roten Blutkörperchen stellen hier eine gewisse Ausnahme dar. Obwohl kernlos, haben sie doch eine Lebensdauer von maximal 4 Monaten.

Der Inhalt des Kerns, das *Kernplasma,* ist durch eine *Kernhülle* vom Cytoplasma abgegrenzt. Es besteht aus einer durchsichtigen flüssigen Grundsubstanz und einem Gerüst feinster Fäden, das allerdings erst nach Färbung mit speziellen Kernfarbstoffen sichtbar wird. Man bezeichnet es deshalb als *Chromatin*. Diese Färbbarkeit beruht auf dem Gehalt an **Desoxyribonucleinsäure (DNA).** In ihrer Molekularstruktur ist die genetische Information enthalten. Regelmäßig sind im Kern ein oder mehrere stark lichtbrechende **Kernkörperchen** (Nucleolen) zu erkennen. Sie zeichnen sich durch einen hohen Gehalt an **Ribonucleinsäure (RNA)** aus.

Die Bedeutung des Zellkerns in der Entwicklung der Zelle

Die Schirmalge Acetabularia kommt im Mittelmeer in zwei Arten vor. Sie kann bis zu 6 cm groß werden und besteht bis zur Ausbildung von Fortpflanzungszellen aus einer einzigen Zelle. An dieser großzelligen Grünalge sind zahlreiche Transplantationsversuche durchgeführt worden.

Pfropft man z.B. den kernfreien Stiel von Acetabularia mediterranea auf das abgeschnittene kernhaltige Rhizoid (Haftorgan) von A. wettsteinii, so bildet auch dieser Pfropfbastard einen Hut aus. Dieser Hut gleicht in der Form dem von A. wettsteinii. Er entspricht also dem Kern des Rhizoids. Dieser Versuch zeigt, daß ein von einer artfremden Zelle implantierter Zellkern der Empfängerzelle die ihm gemäße Zellgestalt aufzwingen kann.

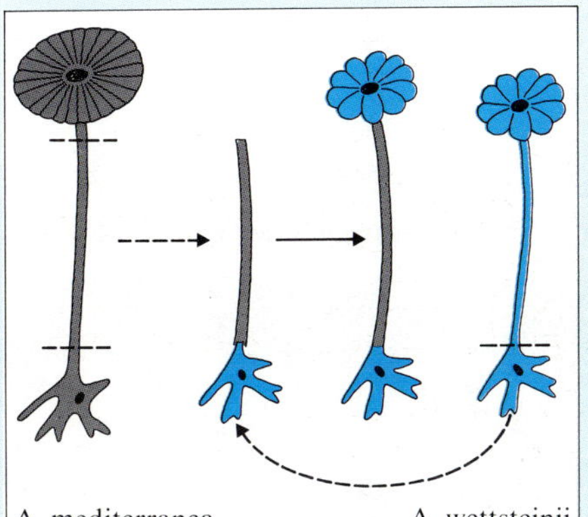

27.1. Transplantationsversuch bei Acetabularia

V 27.2. Kernfärbung bei Pflanzenzellen

Materialien und Geräte: Zwiebelhäutchen oder Wurzelspitzen der Küchenzwiebel, Grünalge Cladophora, Karminessigsäure, Mikroskop

Durchführung: Kleine Stückchen der genannten Gewebe werden auf einem Objektträger in einem Tropfen Karminessigsäure ein paarmal in der Bunsenflamme bis zum Aufkochen erhitzt. Dann wird ein Deckglas aufgelegt und mikroskopiert.

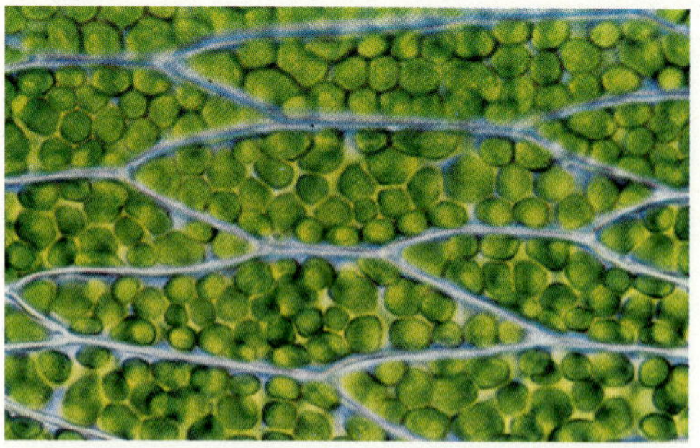

28.1. Chloroplasten in den Zellen eines Moosblättchens. In den Chloroplasten erkennt man Körnchen von Assimilationsstärke.

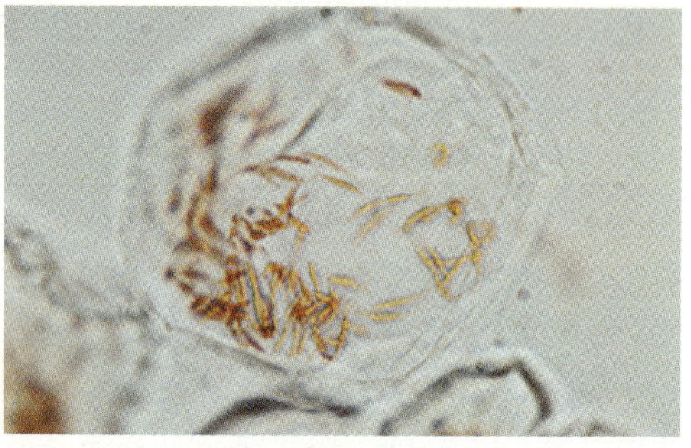

28.2. Chromoplasten in den Zellen der Hagebutte

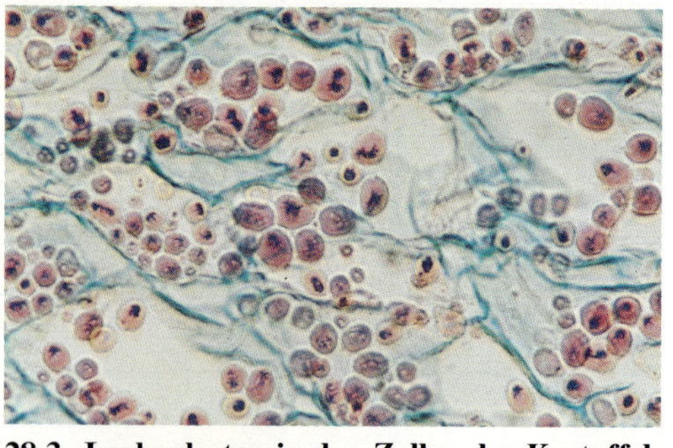

28.3. Leukoplasten in den Zellen des Kartoffelkeims

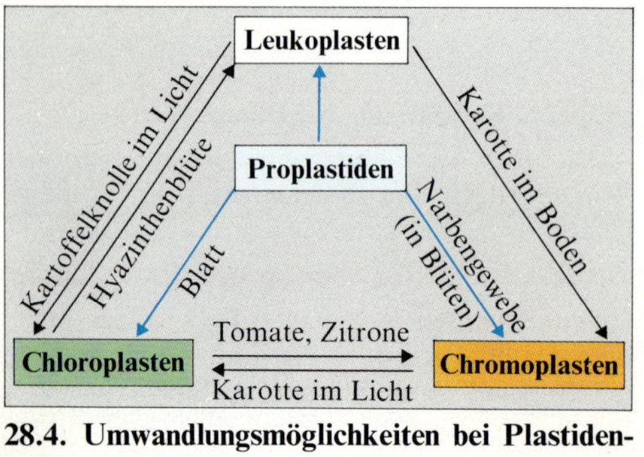

28.4. Umwandlungsmöglichkeiten bei Plastidentypen

3.4. Plastiden

Bei der mikroskopischen Untersuchung eines Moos- oder Wasserpestblättchens fallen uns im Plasma die zahlreichen Blattgrünkörner oder *Chloroplasten* auf. In den Zellen der reifen Tomate finden wir stattdessen orangefarbene Körnchen, die *Chromoplasten.* In den farblosen Zellen der Blattepidermis erkennen wir kleine farbstofffreie Körperchen, die *Leukoplasten.* Obwohl durch ihre Farbe, Größe und innere Struktur erheblich verschieden, bilden alle diese Körnchen eine untereinander nahe verwandte Gruppe von Zellorganellen, die *Plastiden.* Ihre Verwandtschaft kommt darin zum Ausdruck, daß sie sich im Laufe der Entwicklung eines Pflanzenteils oder unter geänderten Außenbedingungen ineinander umwandeln können. Außerdem gehen sie aus einer gemeinsamen Vorstufe, den farblosen *Proplastiden,* hervor.

Chloroplasten. Bei den höher entwickelten Pflanzen findet man in den Zellen der grünen Teile stets eine größere Zahl der 4–8 µm großen, kugel- oder linsenförmigen Chloroplasten. In ihnen vollzieht sich im Licht die Bildung von Traubenzucker und Stärke aus Kohlenstoffdioxid und Wasser. Dieser grundlegende Vorgang heißt **Photosynthese.** Die dazu notwendigen Farbstoffe sind das grüne **Chlorophyll** und daneben die gelben bis orangeroten **Carotinoide.** In belichtetem grünem Blattgewebe sind in den Chloroplasten Körnchen von Assimilationsstärke nachweisbar. Die Carotinoide, bestehend aus den beiden Untergruppen der *Carotine* und *Xanthophylle,* sind in den Chloroplasten meist vom Chlorophyll überdeckt. Dies zeigt sich in der nach Chlorophyllschwund auftretenden Gelbfärbung, wie sie sich bei der herbstlichen Laubfärbung oder beim Reifen des Getreides einstellt.

Chromoplasten. Durch ihren Gehalt an Carotinoiden sind die Chromoplasten gelb bis orangerot gefärbt. Sie können rundlich wie die Chloroplasten, aber auch, meist infolge der Kristallisation des Farbstoffs, eckig, nadel- oder sichelförmig sein. Sie bewirken das Gelb bzw. Rot bei vielen Blüten, wie z.B. Löwenzahn und Hahnenfuß, sowie bei Früchten, wie Tomate, Hagebutte und Apfelsine.

Leukoplasten. Sie enthalten keine Farbstoffe und kommen vorwiegend in Speicherorganen wie Samen, Knollen und Wurzelstöcken vor. Hier bauen sie aus Zucker Reservestärke auf.

Plastiden und Plastidenfarbstoffe

V 29.1. Stärkebildung in den Chloroplasten

Materialien und Geräte: Waldbodenmoos (z.B. Sternmoos) und Wasserpest, Iod-Iodkaliumlösung, 2 Glasgefäße, Mikroskop

Durchführung: Sprosse der Wasserpest in einem wassergefüllten Glas und angefeuchtete Moospflänzchen in einem abgedeckten Glas werden mehrere Stunden kräftig belichtet. Abgezupfte Blättchen bringt man danach in Iod-Iodkaliumlösung auf einen Objektträger. Nach Auflegen eines Deckglases werden bei stärkerer Vergrößerung die Chloroplasten untersucht.

V 29.2. Chromoplastenformen

Materialien und Geräte: Tomate, Möhre, Hagebutte, Mikroskop

Durchführung: Von der Tomate und der Hagebutte wird mit der Pinzette etwas Fruchtfleisch entnommen und je für sich in einem Tropfen Wasser auf dem Objektträger verrührt. Von der Möhre wird ein dünner Schnitt angefertigt und in einen Tropfen Wasser gelegt. Nach Auflegen des Deckglases werden die Chromoplasten in den drei Präparaten mikroskopiert.

V 29.3. Stärkekörner in der Kartoffelknolle

Materialien und Geräte: Kartoffelknolle, Iod-Iodkaliumlösung, Mikroskop

Durchführung: Wir fertigen einen dünnen Schnitt aus der Kartoffelknolle an und mikroskopieren bei stärkerer Vergrößerung die Stärkekörner. Wir weisen dann die Stärke nach, indem wir einen Tropfen Iod-Iodkaliumlösung seitlich an das Deckglas setzen und von der anderen Seite her durchsaugen.

V 29.4. Herstellung einer Rohchlorophyllösung

Materialien und Geräte: Grüne Blätter (Spinat, Brennessel...), Brennspiritus, Reibschale, Quarzsand, Filtrierpapier, Trichter, Glasgefäß

Durchführung: Zerschnittene Blätter werden mit Quarzsand unter schrittweisem Zusatz von Spiritus zerrieben. Die Lösung wird filtriert und kann im Dunkeln mehrere Std. aufbewahrt werden.

V 29.5. Trennung der Blattfarbstoffe

Materialien und Geräte: alkoholische Rohchlorophylllösung aus V 29.4., Benzin, Reagenzglas

Durchführung: Mehrere ml der Lösung werden im Reagenzglas mit etwa derselben Menge Benzin unter Zusatz von 1–2 Tropfen Wasser vermischt und kräftig geschüttelt. Dann wird das Glas in einen Ständer gestellt. Ergebnis?

V 29.6. Chromatographie der Blattfarbstoffe

Materialien und Geräte: alkoholische Rohchlorophylllösung aus V 29.4., Benzin-Isopropanol-Gemisch 10:1 als Fließmittel, dest. Wasser, DC-Fertigplatten Kieselgel, dazu passender Glasbehälter mit Deckel, Pipette oder Pinsel

Durchführung: Der Farbstoffextrakt wird mit Pipette oder Pinsel 1,5 bis 2 cm vom unteren Plattenrand als schmaler Startstreifen aufgetragen. Nach dem Trocknen wird der Vorgang mehrmals wiederholt. Das mit einem Tropfen Wasser versetzte Fließmittel wird ca. 5 mm hoch in die Küvette eingefüllt. Danach wird die Platte eingestellt und das Gefäß verschlossen abgestellt. Die Platte wird entnommen, wenn das Fließmittel fast die Oberkante erreicht hat.

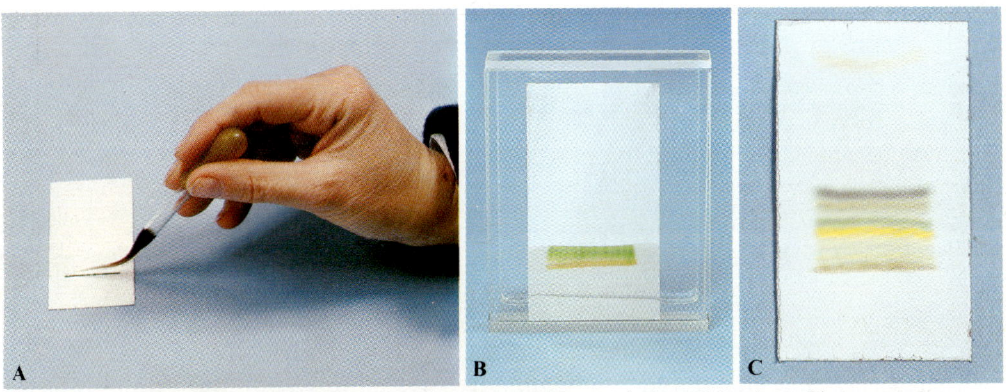

29.7. Dünnschichtchromatographie: **A** Auftragen, **B** Entwickeln, **C** fertiges Chromatogramm

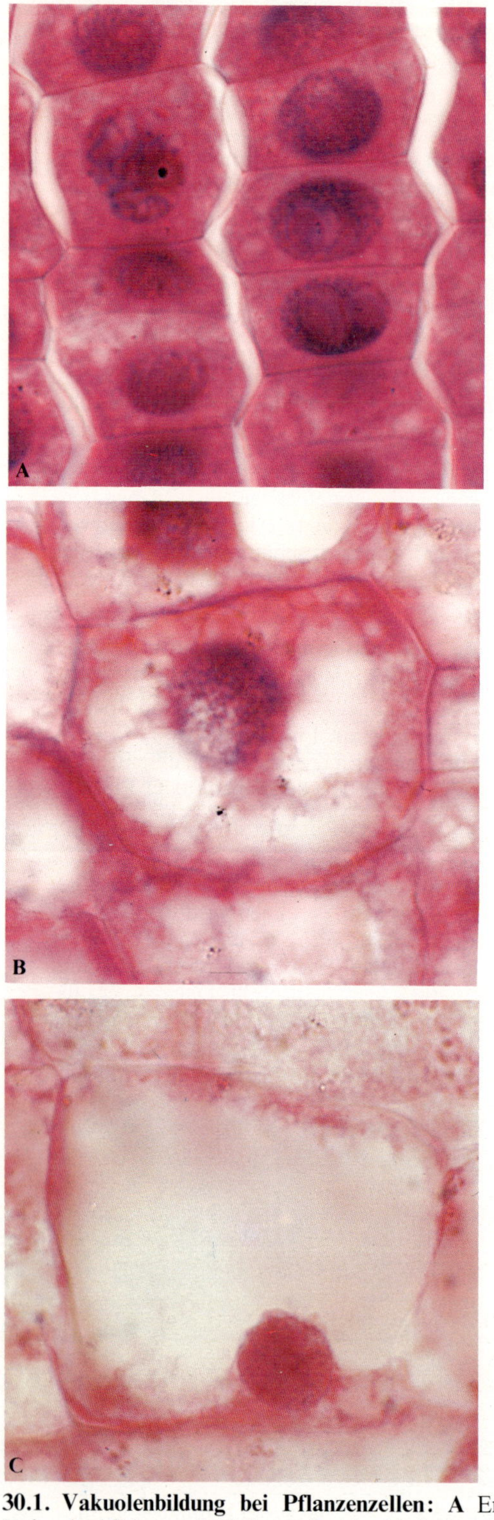

3.5. Vakuole und Zellsaft

Pflanzliche Gewebe sind unterschiedlich saftreich. Während beim Zerdrücken des Stengels vom Fleißigen Lieschen eine wäßrige Flüssigkeit tropfenweise ausläuft, läßt sich aus der zähen Sproßachse der Schafgarbe nahezu kein Saft auspressen. Noch extremer ist in dieser Hinsicht der Unterschied zwischen verschiedenen Früchten, etwa Beeren und Nüssen. Beim Preßsaft von Pflanzenteilen handelt es sich um den *Zellsaft,* der in besonderen Hohlräumen des Cytoplasmas, den *Vakuolen,* eingeschlossen ist.

Die mit Zellsaft gefüllte **Vakuole** ist ein charakteristischer Bestandteil der Pflanzenzelle, der den tierischen Zellen fehlt. Sie ist von einer Membran, dem *Tonoplasten,* umschlossen und so gegen das Cytoplasma abgegrenzt.

In embryonalen, d.h. jungen, noch teilungsfähigen Zellen der Bildungsgewebe füllt das Cytoplasma den ganzen Zellraum gleichmäßig aus. Bei Beginn der Zellvergrößerung treten im Plasma kleine Hohlräume auf, die mit Zellsaft gefüllt sind. Beim Zellwachstum vermehrt sich das Cytoplasma nur unwesentlich, so daß die anfangs nur kleinen Vakuolen sich zwangsläufig vergrößern und ineinanderfließen. Dadurch kommt es zur Ausbildung eines zunächst von Plasmaschichten, später nur noch von Plasmafäden durchzogenen Saftraumes. Dabei vermehrt sich in entsprechendem Maße auch der Zellsaft. Schließlich kann sich das Plasma mitsamt den Zellorganellen ganz an die Zellwand zurückziehen und eine einzige große Vakuole umschließen.

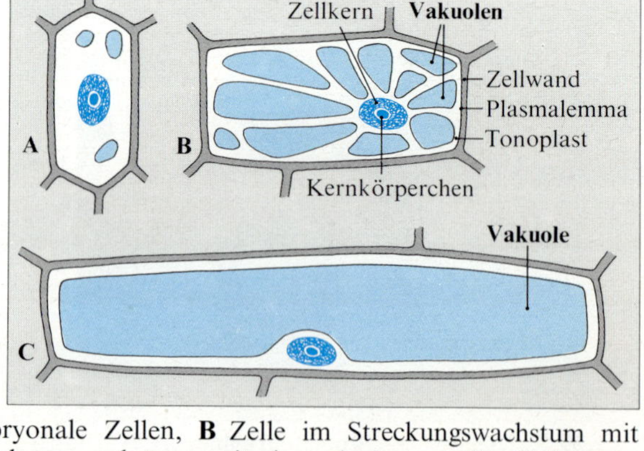

30.1. Vakuolenbildung bei Pflanzenzellen: A Embryonale Zellen, **B** Zelle im Streckungswachstum mit Vakuolenbildung, **C** Zelle nach Abschluß des Streckungswachstums mit einer einzigen großen Vakuole

Der **Zellsaft** ist eine wäßrige Lösung zahlreicher organischer und anorganischer Stoffe. Seine Zusammensetzung kann je nach Zellart sehr verschieden sein. Bei spezialisierten Zellen herrscht oft ein bestimmter Stoff vor. So enthalten viele Blütenblätter in ihrem Zellsaft rote oder blaue Farbstoffe, die *Anthocyane*. In der Meerrettichwurzel überwiegen die scharf schmeckenden Senfölglycoside. Nach ihrer Bedeutung für den Stoffwechsel der Zelle können wir zwei Stoffgruppen in der Vakuole unterscheiden:

1. Ein Teil der Substanzen sind **Reservestoffe.** Sie sind vorübergehend aus dem Stoffwechsel der Zelle herausgenommen worden und können bei Bedarf wieder in ihn zurückgeführt werden. So sind *Kohlenhydrate* fast regelmäßige Bestandteile des Zellsaftes. In Früchten kommen besonders Traubenzucker (Glucose) und Fruchtzucker (Fructose), in der Zuckerrübe und im Zuckerrohr Rohrzucker (Saccharose) vor.

2. Ein anderer Teil sind Stoffwechselendprodukte, die von der Pflanze nicht mehr benötigt werden. Solche **Exkrete** könnten sogar giftig wirken, wenn sie nicht durch eine Membran vom übrigen Cytoplasma abgetrennt wären, z.B. das Mitosegift *Colchicin* in der Herbstzeitlose. Im Gegensatz zum Tier, das ein Exkretionssystem besitzt, etwa in Form von Nieren, kann die Pflanze solche Stoffe nicht ausscheiden. Man kann hier also von einer „inneren Exkretion" sprechen.

V 31.1. Calciumoxalatkristalle in Pflanzenzellen

Materialien und Geräte: trockene Zwiebelschalen, Tradescantia-Stengel, Rhabarberkompott, Mikroskop

Durchführung: **a)** Kleine Stückchen einer fein zerzupften braunen Zwiebelschale werden in einen Tropfen Wasser auf dem Objektträger gebracht und mikroskopiert.

b) Vom Stengel der Tradescantie wird ein Quer- oder Längsschnitt mikroskopiert.

c) Etwas Rhabarberkompott wird in einem Tropfen Wasser auf dem Objektträger zerzupft und mikroskopiert.

V 31.2. Farbstoffe im Zellsaft

Materialien und Geräte: reife Liguster- oder Holunderbeeren, verd. Salz- oder Essigsäure, stark verd. Kali- oder Natronlauge, Filtrierpapier, Mikroskop

Durchführung: 1. Wir entnehmen etwas Fruchtfleisch unterhalb der Epidermis und verteilen es in einem Wassertropfen auf einem Objektträger. In einer Zeichnung einiger Zellen halten wir die Anordnung des blauroten und des grünen Farbstoffes fest.

2. An den Rand des Deckglases setzen wir tropfenweise Säure zu, saugen mit Filtrierpapier auf der anderen Seite ab und beobachten die Zellsaftumfärbung.

3. Danach geben wir in derselben Weise Lauge zu und beobachten.

Besondere Inhaltsstoffe der Vakuole

Oxalate. Außer organischen Säuren wie Zitronen-, Äpfel- und Oxalsäure kommen auch deren Salze vor. Lösliches Kaliumoxalat (in größeren Mengen giftig!) bewirkt den sauren Geschmack von Sauerklee und Sauerampfer. Meist aber wird die überschüssige Oxalsäure in Form von Calciumoxalat-Kristallen abgelagert. Die Kristalle sind artspezifisch verschieden und können als Einzelkristalle, Kristallnadeln und sternförmige Kristalldrusen auftreten.

Alkaloide. Zu ihnen gehören starke Gifte wie das Atropin der Tollkirsche, das Cocain des Kokastrauchs, das Morphin und Codein des Schlafmohns. Viele von ihnen werden demgemäß in entsprechender Verdünnung in der Heilkunde verwendet. Auch Coffein und Nikotin gehören zu dieser Stoffgruppe. Einige Alkaloide wie Morphin und Cocain werden als gefährliche Rauschgifte mißbraucht.

Glycoside. Auch in dieser Gruppe treten mehr oder weniger starke Gifte auf, z.B. die herzwirksamen Glycoside der Fingerhutarten (Digitalis) und das Strophanthin der afrikanischen Strophanthus-Arten. Auch die giftigen Blausäureglycoside der Steinobstkerne sowie die Bitterstoffe von Tausendgüldenkraut und Enzian gehören zu dieser Stoffgruppe.

Farbstoffe. Zellsaftfarbstoffe sind die blauen bis roten *Anthocyane* und die gelben *Flavone*, die chemisch nahe miteinander verwandt sind. Die rote oder blaue Farbe vieler Blüten und Früchte geht auf Anthocyane zurück. Die Gelbfärbung der Blüten von Königskerze und Schlüsselblume beruht auf Flavonen.

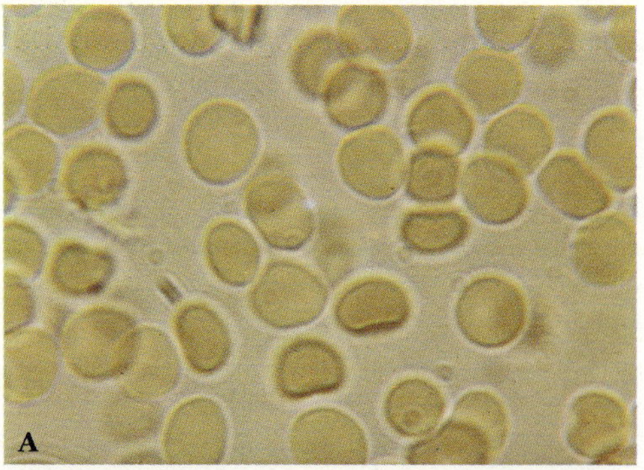

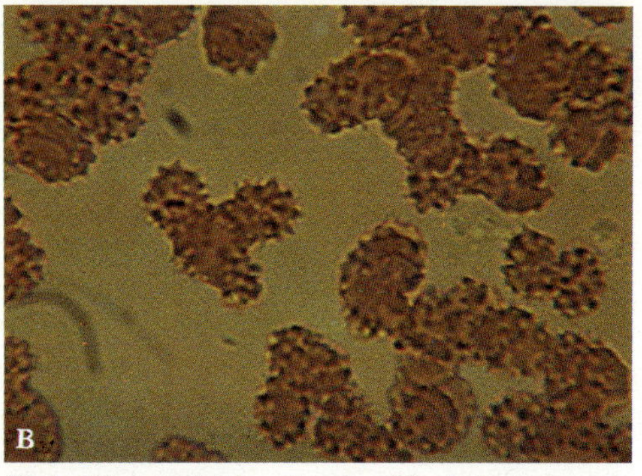

32.1. Blutausstrich: A rote Blutkörperchen in Normalform (in physiologischer Kochsalzlösung), **B** rote Blutkörperchen in „Stechapfelform" (in 5%iger Kochsalzlösung).

V 32.2. Plasmolyse bei Pflanzenzellen

Materialien und Geräte: Rote Zwiebel (ersatzweise Blatt mit rötlicher oder bläulicher Unterseite von Alpenveilchen, Tradescantia oder Rhoeo discolor), 10%ige Salz- oder Zuckerlösung, Filtrierpapier, Mikroskop

Durchführung: Von der Zwiebelepidermis fertigen wir ein Präparat an (vgl. S. 10). Am Deckglasrand wird mit der Pipette ein Tropfen der Salz- oder Zuckerlösung zugesetzt. An der anderen Seite saugt man mit einem Filtrierpapierstückchen etwas Wasser ab. Danach wird die Lösung wieder durch Wasser ersetzt, indem man mehrmals mit Filtrierpapier absaugt und von der anderen Seite her mehrmals Wasser zusetzt.

Zeichnen Sie einige aufeinanderfolgende Plasmolysestadien und erklären Sie die beobachteten Vorgänge! Erläutern Sie, warum farbstoffhaltige Zellen für die Untersuchung besonders geeignet sind! Stellen Sie fest, wo sich der Farbstoff während der Plasmolyse befindet! Beschreiben und erklären Sie auch den rückläufigen Vorgang!

3.6. Diffusion und Osmose

3.6.1. Plasmolyse und Turgor

Oft steht nach einem Verkehrsunfall mit schwerem Blutverlust für eine Bluttransfusion nicht sofort eine Blutkonserve zur Verfügung. In diesen Fällen wird das verlorene Blut zunächst durch eine Transfusion „physiologischer" Kochsalzlösung ersetzt. Ebenso werden Blutproben im medizinischen Labor vor der Untersuchung mit einer solchen Kochsalzlösung verdünnt.

Warum man in beiden Fällen kein destilliertes Wasser nehmen darf, zeigt uns eine einfache mikroskopische Beobachtung: Setzt man dem frischen Mikropräparat eines Bluttropfens nach und nach destilliertes Wasser zu, nimmt allmählich das Volumen der roten Blutkörperchen zu. Schließlich platzen sie, und der rote Blutfarbstoff, das Hämoglobin, tritt aus den Zellen aus. Wird einem frischen Präparat dagegen 5–6prozentige Kochsalzlösung zugesetzt, schrumpfen die roten Blutkörperchen und nehmen schließlich die sogenannte *Stechapfelform* an. Nur bei Zusatz einer 0,9prozentigen Kochsalzlösung bleiben sie unverändert. Eine NaCl-Lösung dieser Konzentration entspricht offensichtlich der Konzentration gelöster Stoffe in der Blutflüssigkeit, dem Blutplasma, und damit dem natürlichen Milieu der roten Blutkörperchen. Daher wird eine 0,9prozentige NaCl-Lösung als **physiologische Kochsalzlösung** bezeichnet.

Diese Beobachtungen zeigen, daß die Volumenänderungen der Blutzellen mit der Salzkonzentration des Mediums zusammenhängen. Sie lassen auch den Schluß zu, daß die Volumenänderungen auf der Aufnahme bzw. dem Entzug von Flüssigkeit beruhen.

Das durch *destilliertes Wasser* verdünnte Blutplasma hat eine geringere Konzentration gelöster Stoffe als das Zellinnere. Es ist diesem gegenüber **hypotonisch.** Die Zelle nimmt durch ihre Außenmembran Wasser auf und vergrößert sich dadurch. Die stärker *konzentrierte NaCl-Lösung* ist gegenüber dem Zellinneren **hypertonisch.** Sie „entzieht" der Zelle Wasser, und die Zelle schrumpft infolgedessen. Die *physiologische Kochsalzlösung* wie auch das Blutplasma haben dieselbe Konzentration wie der Zellinhalt, diese drei Medien sind **isotonisch.**

Diese Vorgänge lassen sich gut an vielen pflanzlichen Zellen beobachten. Dies ist neben dem größeren Zelldurchmesser auf zwei Besonderheiten im Bau der Pflanzenzelle zurückzuführen:

1. Das nach außen von einer Zellmembran, dem *Plasmalemma,* abgeschlossene Cytoplasma ist zusätzlich von einer starren **Zellwand** umgeben. 2. Ausgewachsene Pflanzenzellen besitzen im Inneren des Cytoplasmas meist eine große, vom Zellsaft ausgefüllte **Vakuole.** Sie ist gegen das Cytoplasma durch eine weitere Membran, den *Tonoplasten,* abgegrenzt.

Legt man solche Pflanzenzellen in eine Salz- oder Zuckerlösung, die gegenüber dem Zellsaft der Vakuole hypertonisch ist, kann man im Mikroskop folgende Beobachtungen machen: Das Plasma löst sich von der Zellwand ab, die *Vakuole* verkleinert sich. Nach einigen Minuten hat sich das Plasma mit der schrumpfenden Vakuole stark zusammengezogen. Die Zellwand hat ihre Form beibehalten, so daß nun zwischen ihr und dem Plasma ein Hohlraum entstanden ist. Den gesamten Vorgang bezeichnet man als **Plasmolyse.**
Überführt man plasmolysierte Pflanzenzellen in eine hypotonische Lösung oder in destilliertes Wasser, so dehnt sich die Vakuole mit dem umgebenden Plasma wieder aus und drückt die Plasmaschicht gegen die *Zellwand.* Deren relative Starrheit verhindert eine weitere Ausdehnung. Dieser Vorgang verläuft entgegengesetzt zur Plasmolyse und heißt deshalb **Deplasmolyse.**

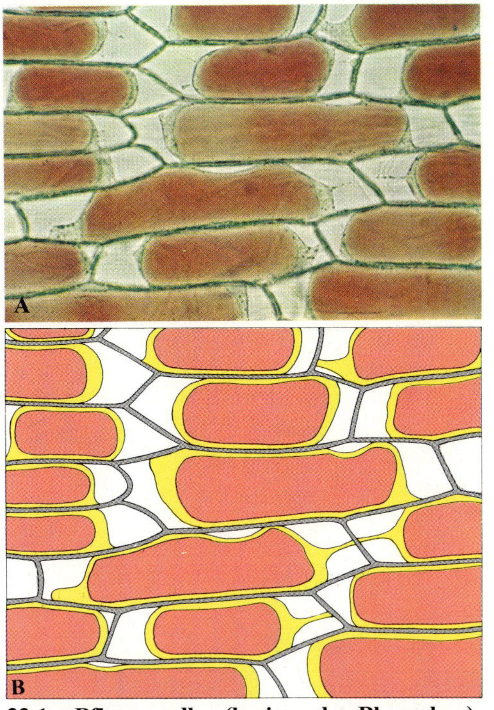

33.1. Pflanzenzelle (beginnende Plasmolyse): A Photo, **B** Schema.

Durch welche Vorgänge an der Zelle kommt es nun zu diesen beobachtbaren Erscheinungen? – Untersuchungen haben ergeben, daß bei der Plasmolyse der Pflanzenzelle die hinzugefügte Salz- oder Zuckerlösung durch die Zellwand hindurch bis zum *Plasmalemma* vordringt. Die Zellwand ist nämlich im allgemeinen für Wasser und darin gelöste Stoffe völlig durchlässig (permeabel). Die Lösung entzieht dem Cytoplasma Wasser. Am deutlichsten zeigt sich der Wasseraustritt an der Volumenabnahme der Vakuole. Der zwischen der Zellwand und dem Plasmalemma auftretende Raum füllt sich mit der Lösung. Durch das Plasmalemma hindurch vermag die Lösung aber nicht in das Cytoplasma einzudringen. Bei der Deplasmolyse nimmt das Cytoplasma, in besonderem Maße die Vakuole, wieder Wasser auf. Die den Raum zwischen Zellwand und Plasmalemma ausfüllende Lösung wird durch die Zellwand hindurch wieder nach außen gedrückt. Durch den Innendruck wird die Zellwand etwas gedehnt. Die Zelle gelangt in einen Spannungszustand, der dem normalen Zustand im Gewebeverband entspricht und als **Turgor** bezeichnet wird.

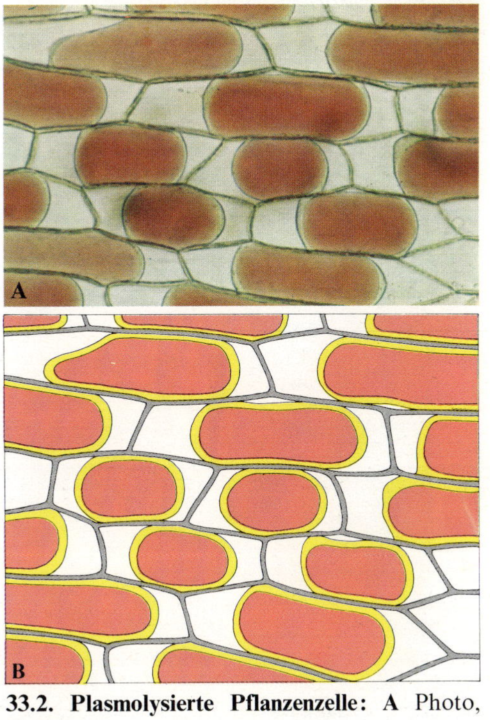

33.2. Plasmolysierte Pflanzenzelle: A Photo, **B** Schema.

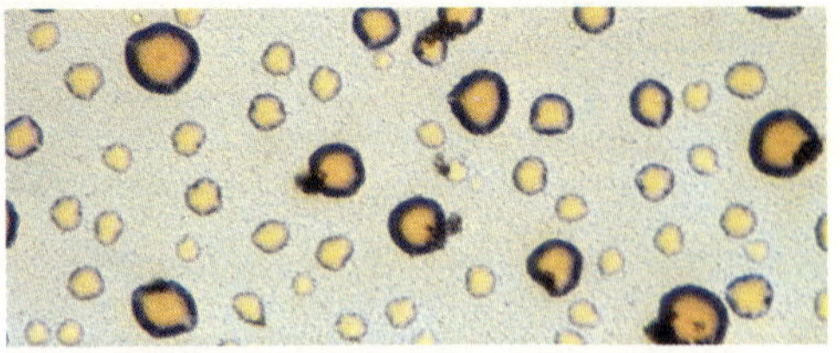

34.1. Milchfett-Tröpfchen im Mikroskop

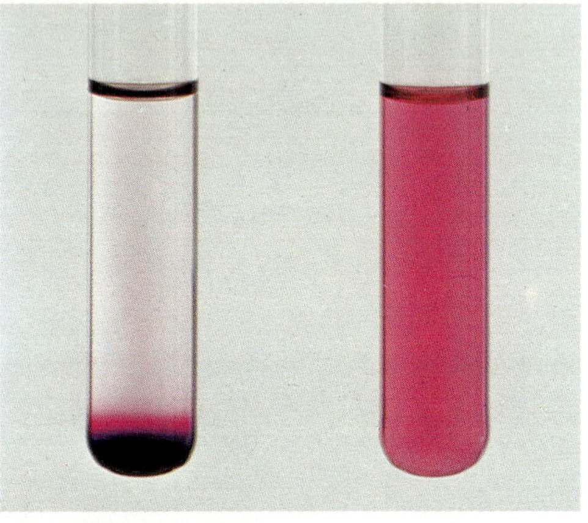

34.2. Diffusionsversuch

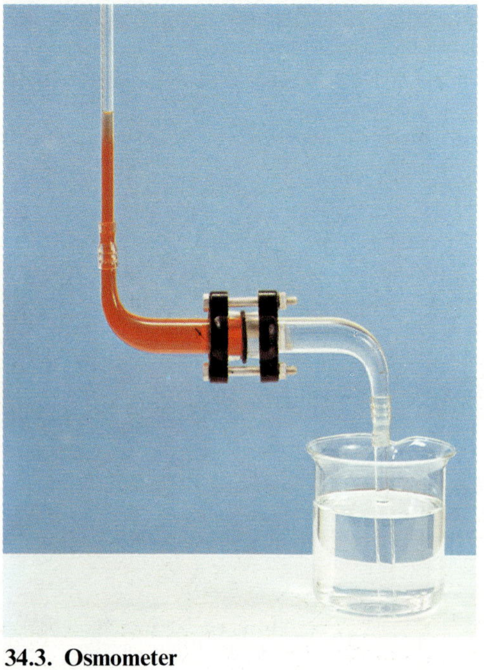

34.3. Osmometer

V 34.4. BROWNsche Bewegung

Materialien und Geräte: Tropfen Vollmilch oder Tusche, Mikroskop

Durchführung: Wir beobachten im Mikroskop bei stärkerer Vergrößerung die Bewegung a) der Fettkügelchen in einem Tropfen verdünnter Frischmilch, b) der Partikeln in verdünnter Tusche.

V 34.5. Diffusion in einer Lösung

Materialien und Geräte: Standzylinder, lange Pipette, gesättigte Kupfersulfatlösung

Durchführung: Ein Standzylinder wird mit Wasser gefüllt und stehen gelassen, bis jede Turbulenz im Wasser aufgehört hat. Mit Hilfe der Pipette unterschichtet man nun das Wasser mit der Lösung, indem man diese langsam auf dem Boden des Gefäßes ausfließen läßt. Die Pipette wird dann vorsichtig herausgezogen. Es bildet sich eine scharfe Grenze zwischen Wasser und Lösung aus. Wir beobachten diese Grenze in den nächsten Stunden und Tagen bis zu ein bis zwei Wochen. Das Glas sollte absolut erschütterungsfrei und nicht im direkten Sonnenlicht stehen.

V 34.6. Osmometer

Materialien und Geräte: Stativ, Glasglocke, Steigrohr, durchbohrter Stopfen, entfettete Schweinsblase, Bindfaden, Vaseline, ca. 50%ige Rohrzucker- oder Kochsalzlösung, wasserlöslicher Farbstoff (Eosin, rote Tinte,...)

Durchführung: Die Glasglocke wird am unteren Rand mit Vaseline bestrichen und mit einem in Seifenwasser entfetteten Stück Schweinsblase dicht verschlossen. Der feuchte Bindfaden muß mehrfach um die möglichst faltenfrei angelegte Schweinsblase gezogen werden. Die Glasglocke wird mit der angefärbten Lösung gefüllt und der Stopfen mit dem Glasrohr luftblasenfrei aufgesetzt. Die am Stativ befestigte Glasglocke wird mit dem unteren Ende in ein mit Wasser gefülltes Gefäß eingehängt. Der Anfangsstand im Steigrohr wird markiert. Aus den viertelstündlich vorgenommenen Ablesungen wird eine Kurvendarstellung angefertigt.

Statt dieses Glockenosmometers kann auch das nebenstehend abgebildete fertige Osmometer verwendet werden. Vergleichen Sie die beiden Formen des Osmometers miteinander!

3.6.2. Theorie der Osmose

Wir haben die im vorigen Abschnitt beobachteten Erscheinungen der *Plasmolyse* und *Deplasmolyse* durch die Verschiedenheit der Konzentrationen innerhalb und außerhalb der Zelle erklärt. Nun stellt sich aber die Frage, welche Kräfte die beobachteten Veränderungen an der Zelle bewirken. Hier müssen wir auf einige physikalisch-chemische Elementarvorgänge zurückgreifen.

Die Teilchen (Moleküle bzw. Ionen) einer Flüssigkeit befinden sich – ebenso wie die eines Gases – in ständiger, regelloser Bewegung. In Flüssigkeiten ist die Bewegungsfreiheit der Teilchen geringer als in Gasen. Beim Zusammenstoß zweier Teilchen ändert sich die Bewegungsrichtung jedes einzelnen. Die bei solchen Zusammenstößen ausgetauschte Bewegungsenergie der Teilchen ist indirekt an der BROWN*schen Bewegung* erkennbar. Die Teilchenbewegung ist um so intensiver, je höher die Temperatur ist.

Gasmoleküle verteilen sich in einem abgeschlossenen Raum gleichmäßig. Gleichfalls streben auch die in einer Flüssigkeit, z. B. Wasser, gelösten Teilchen aufgrund ihrer Eigenbewegung eine Gleichverteilung an, ebenso die Teilchen des Lösungsmittels selber. Für jede Teilchenart in einer Lösung stellt sich also eine gleichmäßige Verteilung ein, die im folgenden auch erhalten bleibt, obwohl die Teilchen sich weiterhin bewegen. Diesen auf der Eigenbewegung der Teilchen beruhenden Konzentrationsausgleich bezeichnen wir als **Diffusion.**

Zum weiteren Verständnis führen wir folgendes Gedankenexperiment durch: Zwischen zwei verschieden stark konzentrierte Flüssigkeiten, z. B. Wasser einerseits und Zuckerlösung andererseits, wird eine feinporige Membran eingeschoben, die für Wasser- und Zuckermoleküle gleichermaßen durchlässig ist. Dann erfolgt der Konzentrationsausgleich auch durch diese Membran hindurch. Die Flüssigkeiten in den beiden Kammern bleiben niveaugleich. Anders verläuft der Vorgang, wenn die Membran **semipermeabel** ist, d. h. wenn sie zwar die Teilchen des Lösungsmittels, nicht aber die des gelösten Stoffes hindurchtreten läßt. Jetzt erfolgt eine einseitig gerichtete Diffusion: Da nur die Wassermoleküle durch die Membran hindurchdiffundieren können und infolge des Konzentrationsgefälles mehr von ihnen in die Lösung hineinwandern als hinaus,

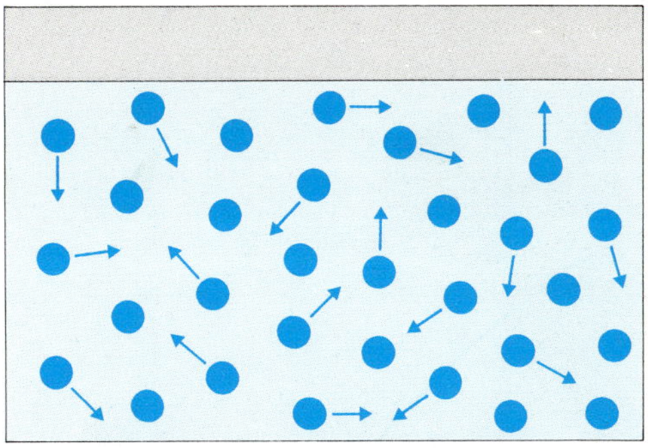

35.1. Ungerichtete und ungehinderte Bewegung von Teilchen in einer Lösung (Diffusion)

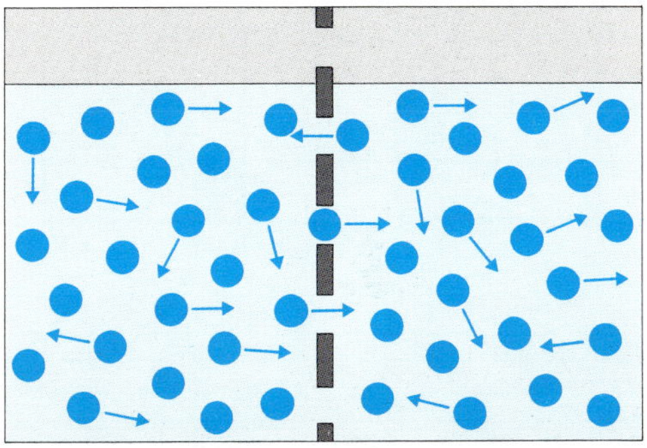

35.2. Bewegung von Teilchen in einer Lösung durch eine permeable Membran hindurch

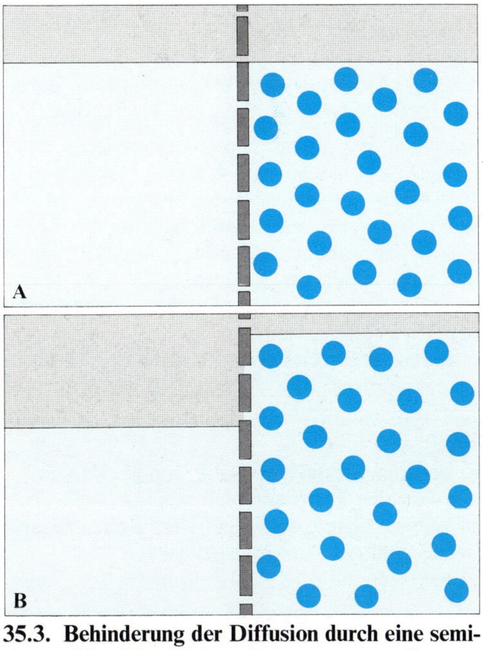

35.3. Behinderung der Diffusion durch eine semipermeable Membran: A Ausgangsstadium, **B** Endstadium der Osmose.

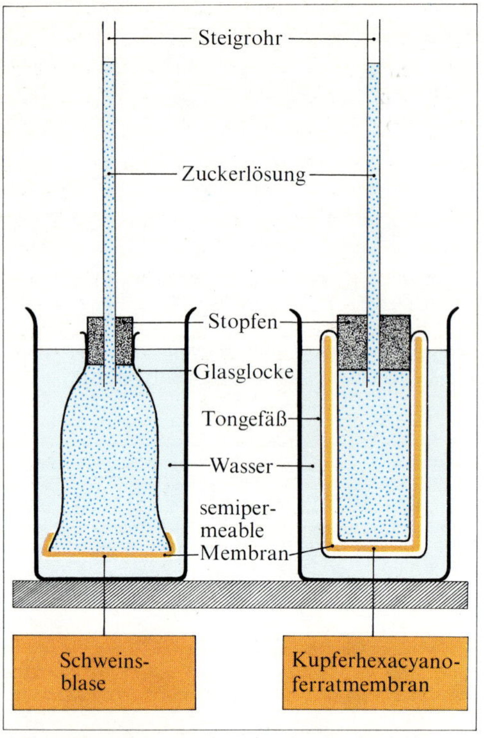

36.1. Osmometer und PFEFFERsche Zelle

V 36.2. Osmose bei Hühnereiern

Materialien und Geräte: 1 Glasschale, 1 Pinsel, 3 Bechergläser (100 ml), 1 Nadel, 1 Waage, 10%ige Essigsäurelösung, 1%ige Kochsalzlösung (1 g Kochsalz in 99 g Wasser lösen), gesättigte Kochsalzlösung, 3 frische Hühnereier

Durchführung: Legen Sie 3 Hühnereier in einer Kristallisationsschale für etwa sechs Stunden in 10%ige Essigsäurelösung. Entfernen Sie auf diese Weise vorsichtig die Kalkschale, indem Sie die Eier in regelmäßigen Abständen umdrehen und den sich bildenden Schaum mit einem Pinsel abwischen! Spülen Sie die weichhäutig gewordenen Eier mit Leitungswasser ab. Wiegen und notieren Sie das Gewicht. Legen Sie ein Ei in ein Becherglas mit dest. Wasser, eines in 1%ige Kochsalzlösung und das dritte in gesättigte Kochsalzlösung.

a) Fertigen Sie nach etwa 24 Stunden Zeichnungen von den Eiern an!

b) Wiegen Sie die drei Eier! Vergleichen Sie mit dem jeweiligen Ausgangsgewicht!

c) Erklären Sie Ihre Beobachtungen von a) und b)!

d) Nehmen Sie das prall gewordene Ei aus der Flüssigkeit und stechen Sie es vorsichtig mit der Nadel an!

kommt es statistisch gesehen zu einem Wassereinstrom in die Lösung und damit zu einem Niveauunterschied in den beiden Kammern. Einen solchen einseitig gerichteten Diffusionsvorgang durch eine semipermeable Membran nennt man **Osmose.** Als semipermeable Membranen an einer Apparatur zur Demonstration der Osmose eignen sich entfettete Schweinsblasen oder Cellophanfolien. Eine solche semipermeable Membran schließt bei einem **Osmometer** den mit einer Zucker- oder Salzlösung gefüllten Glasbehälter gegen das angrenzende Wasser ab. Infolge des Konzentrationsgefälles erfolgt eine osmotische Wasseraufnahme in die künstliche Zelle. Daher steigt die Lösung im Steigrohr an, und zwar so lange, bis der von der Flüssigkeitssäule bewirkte hydrostatische Druck das Eindringen weiteren Wassers verhindert. Eine derartige Apparatur gestattet es, quantitative Druckbestimmungen durchzuführen.

Die Wasseraufnahme am Osmometer kommt zum Stillstand, wenn zwischen dem Druck des einströmenden Wassers und dem **Wanddruck,** der gleich dem hydrostatischen Druck ist, ein Gleichgewicht besteht. Diesen maximalen, am Steigrohr ablesbaren Druckwert bezeichnet man als den **osmotischen Druck** der Lösung. Er wird in Bar gemessen.

3.6.3. Die Zelle als osmotisches System

Ein Strauß frisch gepflückter Wiesenblumen welkt rasch. Rechtzeitig ins Wasser gestellt, werden die Pflanzen wieder straff.

Welken bedeutet auf zellulärer Ebene Wasserverlust der *Vakuole* und damit den Verlust der Zellspannung, des *Turgors.* Bei baldiger Wasserzufuhr nehmen die Zellen infolge ihres osmotischen Drucks wieder Wasser auf, bis der Wanddruck, nämlich der Gegendruck der gespannten Zellwand, eine weitere Ausdehnung verhindert. Es kommt also ebensowenig wie bei einem Osmometer zu einem vollen Konzentrationsausgleich zwischen Zellsaft und umgebendem Medium.

Als Modell für eine Pflanzenzelle, bei der das wandständige Plasma eine einzige, große Vakuole umschließt, kann die PFEFFER*sche Zelle* dienen. Dem porösen Tonzylinder entspricht die leicht durchlässige Zellwand. Der semipermeablen Membran aus Kupferhexacyanoferrat entspricht der plasmatische Wandbelag. Der Zuckerlösung entspricht der Zellsaft in der Vakuole; dieser stellt also die osmotisch wirksame Lösung in der Zelle dar.

Die osmotischen Werte der Zellen sind bei den verschiedenen Pflanzen und in den verschiedenen Geweben der Pflanzen unterschiedlich. So besitzen die Zellen der Wurzelrinde, die das Wasser aus dem Boden aufnehmen und an andere Zellen weitergeben müssen, einen osmotischen Druck von 5 bis 10 bar. Blattzellen, die sich ständig mit Wasser aus den Wasserleitungsbahnen versorgen müssen, können einen osmotischen Druck bis zu 40 bar aufweisen. Bei Salzpflanzen, die das Wasser gegen einen hohen osmotischen Druck des Bodens aufnehmen müssen, kann er bis zu 160 bar betragen.

Sogar in den einzelnen Zellen kann sich der osmotische Druck und damit der Turgor ändern. Dies kommt z.B. in den tagesrhythmischen Blattbewegungen der Keimpflanzen von Bohnen zum Ausdruck. Am Morgen senkt sich der Blattstiel, die Blattspreite dagegen hebt sich. Am Abend verlaufen die Bewegungen umgekehrt. Äußerlich erkennt man die Gelenke an den Verdickungen des Stieles. Die Blattbewegungen kommen durch Turgoränderungen in den Zellen eines solchen Gelenks zustande. Im Stielgelenk nimmt am Morgen der Turgor an der Oberseite zu und an der Unterseite ab, der Blattstiel senkt sich. Am Abend erfolgt die Turgoränderung in der umgekehrten Richtung, der Blattstiel richtet sich wieder auf. Tagesrhythmisch umgekehrt verlaufen die Turgoränderungen im Spreitengelenk.

V 37.2. Kontraktile Vakuolen bei Einzellern

Materialien und Geräte: Kultur von Pantoffeltierchen (vgl. S. 23), physiologische (0,9 %ige) Kochsalzlösung, Filtrierpapier oder Watte, Mikroskop

Durchführung: Wir fertigen ein mikroskopisches Präparat von Pantoffeltierchen an und engen deren Bewegungsfreiheit durch Zugabe von zerfasertem Filtrierpapier oder Watte ein. Dann beobachten wir die Tätigkeit der kontraktilen Vakuolen. Danach setzen wir physiologische Kochsalzlösung zu und saugen überschüssiges Wasser von der anderen Seite des Deckglases her ab.

Vergleichen Sie die Ergebnisse der Beobachtungen und erklären Sie diese!

Meereseinzeller sowie einzellige Blutparasiten besitzen meist keine kontraktilen Vakuolen. Erklärung?

V 37.3. Gewebespannung in Pflanzenorganen

Materialien und Geräte: Löwenzahnschaft, konz. Salz- oder Zuckerlösung

Durchführung: Ein Löwenzahnschaft wird von unten her einige cm weit kreuzweise gespalten. Beobachtung? Danach stellen wir ihn etwa eine Viertelstunde ins Wasser und beobachten erneut. Schließlich wird er für kurze Zeit in Salz- oder Zuckerlösung übertragen.

37.1. Keimpflanzen der Feuerbohne: A Tagstellung, **B** Nachtstellung der Primärblätter.

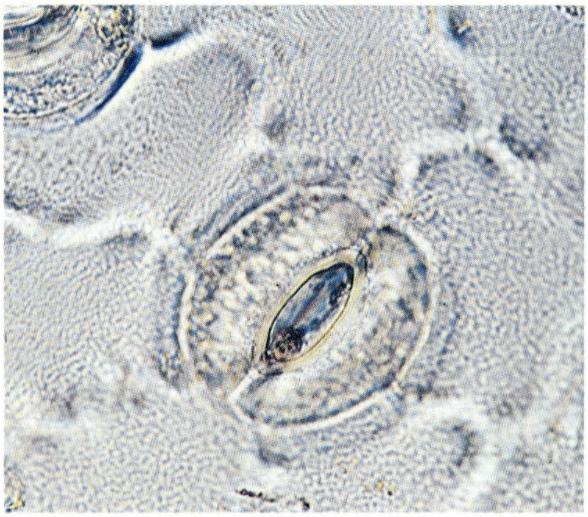

38.1. Spaltöffnung

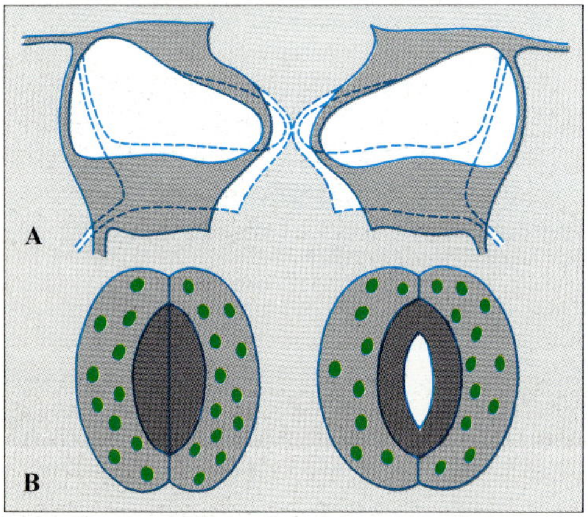

38.2. Spaltöffnung: **A** Querschnitt, **B** Aufsicht, jeweils im geöffneten und geschlossenen Zustand.

V 38.3. Osmotischer Bewegungsmechanismus der Spaltöffnungen

Materialien und Geräte: Blattepidermis von Tradescantia (Schwertlilie, ...), Zuckerlösung, Mikroskop

Durchführung: Wir schneiden ein Stückchen der unteren Blattepidermis ab und stellen nach einigen Minuten starker Belichtung (Mikroskopblende vorübergehend weit öffnen) die Spaltenweite der Spaltöffnungen fest. Dann saugen wir etwas Zuckerlösung durch (Filtrierpapier!) und beobachten während einiger Minuten. Anschließend wird die Zuckerlösung wieder durch Wasser ersetzt und das Präparat erneut eine Weile belichtet. Beschreiben und erklären Sie die beobachteten Vorgänge!

3.6.4. Osmotische Bewegungen der Spaltöffnungen

Die Spaltöffnungen in der Epidermis des Blattes stellen die Verbindung zwischen dem Inneren des Blattes und der Außenluft dar. Jede Spaltöffnung besteht aus zwei **Schließzellen,** die sich durch ihre nieren- oder bohnenförmige Gestalt von den anderen Epidermiszellen deutlich unterscheiden. Außerdem enthalten sie im Gegensatz zu den anderen Epidermiszellen Chloroplasten.

Zwischen den beiden Schließzellen befindet sich ein Spalt, der geöffnet und geschlossen werden kann. Die Schließzellen sind so gebaut, daß sie durch Schwankungen ihres Turgors diesen Öffnungs- und Schließvorgang bewirken können. In vielen Fällen ist die dem Spalt zugekehrte Zellwand an ihrer oberen und unteren Kante verdickt. Nimmt der Turgor in den Schließzellen zu, wölbt sich die nicht verdickte Rückenwand stärker und zieht die Bauchwand nach. Der Zentralspalt öffnet sich. Nimmt der Turgor in den Schließzellen wieder ab, erschlaffen sie, und der Zentralspalt schließt sich wieder.

Zu- und Abnahme des Turgors setzen voraus, daß zuvor der osmotische Wert des Zellsaftes in den Schließzellen zu- bzw. abnimmt. Dies geschieht dadurch, daß Ionen aus den Nachbarzellen aufgenommen oder an diese abgegeben werden. So konnte z. B. nachgewiesen werden, daß sich bei Belichtung innerhalb weniger Minuten K^+-Ionen aus den Nachbarzellen in die Schließzellen verlagern. Dadurch erhöht sich deren osmotischer Wert, und den Ionen folgt dann passiv das Wasser in derselben Richtung nach. Dies führt zu einer Erhöhung des Turgors in den Schließzellen, und die Spaltöffnung öffnet sich.

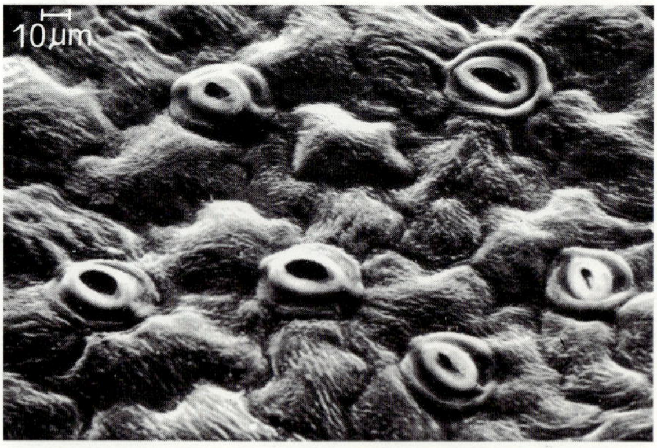

38.4. Epidermis der Nieswurz (REM-Aufnahme)

4. Vom Einzeller zum Vielzeller

4.1. Einzellige Lebewesen

Amöbe. Untersuchen wir mit dem Mikroskop den schlammigen Untergrund oder faulende Pflanzenteile aus einem Tümpel, Teich oder Graben, entdecken wir vielleicht neben zahlreichen anderen Mikroorganismen auch Amöben. Eine Amöbe fällt uns nicht sofort auf, da sie wie ein farbloses Schleimklümpchen aussieht und sich oft erst eine Weile nach Anfertigung des mikroskopischen Präparats intensiver bewegt. Sie hat keine feste Körperform, sondern verändert ihre Gestalt ständig. Deshalb werden Amöben auch *Wechseltierchen* genannt. Die Zelloberfläche stülpt sich zu Fortsätzen, sogenannten **Scheinfüßchen** *(Pseudopodien)*, aus, in die ein Teil des *Cytoplasmas* einfließt. In anderen Teilen der Zelle zieht sich dann das Plasma zurück. Scheinfüßchen können an beliebigen Stellen der Zelloberfläche gebildet werden. Oft treten sie aber bevorzugt in einer bestimmten Richtung auf, und es kommt dadurch zu einer *Fortbewegung*.

Bei genauerem Betrachten erkennt man einen schmalen, durchsichtigen Randsaum, der das zähere *Außenplasma (Ektoplasma)* enthält. Nur in den Pseudopodien ist es zuweilen breiter und dann besser zu erkennen. An seiner Oberfläche wird es von der Zellmembran begrenzt. Den Innenraum nimmt das körnige und beweglichere *Innenplasma (Endoplasma)* ein. In ihm finden wir auch den **Zellkern.**

Wir dürfen allerdings beim Mikroskopieren nicht ein anderes Zellorganell für den Zellkern halten, das uns als runde helle Blase früher in die Augen fällt: das **pulsierende Bläschen** *(pulsierende Vakuole)*. Sie kann sich plötzlich zusammenziehen und vorübergehend verschwinden. Ihre Aufgabe ist es, überschüssiges Wasser hinauszupumpen. Das Cytoplasma hat nämlich einen höheren osmotischen Druck als das umgebende Wasser. Deshalb dringt durch die Zellmembran fortlaufend Wasser in die Zelle ein. Die rhythmische Tätigkeit der pulsierenden Vakuole dient also der Osmoregulation.

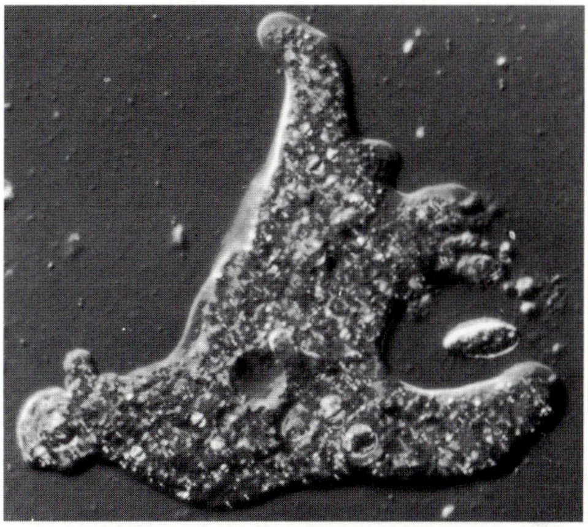

39.1. Amöbe bei der Nahrungsaufnahme (Phagocytose)

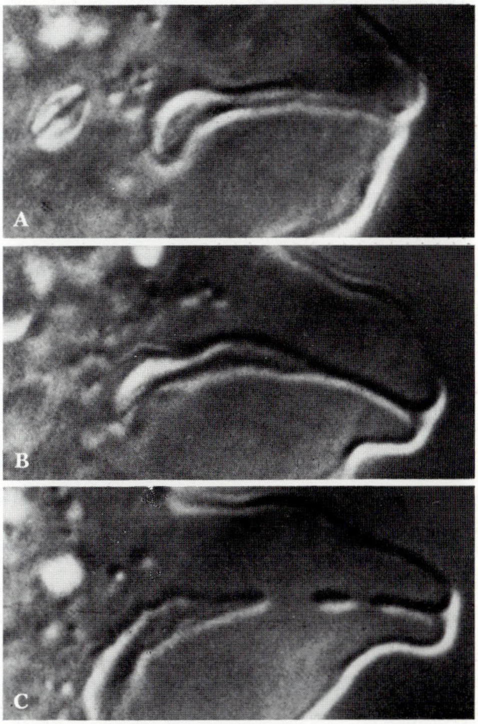

39.2. Stadien der Pinocytose bei der Amöbe

40.1. Pinocytose (links) und Phagocytose (rechts) bei der Amöbe. Bei der Pinocytose entsteht zwischen kurzen, körnerfreien Pseudopodien ein Kanälchen, an dessen Ende eine kleine Vakuole abgeschnürt wird. Bei der Phagocytose umfließen die Pseudopodien feste Nahrungspartikel.

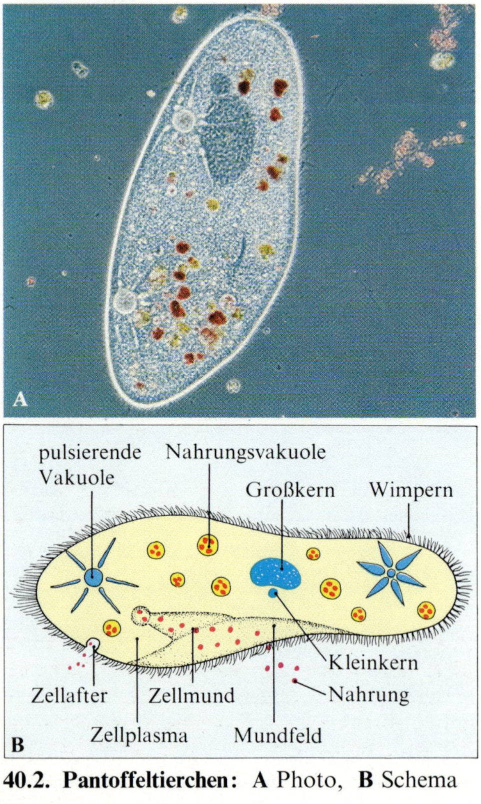

40.2. Pantoffeltierchen: A Photo, **B** Schema

Bei der Fortbewegung umfließt die Amöbe mit ihren Pseudopodien z.B. Wimpertierchen, kleine Algen oder Pflanzenreste. Sie schließt sie in einer membranumkleideten Blase ein, die sich von der Zelloberfläche ins Innere abschnürt. In eine solche **Nahrungsvakuole** hinein werden vom Plasma Verdauungsenzyme abgegeben. Die verdaute Nahrung wird in das Plasma aufgenommen. Die Nahrungsvakuole wandert mit den unverdaulichen Bestandteilen an die Zelloberfläche, verschmilzt mit der Zellmembran und gibt ihren Inhalt nach außen ab. Die Aufnahme fester Nahrung in die Zelle nennt man **Phagocytose** („Fressen" der Amöbe: Abb. 39.1.). Die Amöbe kann aber auch in Flüssigkeit gelöste Nahrungsstoffe in Bläschen aufnehmen und verdauen. Diese Art der Nahrungsaufnahme heißt **Pinocytose** („Trinken" der Amöbe: Abb. 39.2.). Beiden Formen der Nahrungsaufnahme, die zusammen als **Endocytose** bezeichnet werden, ist gemeinsam, daß die Nahrung an der Zelloberfläche von der Zellmembran umschlossen und die so gebildeten Bläschen ins Plasma aufgenommen werden.

Stößt ein Scheinfüßchen auf ein Hindernis, wird es zurückgezogen. Auch vor einem starken Lichtreiz weicht die Amöbe zurück. Bei heftiger Erschütterung, etwa durch Klopfen auf den Objektträger, zieht sie die Scheinfüßchen ein und rundet sich ab. Die Amöbe zeigt also Reaktionen auf verschiedene äußere Reize.

Amöben vermehren sich durch **Teilung** in zwei etwa gleich große Tochterzellen nach unmittelbar vorausgegangener Kernteilung. Die Tochterzellen wachsen auf die Größe der Mutterzelle heran.

Pantoffeltierchen. In Proben von fauligem Wasser oder einem Heuaufguß entdecken wir im Mikroskop häufig das Pantoffeltierchen. Es fällt uns durch seine schnelle Schwimmbewegung auf. Dabei dreht es sich in einer langgezogenen Spirale um seine Längsachse. Oft ändert es ruckartig seine Bewegungsrichtung. Im Unterschied zur Amöbe besitzt der bis 0,3 mm große Einzeller durch das verdichtete Außenplasma, die *Pellicula,* eine feste, jedoch elastische Gestalt. Der ganze Zellkörper ist mit kurzen Plasmafäden, den **Wimpern** oder **Cilien,** bedeckt. Durch deren fortwährenden rhythmischen Schlag kommt die Bewegung zustande. Die Wimpern des *Mundfeldes* strudeln die Nahrung herbei. Sie wird durch den Zellmund in **Nahrungsvakuolen** aufgenommen und in ihnen auf dem Weg durch die Zelle enzymatisch verdaut. Unverdauliche Reste werden durch den *Zellafter* ausgeschieden. An den Zellenden fallen die **pulsierenden Vakuolen** auf. Sie füllen und entleeren sich in rhythmischem Wechsel. Sternförmig angeordnete Kanäle führen ihnen Wasser und darin gelöste Abfallstoffe zu.

Besonders auffällig ist die **Reizbarkeit** des Pantoffeltierchens. Es weicht vor mechanischen Hindernissen zurück und nimmt chemische Reize, Temperaturunterschiede und sogar die Schwerkraft wahr. Bei starker Reizung werden blitzschnell lange, starre Plasmafäden ausgeschleudert. Diese *Trichocysten* liegen als kurze, stabförmige Körperchen unter der Pellicula.

Bei der **ungeschlechtlichen Vermehrung** teilen sich die Tierchen quer durch. Dabei teilen sich auch die für alle Wimpertierchen typischen beiden Zellkerne, der *Großkern* und der *Kleinkern*. Die **geschlechtliche Fortpflanzung** findet hingegen in Form der *Konjugation* statt. Dabei legen sich zwei Tierchen längs aneinander. Ihr Großkern löst sich auf, nach Teilungen des Kleinkerns werden Tochterkerne ausgetauscht. Nach der Trennung entsteht je ein neuer Großkern.

Augentierchen. Die Augentierchen (Euglena) besitzen **Chloroplasten** und sind dadurch grün gefärbt. Sie bevorzugen nährstoffreiche Gewässer wie Dorfteiche und Jauchepfützen, die bei massenhaftem Auftreten dieses Einzellers grün erscheinen. Der Zellkörper ist von einer festen Plasmaschicht (Pellicula) umhüllt. Dadurch erhält er eine spindelförmige, jedoch elastisch verformbare Gestalt. Die schwimmende Fortbewegung wird hier durch den kreisenden Schlag einer langen **Geißel** hervorgerufen. Sie entspringt in einer sackförmigen Vertiefung am Vorderende, der Geißelgrube. Die knotenartige Verdickung in der Geißelgrube ist lichtempfindlich, sie dient der Zelle als *Photoreceptor*. Euglena hat seinen deutschen Namen nach dem seitlich von der Geißelgrube liegenden orangeroten *Augenfleck*. Bei der Zelldrehung um die Längsachse wird der Photoreceptor in regelmäßigem Wechsel durch den Augenfleck beschattet. Dadurch kann Euglena die Lichtrichtung ermitteln und sich dann gerichtet auf das Licht zu bewegen.
Euglena vermehrt sich ungeschlechtlich durch **Längsteilung.** Mit Hilfe des Chlorophylls lebt sie autotroph, kann aber auch organische Nahrung in gelöster Form aufnehmen.

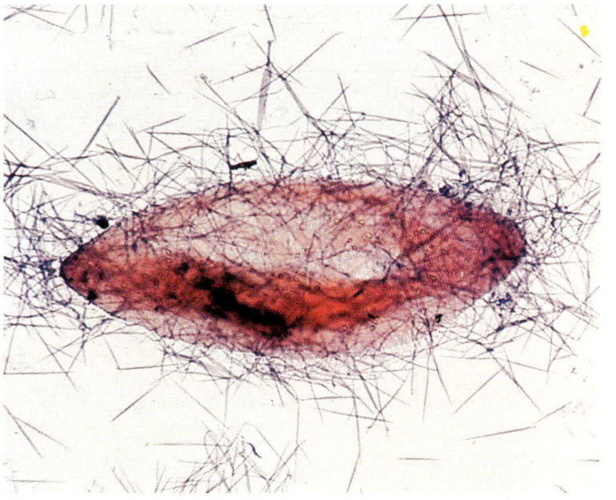

41.1. Pantoffeltierchen mit ausgeschleuderten Trichocysten

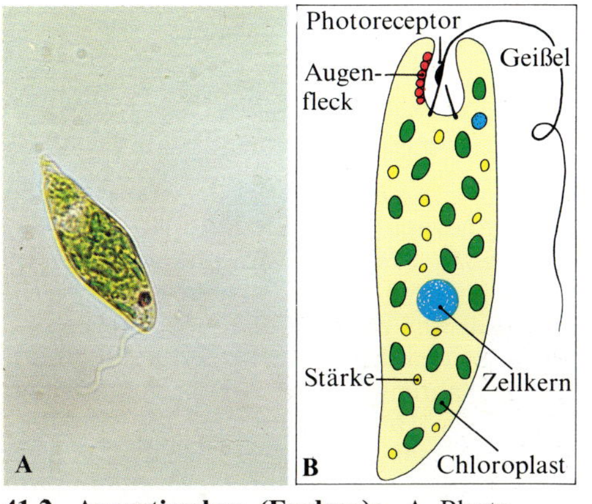

41.2. Augentierchen (Euglena): A Photo, **B** Schema

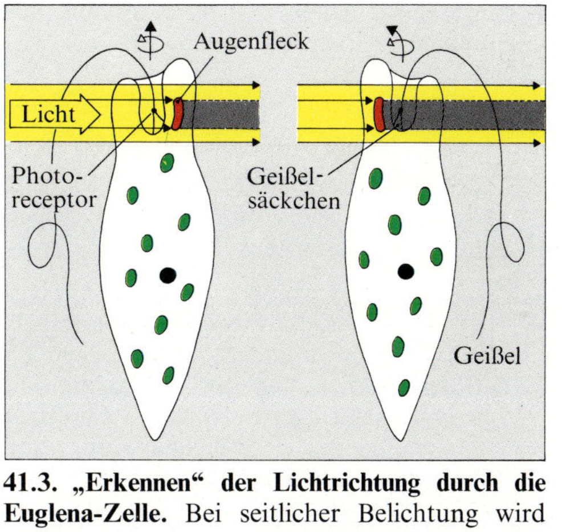

41.3. „Erkennen" der Lichtrichtung durch die Euglena-Zelle. Bei seitlicher Belichtung wird der Photoreceptor infolge der Längsdrehung der Zelle durch den Augenfleck periodisch beschattet. Die Zelle wendet sich dem Licht zu.

Lebenserscheinungen bei Einzellern

V 42.1. Beschaffung von Amöben

Amöben können in Aufgüssen von Heu und faulenden Pflanzenteilen auftreten. Man findet sie im Bodensatz oder in der Kahmhaut älterer Aufgüsse. Im Freiland sind sie bevorzugt an der Unterseite von See- oder Teichrosenblättern und an faulenden Röhrichtstengeln zu finden. Dazu muß man die Oberfläche solcher Pflanzenteile vorsichtig abschaben. Auch im Oberflächenschlamm von Gewässern sind häufig Amöben zu finden. Oft enthält auch aus Moosrasen ausgepreßtes Wasser Amöben. Reinkulturen erhält man von biologischen Laboratorien.

V 42.2. Kultur von Amöben

Materialien und Geräte: Petrischalen, filtriertes Teichwasser, dest. Wasser, Weizen- oder Reiskörner, Pantoffeltierchenkultur, Amöben.

Durchführung: Petrischalen werden gut zur Hälfte mit Teichwasser gefüllt. Man gibt ein Weizen- oder Reiskorn zu, bei dessen Zersetzung Bakterien auftreten. Nach wenigen Tagen setzt man Amöben und Pantoffeltierchen zu. Die Bakterien dienen einerseits den Amöben direkt als Nahrung, andererseits den Pantoffeltierchen, die die Hauptnahrung für die Amöben darstellen. Das Korn wird nach 1–2 Wochen gewechselt, ebenso wird die Verdunstung durch Nachfüllen von dest. Wasser ausgeglichen. Die Kulturflüssigkeit sollte leicht sauer gehalten werden (pH 6,5–6,8). Nach 10–12 Wochen müssen die Amöben in frisches Kulturmedium umpipettiert werden.

V 42.3. Phagocytose bei Amöben

Materialien und Geräte: Amoeba proteus, Pantoffeltierchen, Mikroskop, fein ausgezogene Pipette, Wachs oder Plastilin.

Durchführung: Amöben werden 3–5 Tage vorher in eine Kulturflüssigkeit übertragen, die keine Bakterien und Wimpertierchen enthält (Hungerkultur). Von dort bringt man sie auf einem Objektträger mit vielen Paramecien zusammen, die aus einer dichten Kultur abpipettiert werden. Das Deckglas erhält vor dem Auflegen Füßchen aus Wachs oder Plastilin, um ein Zerquetschen der Amöben zu verhindern. Die zunächst abgekugelten Amöben beginnen sich bald zu bewegen und Scheinfüßchen auszubilden. Wir beobachten eine Zeitlang die Bewegungsweise und zeichnen einige aufeinanderfolgende Bewegungsstadien einer bestimmten Amöbe. Insbesondere beobachten wir Ekto- und Endoplasma und pulsierende Vakuole und suchen den Zellkern.

Nach 5–10 Minuten können wir feststellen, daß sich einzelne Pantoffeltierchen den Amöben anlegen und dort liegen bleiben. Wir beobachten den anschließenden Freßvorgang bis zur Ausbildung der geschlossenen Nahrungsvakuole und halten ihn in einer Skizzenreihe fest. Das Präparat sollte auch im Verlauf der nächsten 2 Stunden noch gelegentlich betrachtet werden, um den Verdauungsvorgang zu verfolgen.

V 42.4. Pinocytose bei Amöben

Materialien und Geräte: Amoeba proteus aus einer Hungerkultur (siehe V 42.3.), Mikroskop, frisches Eiklar, 1 : 10 mit dest. Wasser verdünnt, fein ausgezogene Pipette, Wachs oder Plastilin.

Durchführung: Amöben, die 3–5 Tage gehungert haben, werden mit wenig Wasser auf einen Objektträger gebracht. Man setzt etwa die gleiche Menge vom verdünnten Eiklar zu und legt ein Deckglas mit Wachs- oder Plastilinfüßchen auf. Die Pinocytose beginnt nach etwa 5 Minuten. Wir beobachten zunächst das Verhalten und die Formveränderungen der ganzen Amöben. Dann stellen wir bei stärkerer Vergrößerung auf den Randbereich einer Amöbe ein und verfolgen und skizzieren die Bildung der Pinocytosebläschen. Nach 15–20 Minuten hört die Pinocytoseaktivität langsam auf.

V 42.5. Beschaffung von Pantoffeltierchen

Pantoffeltierchen (Gattung Paramecium) findet man in mehreren Arten in nährstoffreichen Gewässern, insbesondere solchen mit faulenden Pflanzenresten. Blumenvasen, deren Wasser längere Zeit nicht gewechselt wurde, enthalten oft Paramecien. Für unsere Untersuchungen ist Paramecium caudatum die geeignetste Art. Mit einer gewissen Wahrscheinlichkeit tritt sie in Heuaufgüssen auf (Anleitung dazu siehe V.23.1.!). Reinzuchten beschafft man sich bei biologischen Laboratorien.

V 43.1. Dauerkultur von Pantoffeltierchen

Materialien und Geräte: Erlenmeyerkolben (500 bis 1000 ml), Bunsenbrenner, eine Handvoll Stroh, dest. Wasser.

Durchführung: Das Stroh wird in den Erlenmeyerkolben gesteckt. Dann wird mit Leitungswasser aufgefüllt und etwa $\frac{1}{2}$ Std. intensiv gekocht. Der gesamte Inhalt verbleibt im Gefäß. Nach wenigen Tagen werden Paramecien übergeimpft (siehe V 42.5.). Die Kultur bleibt monatelang erhalten, wenn in 2–3wöchigem Abstand etwas Kulturflüssigkeit abgegossen und durch dest. Wasser ersetzt wird.

V 43.2. Aufbau und Bewegungsweise des Pantoffeltierchens

Materialien und Geräte: Paramecienkultur, Mikroskop, Tapetenkleister.

Durchführung: In einer Schale wird etwas Tapetenkleister mit Wasser zu einer zähflüssigen Masse angerührt. Man läßt notfalls einige Stunden stehen, um eingerührte Luftblasen entweichen zu lassen. Die Lösung kann in einer verschlossenen Flasche lange aufbewahrt werden. Auf einem Objektträger wird ein Tropfen davon mit einem Tropfen Paramecienkultur vorsichtig verrührt und ein Deckglas aufgelegt. Wir beobachten im Mikroskop die stark verlangsamte Fortbewegung und den Wimpernschlag und fertigen eine Skizze vom Aufbau des Tierchens an.

V 43.3. Nahrungsaufnahme beim Pantoffeltierchen

Materialien und Geräte: Paramecienkultur, Mikroskop, Karminpulver, Wachs oder Plastilin.

Durchführung: Auf einen Objektträger geben wir einen Tropfen Paramecienkultur und rühren etwas Karminpulver ein. Dann legen wir ein Deckglas mit Wachs- oder Plastilinfüßchen auf und drücken vorsichtig an, bis sich die Paramecien gerade nicht mehr fortbewegen können. Wir beobachten das Einstrudeln der Karminkörnchen, die Bildung von Nahrungsvakuolen und deren Weg innerhalb der Zelle und skizzieren den Vorgang.

V 43.4. Pulsierende Vakuolen beim Pantoffeltierchen

Materialien und Geräte: Paramecienkultur, Mikroskop, 0,5 %ige NaCl-Lösung, Filtrierpapier, Wachs oder Plastilin.

Durchführung: Wie im vorhergehenden Versuch werden Paramecien vorsichtig zwischen Objektträger und Deckglas eingeklemmt. Wir beobachten bei stärkerer Vergrößerung die Tätigkeit der pulsierenden Vakuolen und stellen in einer Skizzenreihe den Vorgang dar. Mit dem Sekundenzeiger einer Uhr bestimmen wir die Anzahl der Entleerungen pro Minute. Dann ersetzen wir das Wasser durch 0,5 %ige NaCl-Lösung, indem wir am Deckglasrand Salzlösung zusetzen und an der anderen Seite mit Filtrierpapier Wasser absaugen. Wir messen nun wieder die Frequenz der pulsierenden Vakuolen, vergleichen mit dem ersten Meßergebnis und erklären.

V 43.5. Chemische Reizung beim Pantoffeltierchen

Materialien und Geräte: Paramecienkultur, etwas Kochsalz, Wachs oder Plastilin, Mikroskop.

Durchführung: Wir fertigen ein Präparat mit Deckglasfüßchen an, so daß die Paramecien volle Bewegungsfreiheit haben und sich gleichmäßig verteilen können. Dann setzen wir einen kleinen Kochsalzkristall an den Rand des Deckglases und beobachten das Verhalten der Pantoffeltierchen beim Einschwimmen in den Bereich des in Lösung gehenden Salzkristalls. Nach etwa 15 Minuten stellen wir die Verteilung der Paramecien innerhalb des Präparats fest.

V 43.6. Beschaffung und Kultur von Euglena

Materialien und Geräte: Wasser aus einem Euglena-haltigen Gewässer oder Probe einer Reinkultur von Euglena, Gartenerde, Hartkäse, Watte, Erlenmeyerkolben, Kochtopf oder großes Becherglas, Bunsenbrenner oder Heizplatte.

Durchführung: Der Erlenmeyerkolben wird $\frac{1}{2}$ bis 1 cm hoch mit Gartenerde gefüllt. Ein haselnußgroßes Stückchen Hartkäse wird hinzugegeben. Das Gefäß wird etwa zu drei Viertel mit Leitungswasser aufgefüllt. Dann wird es in das mit Wasser etwa halb gefüllte Kochgefäß gestellt und in diesem Wasserbad 20–30 Minuten gekocht. Man läßt das Kulturgefäß vollständig abkühlen und gibt dann etwas von dem Euglena-haltigen Wasser hinzu. Das Gefäß wird mit Watte verschlossen und an heller Stelle (nicht in direktem Sonnenlicht) aufgestellt. Die sich entwickelnde Euglena-Kultur ist monatelang ohne Pflege haltbar. Allenfalls muß gelegentlich das verdunstete Wasser durch dest. Wasser ersetzt werden.

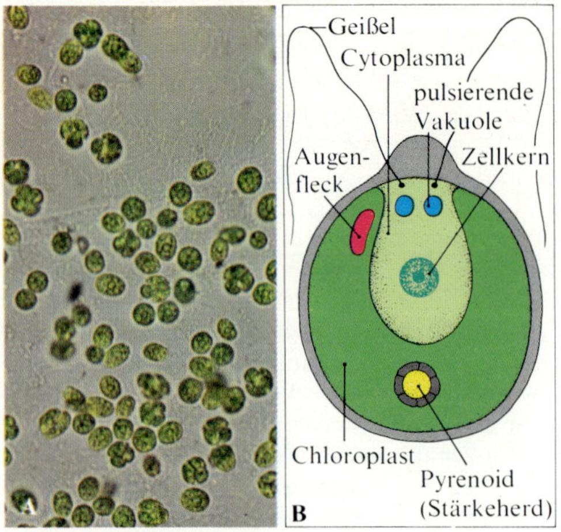

44.1. Geißelalge Chlamydomonas: A Photo, **B** Schema.

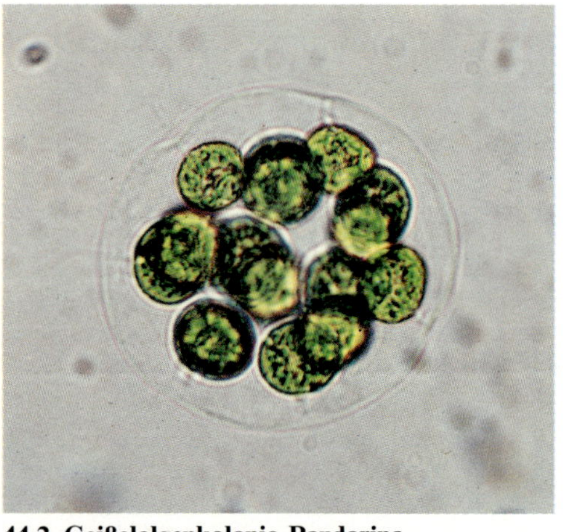

44.2. Geißelalgenkolonie Pandorina

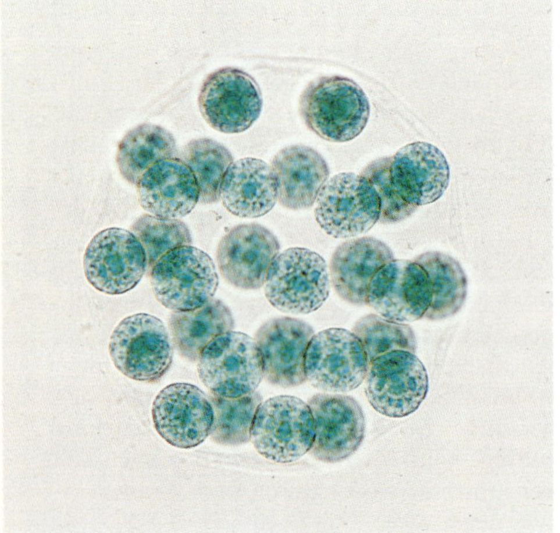

44.3. Geißelalgenkolonie Eudorina

4.2. Übergangsformen zwischen Einzellern und Vielzellern

Dem im vorigen Kapitel an einigen Beispielen vorgestellten Reich der Einzeller steht die Fülle der vielzelligen Pflanzen und Tiere gegenüber. Man nimmt heute an, daß sich im Verlauf der Stammesgeschichte die Vielzeller aus einzelligen Lebewesen entwickelt haben. Gibt es Organismen, die uns als Modelle dafür dienen können, wie sich der Übergang vom Einzeller zum Vielzeller vollzogen hat?

Im Teich- oder Tümpelwasser findet man oft die kleine einzellige Grünalge *Chlamydomonas*. Sie bewegt sich mit Hilfe zweier gleichlanger Geißeln, besitzt einen großen, becherförmigen Chloroplasten und wie Euglena einen roten Augenfleck. Sie vermehrt sich durch Längsteilung in zwei gleich große Zellen, die sich voneinander trennen und selbständig weiterleben.

Nicht selten fällt uns bei solchen mikroskopischen Untersuchungen eine durch das Wasser trudelnde grüne Kugel auf. Bei genauerer Betrachtung zeigt sich, daß sie aus 8 bis 16 gleichartigen Zellen besteht, deren jede einzelne einer Chlamydomonas-Zelle gleicht. Es ist die **Zellkolonie** *Pandorina*. Bei dieser Zellgruppe liegen die Zellen in einer gemeinsamen Gallerte. Aus jeder Einzelzelle kann durch 3 bis 4 Teilungsschritte eine neue, frei schwimmende Kolonie hervorgehen. Dieser Vorgang kann als Modell dafür gelten, wie in der Stammesgeschichte aus Einzelzellen Zellkolonien entstanden sind.

Bei der etwas größeren Zellkolonie *Eudorina* liegen 32 Zellen in deutlichem Abstand voneinander in einer leicht abgeflachten Gallertkugel. An ihnen sind bereits Unterschiede in der Größe der Zellen und der Augenflecke wahrnehmbar. Diese Unterschiede deuten auf den Anfang einer **Differenzierung** im Bau der Zellen hin, die auch wohl schon mit einer ersten geringfügigen Arbeitsteilung verbunden ist.

Beeindruckend ist die mikroskopische Untersuchung einer Tümpelprobe, die die etwa 1 mm große Kugelalge *Volvox* enthält. Die kugelförmigen Kolonien bewegen sich rollend durch das Wasser. Bei stärkerer Vergrößerung erkennt man, daß mehrere Hundert bis einige Tausend Zellen in gleichmäßigem Abstand in der Peripherie einer Gallerthohlkugel liegen. Jede einzelne Zelle zeigt Merkmale einer Chlamydomonas-Zelle: zwei Geißeln, einen Augenfleck, einen Chloroplasten, zwei pulsierende Bläschen. Die Fortbewegung kommt durch den aufeinander abgestimmten Schlag der Geißeln zustande. Bei stärkerer Vergrößerung und Abblendung sind plasmatische Verbindungen zwischen den Zellen als schmale Streifen zu erkennen. Die Differenzierung der Zellen ist hier noch deutlicher ausgeprägt als bei Eudorina. Der größte Teil der Zellen dient nur der Photosynthese und der Fortbewegung. Im hinteren Teil der Kolonie liegen verstreut einige größere Zellen, die zusätzlich auch die Fortpflanzung zur Aufgabe haben. Bei der geschlechtlichen Fortpflanzung gehen aus ihnen die Geschlechtszellen hervor. Bei der ungeschlechtlichen Fortpflanzung entstehen aus ihnen durch Teilung Tochterkugeln, die sich im Inneren der Mutterkugel weiterentwickeln. Die Mutterkugel reißt schließlich auf und stirbt ab. Dabei werden die Tochterkugeln frei und leben dann selbständig weiter.

Die Arbeitsteilung und die Verbindung durch Plasmabrücken zeigen, daß Volvox – anders als z.B. Eudorina – mehr ist als eine einfache Kolonie aus gleichartigen, selbständigen Zellen. Bei den Zellkolonien kann jede Zelle neue Kolonien bilden, ist also wie Einzelzellen *potentiell unsterblich.* Bei Volvox sterben die meisten Zellen, die Körperzellen, regelmäßig ab, nur die Keimzellen überdauern. Die Kugelalge ist daher nicht mehr eine Einzellerkolonie, sondern eigentlich schon ein vielzelliges Individuum.

Man nimmt heute an, daß in der Stammesgeschichte ein allmählicher Übergang vom Einzeller zum Vielzeller stattgefunden hat. Die genannten grünen Geißelalgen können uns ein Modell für diesen Vorgang liefern.

Auch die vielzelligen Tiere haben sich vermutlich über Übergangsformen aus tierischen Einzellern entwickelt. Es ist schwierig, aus heute lebenden Tieren eine Übergangsreihe modellartig zu konstruieren. Es könnte sein, daß die Hohltiere mit ihren zwei Zellschichten, z.B. der Süßwasserpolyp *Hydra,* frühe Stadien der Evolution zum tierischen Vielzeller darstellen. Hierauf gibt die Tatsache einen Hinweis, daß alle vielzelligen Tiere in ihrer Embryonalentwicklung ein zweischichtiges Hohlkörperstadium, die Gastrula, durchlaufen.

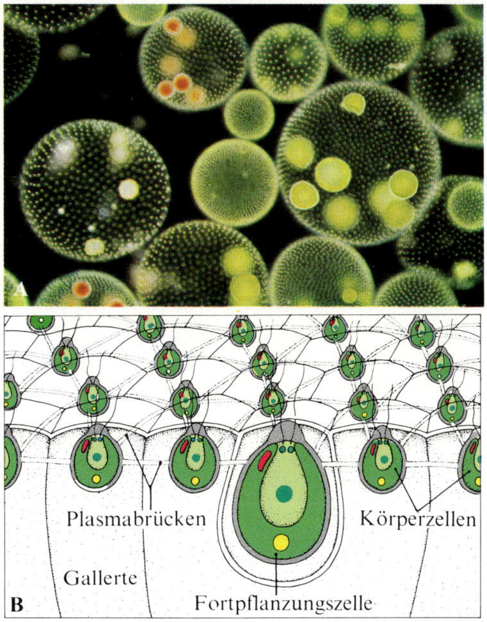

45.1. Kugelalge Volvox: A Mutterkugeln mit Tochterkugeln (Photo), **B** Ausschnitt aus der Wand der Hohlkugel (Schema).

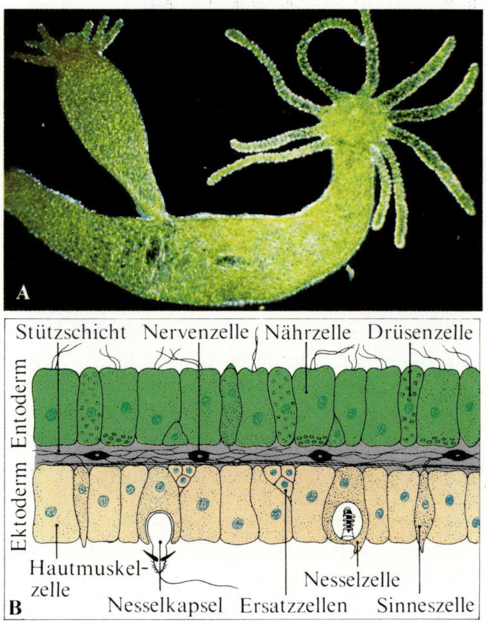

45.2. Süßwasserpolyp Hydra: A Tier mit Tochterpolyp (Photo), **B** Schnitt durch die zweischichtige Wand (Schema).

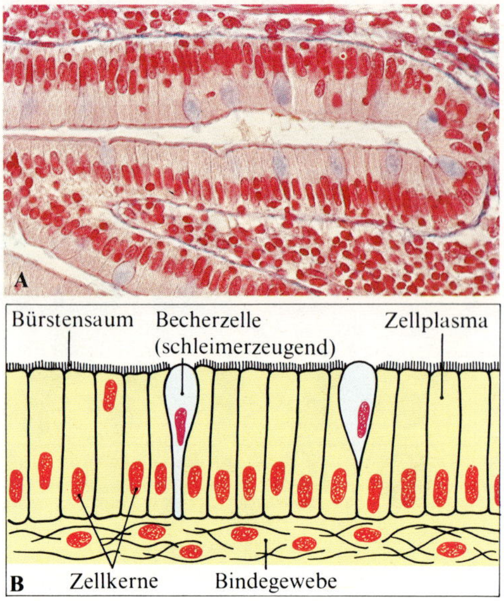

46.1. Epithel der Darmschleimhaut: A Mikrophoto, **B** Schema.

V 46.2. **Knochengewebe im Mikroskop**

Materialien und Geräte: Bückling, gekochter Röhrenknochen vom Rind, Salzsäure, Xylol, Rasierklinge, Mikroskop mit Zubehör

Durchführung: **a.** Aus dem Bückling werden die unterhalb der Rückenflosse liegenden knöchernen Flossenträger herauspräpariert und mit Xylol entfettet. Die dünnen, rhombisch-spitzen Knochen werden als ganze für ein Mikropräparat verwendet.

b. Der Röhrenknochen wird mehrere Tage lang in verdünnte Salzsäure gelegt und entkalkt, bis er schneidbar geworden ist. Dann werden dünne mikroskopische Schnitte hergestellt. – Zeichnung jeweils einiger Knochenzellen!

4.3. Die Zelle im Gewebeverband des Vielzellers

4.3.1. Tierische Gewebe

Bei den Einzellern werden alle für sie notwendigen Lebensfunktionen von einer einzigen Zelle ausgeführt. Im Zellverband der einfachsten Vielzeller wie z.B. Volvox haben wir bereits eine erste *Zelldifferenzierung* und *Arbeitsteilung* in Bewegungs- und Fortpflanzungszellen erkannt. Je höher ein Lebewesen organisiert ist, um so ausgeprägter ist das Prinzip der Spezialisierung auf bestimmte Aufgaben. Meist sind Zellen gleicher Bauart und gleicher Funktion im Organismus zu größeren Gruppen zusammengefaßt, die wir als **Gewebe** bezeichnen. Die wichtigsten Gewebearten des Körpers von Tier und Mensch sind 1. das *Deckgewebe*, 2. das *Binde- und Stützgewebe*, 3. das *Muskelgewebe* und 4. das *Nervengewebe*.

Deckgewebe (Epithel). Die Zellen bilden einen lückenlosen Zellverband. Dieser überzieht die äußere Oberfläche des Körpers und kleidet auch die inneren Körperhöhlungen wie Darm und Atemwege aus. Auch die auf die äußeren oder inneren Oberflächen ausmündenden *Drüsen* leiten sich vom Deckgewebe ab. Drüsenzellen geben ein Sekret ab, das als Schweiß, Talg, Schleim oder Milch unterschiedlichen Aufgaben dient. – Oft besteht das Epithel nur aus *einer* einzigen Lage von Zellen, so bei den meisten Wirbellosen wie dem Regenwurm. Beim Süßwasserpolypen Hydra besteht der Körper nur aus dem Haut- und dem Darmepithel. Die Haut der Wirbeltiere ist dagegen mehrschichtig. Die oberen Schichten sterben ab und werden durch Zellneubildung aus der tiefer gelegenen Keimschicht ersetzt.

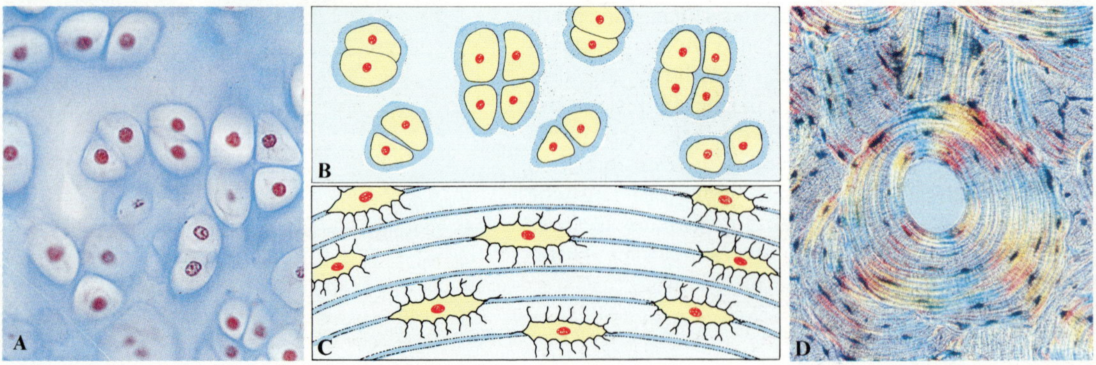

46.3. A, B Knorpelgewebe, C, D Knochengewebe

Binde- und Stützgewebe. Kennzeichnend für diese Gewebe ist, daß die Zellen durch eine von ihnen ausgeschiedene Zwischenzellensubstanz getrennt liegen. Diese Substanz ist von Bindegewebsfasern durchzogen und verleiht dem Gewebe seine Festigkeit. *Lockeres Bindegewebe* liegt unter der Haut, zwischen Muskeln und Organen. *Straffes Bindegewebe* bildet die zugfesten Sehnen und Bänder. Auch das *Fettgewebe* ist eine Form des Bindegewebes. Beim *Knorpel* sind die Zellen ohne Verbindung untereinander in die elastisch-feste Grundsubstanz einzeln oder in kleinen Gruppen eingelagert. Beim *Knochen* dagegen sind die Zellen durch feine Fortsätze untereinander verbunden. Die Grundsubstanz ist durch Einlagerung anorganischer Salze, besonders von Calciumsalzen, verhärtet. – Als eine flüssige Form von Bindegewebe kann man das *Blut* betrachten.

Muskelgewebe. Es besteht aus langgestreckten Zellen, den Muskelfasern. Seine Fähigkeit, sich zusammenzuziehen, beruht darauf, daß im Zellplasma längsverlaufende kontraktile Fibrillen liegen. Die *glatte Muskulatur* ist aus spindelförmigen, einkernigen Zellen aufgebaut. Sie kontrahiert sich relativ langsam und kommt in inneren Organen wie dem Darmkanal und den Gefäßwänden vor. Die *quergestreifte Muskulatur* besteht aus langen, vielkernigen Fasern, die im Mikroskop eine Querstreifung erkennen lassen. Sie bildet die Skelettmuskulatur, die wir willkürlich bewegen können.

Nervengewebe. Den Hauptanteil daran haben die *Nervenzellen*. In den Nervenzentren wie dem Gehirn und dem Rückenmark liegen die Zellkörper eng beieinander. Ihre zu Sinnesorganen und Muskeln führenden langen Ausläufer sind kabelartig gebündelt zu *Nerven* zusammengefaßt.

47.1. Quergestreifter Muskel

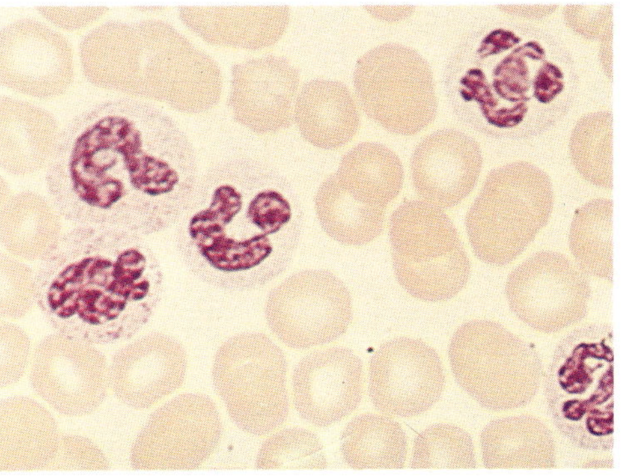

47.2. Blutausstrich

V 47.3. Knorpelgewebe im Mikroskop

Materialien und Geräte: Knorpelstück aus Schweineohr, Iod-Iodkalium, Rasierklinge, Mikroskop mit Zubehör

Durchführung: Vom Knorpel werden dünne Schnitte hergestellt. Dem Mikropräparat setzt man einen Tropfen Iod-Iodkalium zu. Zeichnung eines Gewebeausschnitts!

V 47.4. Muskelgewebe im Mikroskop

Materialien und Geräte: rohes mageres Rindfleisch, verd. Essigsäure, Mikroskop mit Zubehör

Durchführung: Ein kleines Stückchen Fleisch wird auf dem Objektträger in verd. Essigsäure zerzupft. Davon fertigt man ein Quetschpräparat an. Betrachtung und Zeichnung zunächst bei schwacher, dann bei stärkerer Vergrößerung! Durch Zusatz von Essigsäure werden die Zellkerne sichtbar.

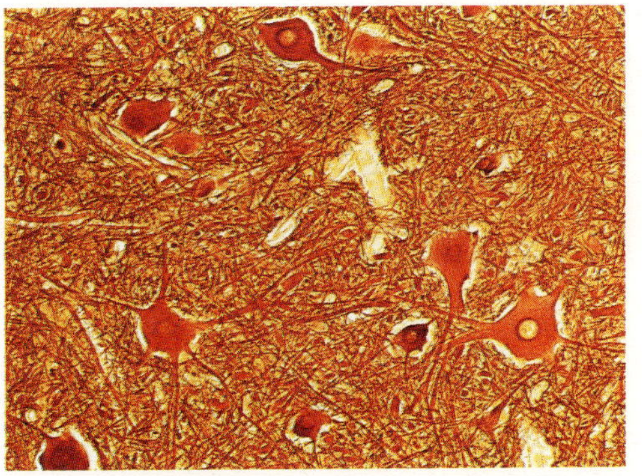

47.5. Nervengewebe

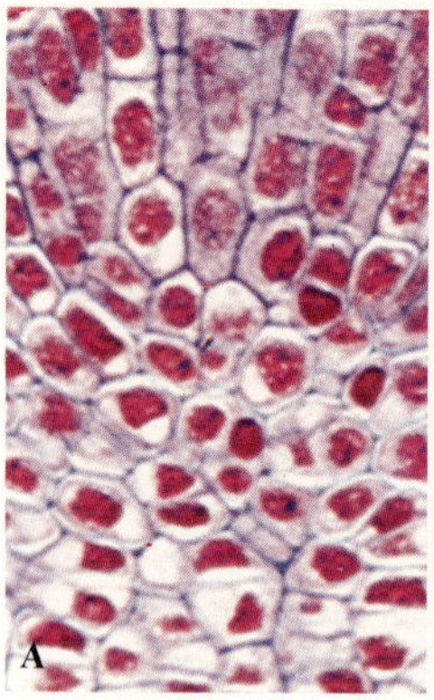

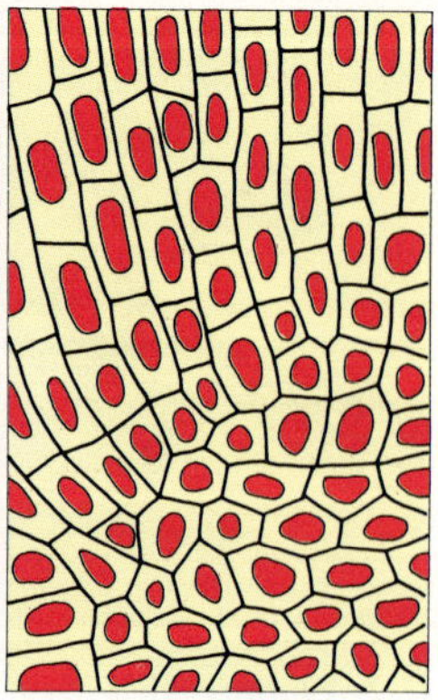

48.1. Bildungsgewebe: A Mikrophoto, **B** Schema.

V 48.2. **Bildungsgewebe im Mikroskop**

Materialien und Geräte: Wasserpest oder Tannenwedel, Zwiebel (Küchenzwiebel, Hyazinthe oder Tulpe), Karminessigsäure, Bunsenbrenner, Pinzette, Präparierlupe (Binokular), Mikroskop mit Zubehör

Durchführung: **a.** Von der Sproßspitze der Wasserpflanze werden unter der Präparierlupe alle Blättchen abgezupft. Der freigelegte Vegetationskegel wird abgeschnitten und unter dem Mikroskop betrachtet. Zeichnung einer Zellgruppe von der Spitze des Vegetationskegels!

b. Eine Zwiebel wird einige Tage lang auf ein so weit mit Wasser gefülltes Glas gesetzt, daß sie etwa 1 cm Abstand von der Wasseroberfläche hat. Von den austreibenden Wurzeln schneiden wir 3 bis 5 mm lange Spitzen ab, halbieren sie und bringen die Stücke auf einen Objektträger in einen Tropfen Karminessigsäure. Dann wird über dem Bunsenbrenner bis zum kurzen Aufkochen erhitzt (vgl. V 72.1.!).

4.3.2. Pflanzliche Gewebe

Auch die Pflanze ist aus verschiedenen Geweben aufgebaut. Während aber der tierische Organismus nach einiger Zeit sein Wachstum abschließt, wächst die Pflanze während ihrer ganzen Lebenszeit. Sie muß also lebenslang neue Zellen und Gewebe ausbilden.

Diese Neubildung erfolgt nicht gleichmäßig in allen Teilen der Pflanze, sondern geht von Zellgruppen aus, die an bestimmten Stellen in der Pflanze lokalisiert sind. Solche *Bildungsgewebe* (Meristeme) finden wir in den *Sproßspitzen*, in den *Knospen* geschützt verborgen, ebenso an den *Wurzelspitzen*, wo sie von der Wurzelhaube schützend umhüllt sind. Diese wachsenden Spitzen werden auch als *Vegetationspunkte* bezeichnet. Ihre Zellen sind klein und undifferenziert. Durch Teilungen erzeugen sie fortlaufend neue Zellen, die sich unter Vergrößerung und Differenzierung in die verschiedenen *Dauergewebe* umwandeln. Die Dauergewebe der Pflanze kann man nach Bau und Funktion ihrer Zellen einteilen in 1. *Hautgewebe*, 2. *Leitgewebe*, 3. *Festigungsgewebe* und 4. *Grundgewebe*.

Hautgewebe (Epidermis). Alle saftigen Pflanzenteile wie Blätter, junge Stengel und Wurzeln sind von einer Hautschicht, der Epidermis, nach außen abgeschlossen. Sie schützt an den oberirdischen Teilen die inneren Gewebe vor zu starker Verdunstung und Beschädigung. Ihre äußeren Zellwände sind verdickt und von einem wasserundurchlässigen Häutchen, der Cuticula, überlagert. Die Wurzelepidermis (Rhizodermis) dagegen hat unverdickte Zellwände und dient mit den von ihr gebildeten Wurzelhaaren der Aufnahme von Wasser und Nährsalzen.

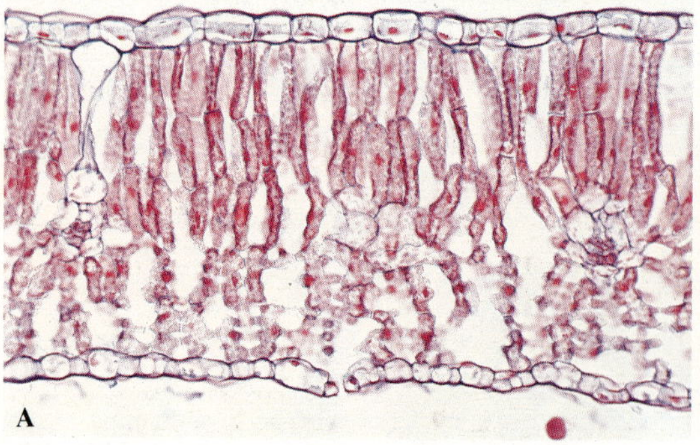

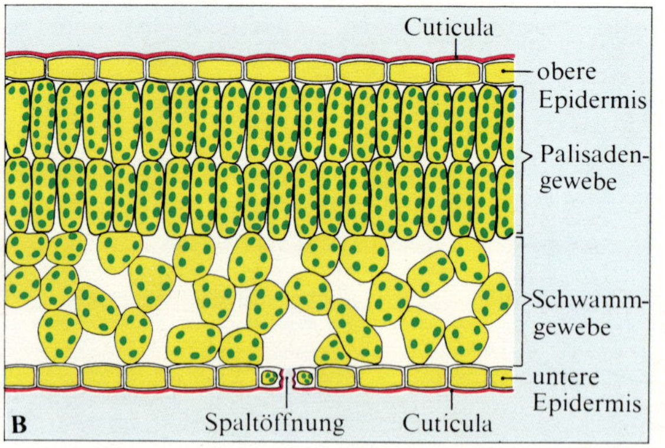

48.3. Blattquerschnitt: A Mikrophoto, **B** Schema.

Leitgewebe. Das von den Wurzeln aufgenommene Wasser mit den Nährsalzen muß durch den Stengel in die Blätter gebracht werden. Gleichzeitig müssen alle Teile der Pflanze mit den in den grünen Blättern erzeugten organischen Stoffen versorgt werden. Dieser Stofftransport erfolgt in besonderen Leitungsbahnen, den *Leitbündeln.*
Stellt man einen krautigen Sproß eine Zeitlang in Farblösung und fertigt dann einen Stengelquerschnitt an, so sind von den Leitbündeln jeweils nur die nach innen gelegenen Zellgruppen gefärbt. In ihnen findet offensichtlich der Wassertransport statt. Diese Zellen heißen *Gefäße.* Die nach außen gelegenen Zellgruppen bleiben ungefärbt. Sie dienen dem Transport der organischen Stoffe und heißen *Siebröhren.* Längsschnitte zeigen noch deutlicher den besonderen Bau der Wasserleitungsbahnen. Die Gefäße stellen Röhren dar, die aus mehreren Zellen durch Auflösung der Querwände entstanden sind. Sie haben keinen plasmatischen Inhalt mehr, so daß das Wasser ungehindert hindurchströmen kann. Ihre Wände sind durch innen aufgelagerte ring-, spiral- oder netzförmige Verdickungen ausgesteift.

Festigungsgewebe. Der Festigung von Stengel, Wurzel und Blättern dienen Zellen mit verdickten Wänden. Sie sind meist langgestreckt und zu Bündeln zusammengefaßt. Dieses Gewebe erhöht wesentlich die Biegungs- und Zugfestigkeit der pflanzlichen Organe.

Grundgewebe. Leit- und Festigungsgewebe sind in das Grundgewebe eingebettet, das aus nicht spezialisierten Zellen besteht. Im Blatt bildet es das Assimilationsgewebe, im Stengel das Mark- und Rindengewebe.

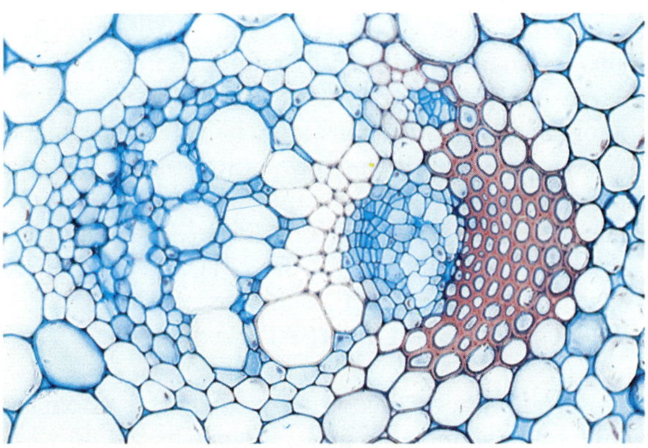

49.1. Leitbündel im Querschnitt

V 49.2. **Leitgewebe im Mikroskop**

Materialien und Geräte: Tulpe oder junge Maispflanze, alkoholische Phloroglucinlösung, konz. Salzsäure, Rasierklinge, Mikroskop mit Zubehör

Durchführung: Durch den Stengel werden dünne Querschnitte hergestellt. Fertigen Sie eine schematische Übersichtszeichnung des Querschnitts mit der Lage der Leitbündel im Grundgewebe bei schwacher Vergrößerung an! Zur Anfärbung verholzter Zellwände werden dem Präparat je ein Tropfen Phloroglucinlösung und Salzsäure (in der angegebenen Reihenfolge!) zugesetzt. Zeichnen Sie bei stärkerer Vergrößerung den Bau eines Leitbündels mit Gefäßteil, Siebteil und Bündelscheide aus Festigungsgewebe! – Vom gleichen Objekt werden auch Längsschnitte mikroskopiert. Dazu muß eine Serie von Schnitten angefertigt werden, damit man die Leitbündel in deren verschiedenen Teilen längs angeschnitten findet. Färben Sie auch hier mit den Chemikalien an! Versuchen Sie, verschiedene Gefäßarten zu identifizieren!

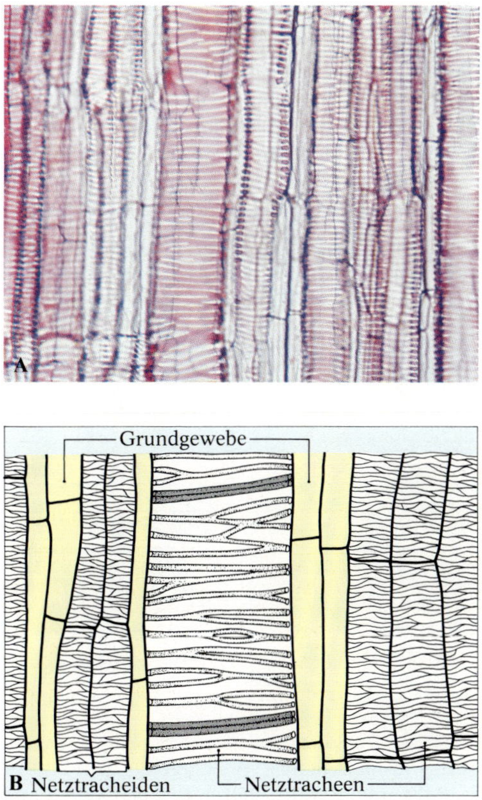

49.3. Leitgewebe

5. Bewegungen als Leistungen der lebenden Zelle

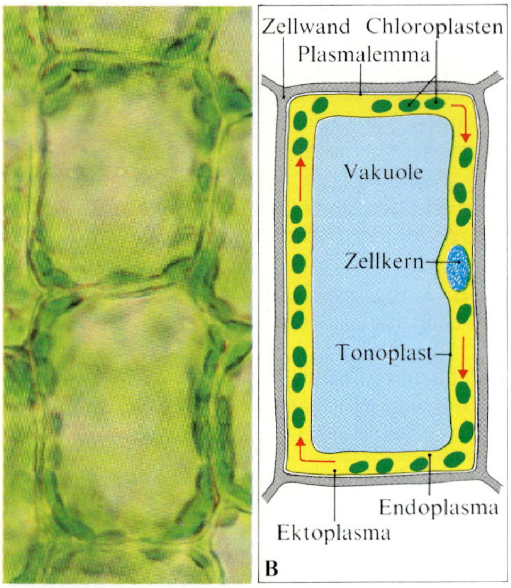

50.1. Plasmaströmung: **A** Blattzellen der Wasserpest, **B** Schema der Plasmaströmung, Ektoplasma in Ruhe, Endoplasma in Bewegung.

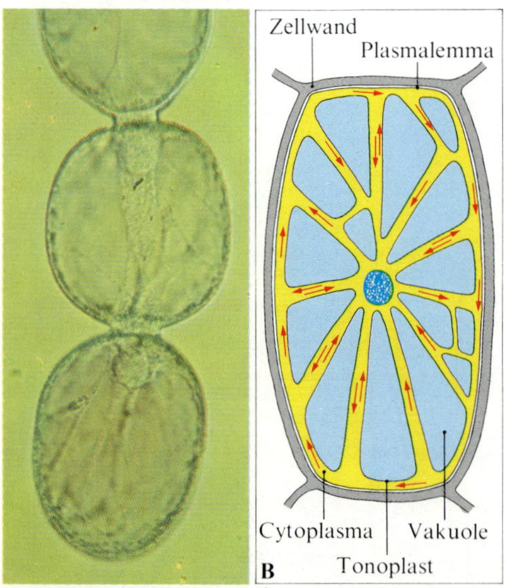

50.2. Plasmaströmung: **A** Zellen aus dem Staubfadenhaar von Tradescantia, **B** Schema der Plasmaströmung.

Bewegung ist ein Kennzeichen des Lebendigen. Für Tiere ist sie sogar das auffallendste Merkmal. Wegen ihrer meist geringen Geschwindigkeit sind die Bewegungen von Pflanzenorganen weniger auffällig. Kann Bewegung auch bei einzelnen Zellen eines Organismus wahrgenommen werden?

5.1. Plasmaströmung

Betrachten wir im Mikroskop die Zellen in der Mittelrippe des Blättchens der Wasserpest, fällt uns schon bei mittlerer Vergrößerung die Bewegung der Chloroplasten auf. Sie bewegen sich in den einzelnen Zellen in stets gleichbleibender Richtung an der Zellwand entlang. Stärkere Vergrößerung zeigt uns dann die Ursache dieser Bewegung: Die Zellen besitzen eine große zentrale Vakuole, das Cytoplasma ist auf einen Wandbelag beschränkt. Da dieses sich in ständiger umlaufender Bewegung befindet, werden auch die Chloroplasten mitgeführt. Es handelt sich also um eine passive Bewegung der Chloroplasten, aber eine *aktive Bewegung des Cytoplasmas*. Sie ist indirekt an der Bewegung der Chloroplasten zu erkennen. Das strömende Plasma fließt wie ein endloses Band in sich zurück.
Eine andere Form der Plasmabewegung erkennen wir, wenn wir Zellen der Staubfadenhaare von Tradescantia oder Zellen von Kürbishaaren untersuchen. Hier liegt das Cytoplasma nicht nur den Zellwänden an, sondern durchzieht in einem Strangsystem auch den Innenraum der Zelle. Es strömt sowohl in diesen Strängen als auch in strangförmigen Bahnen des Wandbelags. Die Strömungsrichtung ist in den einzelnen Strängen verschieden, die Bahnen können sich verlagern. Diese Zellen besitzen keine Chloroplasten. Da das Plasma zahlreiche kleine, körnchenartige Einschlüsse enthält, ist hier die Plasmaströmung direkt zu erkennen.

Zum Teil verläuft die Plasmaströmung spontan, d.h. ohne erkennbare äußere Ursachen. Oft wird sie aber erst durch Außenreize hervorgerufen oder beschleunigt. So kommt in den Blattzellen der Wasserpest die Strömung unter dem Mikroskop oft erst langsam in Gang. Die Verletzung durch das Abreißen, das Licht und die Wärme sind auslösende bzw. beschleunigende Faktoren.

Dieses interessante Phänomen wirft, wie bei den meisten Lebenserscheinungen, zwei verschiedenartige Probleme auf. Das eine ist die Frage nach der *biologischen Bedeutung*. Hierzu lassen sich derzeit keine sicheren Aussagen machen. Die naheliegende Annahme, daß die Bewegung den Stofftransport in der Zelle und zu den Nachbarzellen fördere, konnte nicht bewiesen werden. – Das andere Problem bezieht sich auf die Ursache der Bewegung. Genauere Beobachtungen haben ergeben, daß die Fließbewegung nur im Endoplasma stattfindet, die äußerste Plasmaschicht, das Ektoplasma, wird von ihr nicht erfaßt. Die treibenden Kräfte gehen offenbar von der Grenze zwischen Ekto- und Endoplasma aus. In dieser Grenzschicht hat man elektronenmikroskopisch Proteinfilamente nachgewiesen, die Gleitbewegungen ausführen können. Sie schieben sich aus dem Ektoplasma heraus in das Endoplasma hinein und vereinigen sich hier zu Bündeln, die in Strömungsrichtung des Plasmas liegen. Biochemische und elektronenoptische Befunde ergaben, daß es sich ähnlich wie beim Muskel um kontraktile Eiweißfilamente (Actin und Myosin) handelt. Die für die Bewegung benötigte Energie stammt aus der Spaltung von ATP.

V 51.1. Beobachtung der Plasmaströmung

Materialien und Geräte: Wasserpest, blühende Tradescantia, Pinzette, Mikroskop mit Zubehör

Durchführung: **a.** Von einem Sproß der Wasserpest werden mehrere, verschieden alte Blättchen unmittelbar am Stengel abgezupft und im mikroskopischen Präparat nebeneinandergelegt. Im Mikroskop werden die Zellen im unteren Drittel der Blattrippe und in unmittelbarer Nachbarschaft davon betrachtet. Stellen Sie die Bewegungsrichtung in aneinandergrenzenden Zellen fest!

b. Nun wird auf unter 10 °C abgekühlt (Kühlschrank!) und allmählich wieder über Zimmertemperatur hinaus erwärmt. Messen Sie mit dem geeichten Okularmikrometer die Strömungsgeschwindigkeit bei verschiedenen Temperaturen!

c. Aus einer sich gerade öffnenden Blüte oder Knospe von Tradescantia wird ein Büschel der an den Staubfäden sitzenden Haare abgezupft. Im mikroskopischen Präparat wird die Plasmabewegung in einer Zelle beobachtet.

Amöboide Bewegung

Bei der Amöbe ist das Ektoplasma gelartig fest, das Endoplasma solartig flüssig. Bei der Bildung eines Pseudopodiums strömt das Endoplasma nach vorn und dann – einem Springbrunnen ähnlich – nach den Seiten. Hier geht es in den Gelzustand über. Am Hinterende dagegen wandelt sich das gelartige Ektoplasma in solartiges Endoplasma um und strömt nach vorn. Das Endoplasma fließt gleichsam in einer festen Röhre, die hinten fortlaufend abschmilzt und sich vorn wieder aufbaut.

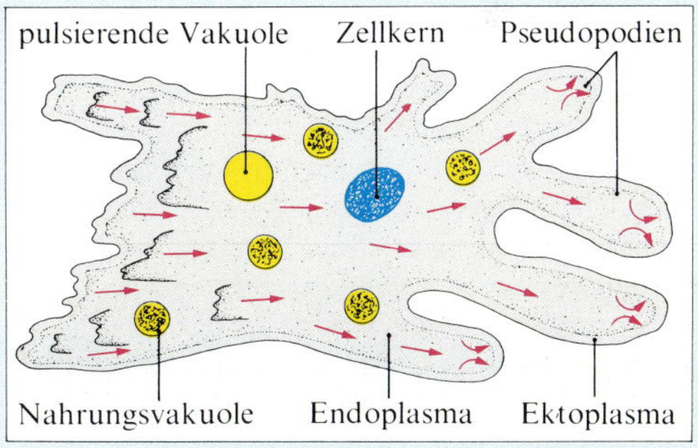

Welche Kräfte bewirken diese Vorwärtsbewegung? Anscheinend werden die treibenden Kräfte durch die Umwandlung des gelartigen Ektoplasmas in das solartige Endoplasma am Hinterende erzeugt. Demnach wird also das Endoplasma von hinten vorgepreßt. Jedenfalls scheint die Gel-Sol-Grenze im hinteren Teil der Amöbe die Ansatzstelle dieser Kräfte zu sein. In dieser Zone sind vermehrt kontraktile Proteinfibrillen nachgewiesen worden. Wird ATP bei Amöben in begrenzte Cytoplasmabezirke eingespritzt, zieht sich das Plasma-Gel an der Injektionsstelle sofort zusammen, die Zellmembran faltet sich auf.

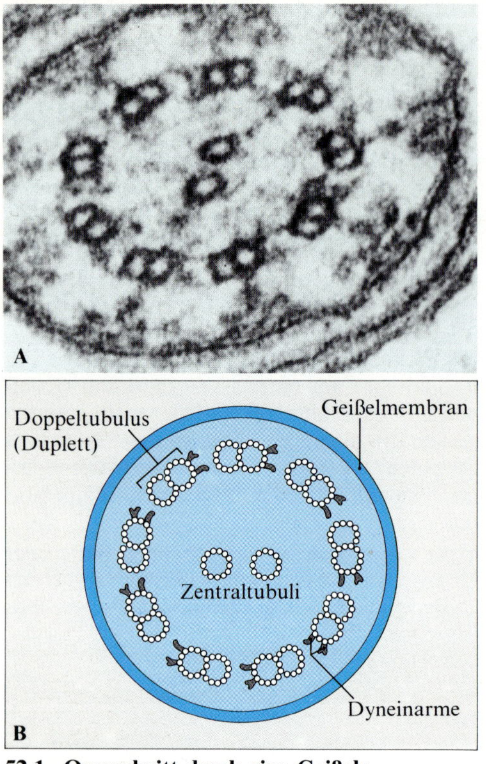

52.1. Querschnitt durch eine Geißel:
A EM-Photo, **B** Schema.

Mikrotubuli

Erst nachdem 1963 das Glutaraldehyd als Fixierungsmittel in die Elektronenmikroskopie eingeführt worden war, wurden in vielen Zellen die Mikrotubuli als wichtige Grundstrukturen des Plasmas entdeckt. Es sind röhrige, geradlinig-starre Proteinfasern von etwa 25 nm Druchmesser. Bei vielen Zellen liegen sie in den äußeren Randschichten und bewirken hier eine gewisse Starrheit des Plasmas. Andererseits sind sie vielfach dort beteiligt, wo gerichtete Bewegungen stattfinden. Bei der Kernteilung bauen sie die Spindelfasern auf. Auch das besonders in tierischen Zellen vorkommende Zentralkörperchen (Centriol) besteht aus gebündelten Mikrotubuli. Sie sind wesentlicher Bestandteil der Geißeln und Cilien. Die Wände der Mikrotubuli bestehen aus einem globulären Protein, dem *Tubulin.* Die Tubulinmoleküle sind in Längsreihen angeordnet. Meist 13 solcher Längsreihen lagern sich zu einem röhrenförmigen Mikrotubulus zusammen.

5.2. Geißeln und Cilien

In einer einseitig belichteten Euglena-Kultur sammeln sich die Augentierchen an der lichtzugewandten Seite des Glasgefäßes an. Bei Verdunkelung verteilen sie sich wieder gleichmäßig. Die mikroskopische Untersuchung zeigt uns, wodurch diese Ortsbewegungen zustande kommen: An seinem Vorderende besitzt die Euglena-Zelle eine lange, peitschenförmige **Geißel.** Durch deren Schlag wird die Zelle vorwärtsbewegt. Andere Geißelträger *(Flagellaten)* wie Chlamydomonas haben 2 oder auch 4 Geißeln. Auch die beweglichen *Fortpflanzungszellen* von Tieren und Pflanzen besitzen solche Geißeln.

Die Bewegungsfähigkeit der Geißel wird aus ihrem submikroskopischen Feinbau verständlich. Die Geißel ist eine Ausstülpung der Zelloberfläche von 0,2 µm Dicke, die von der Zellmembran überzogen ist. Der elektronenoptische Querschnitt zeigt, daß die Geißel von 20 Mikrotubuli längs durchzogen ist. Davon sind 18 in einem äußeren Kreis von 9 Zweiergruppen angeordnet. In diesen Doppeltubuli sind die beiden Mikrotubuli, der A- und der B-Tubulus, jeweils fest miteinander verbunden. In der Mitte liegen noch zwei weitere, voneinander getrennte Mikrotubuli. So ergibt sich ein typisches *9 + 2-Muster.* Am A-Tubulus der Doppeltubuli sitzen jeweils zwei seitliche Fortsätze. Diese „Arme" bestehen aus dem Protein Dynein. Es besitzt die Fähigkeit, ATP zu spalten.

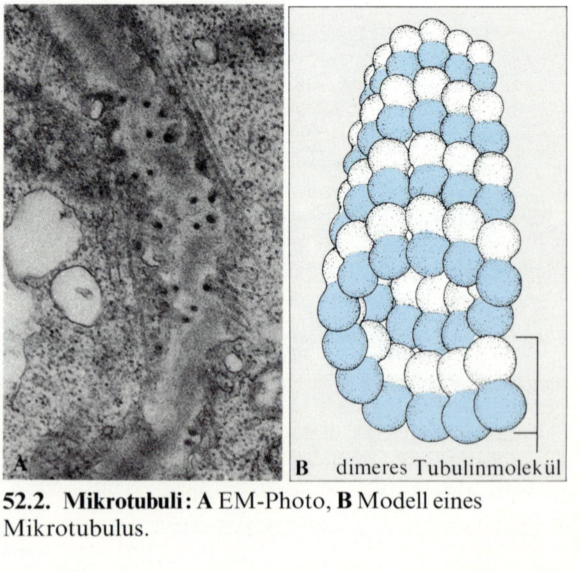

52.2. Mikrotubuli: A EM-Photo, **B** Modell eines Mikrotubulus.

Bei der Bewegung verschieben sich äußere Doppeltubuli gegeneinander. Die Dynein-Arme der A-Tubuli gleiten dabei aktiv an den B-Tubuli der benachbarten Doppeltubuli entlang. Da die Mikrotubuli fest in der Zelloberfläche verankert sind, führt dies zu einer Geißelkrümmung (Gleitfasermodell). Die für diesen Vorgang notwendige Energie stammt aus der ATP-Spaltung durch das Dynein.

Bei den Wimpertierchen *(Ciliaten)* wie dem Pantoffeltierchen sind zahlreiche kurze Geißeln, *Wimpern* oder *Cilien*, über die ganze Zelloberfläche verteilt. Bei vielzelligen Tieren kleiden cilientragende Zellen oft innere Hohlräume aus. So sind bei den Säugetieren z. B. die Luftröhre und der Eileiter von einer solchen Zellschicht, einem „Flimmerepithel", ausgekleidet.

Zwischen Geißeln und Cilien bestehen keine Unterschiede im Feinbau. Geißeln sind 10 bis 150 µm, Cilien 5 bis 10 µm lang. Geißeln können Schlag-, Ruder- oder Schraubenbewegungen in den verschiedenen Raumrichtungen ausführen, Cilien schlagen nur in einer Ebene. Außerdem kommen Geißeln nur in geringer Zahl, Cilien dagegen in Vielzahl an der Zelle vor.

Bei Zellen, die zahlreiche Cilien tragen, schlagen diese nicht unabhängig voneinander, sondern koordiniert. Cilien, die in der Bewegungsrichtung hintereinander stehen, sind in ihren Bewegungen aufeinander abgestimmt. Jede Cilie beginnt mit ihrem Schlag etwas später als die vorhergehende. Wie in einer Kettenreaktion pflanzt sich die Bewegung entlang einer solchen Reihe fort. Die in einer Linie quer zur Bewegungsrichtung angeordneten Cilien schlagen gleichzeitig. Das Gesamtbild der Bewegungen eines Cilienfeldes erinnert an die Bewegungen eines Kornfeldes im Wind. Bei Einzellern führt diese *Koordination* des Cilienschlages zu einer Ortsbewegung, bei den Zellen von Flimmerepithelien wird auf diese Weise ein Flüssigkeitsstrom erzeugt. Die geordnete Cilienbewegung setzt voraus, daß zwischen den Cilien eine „Nachrichtenverbindung" besteht. Welcher Art diese Verbindung ist, weiß man bisher noch nicht genau.
Wie ist aufgrund dieses Geißelbaus nun die Bewegungsfähigkeit zu erklären? – Isolierte Geißeln schlagen, wenn man ihnen ATP zusetzt. Dies zeigt zweierlei: 1. Der Bewegungsmechanismus muß in den Geißeln selbst lokalisiert sein; 2. ATP scheint die Energiequelle für die Bewegung zu sein.

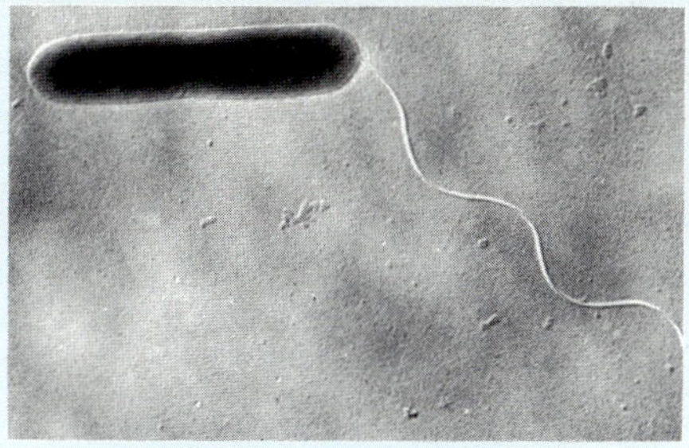

53.1. Begeißeltes Bakterium (EM-Photo)

Bakteriengeißeln

Bei stärkerer Mikroskopvergrößerung erkennen wir, daß auch viele Bakterien beweglich sind. Diese Bewegung beruht bei den meisten von ihnen auf dem Besitz von Geißeln. Im Lichtmikroskop sind sie wegen ihrer Kleinheit allerdings nicht zu sehen. Sie sind nur 5 bis 20 µm lang und nur 10 bis 20 nm dick. Sie unterscheiden sich vor allem in ihrem submikroskopischen Feinbau und in ihrer Bewegungsmechnik grundsätzlich von Eukaryontengeißeln. Sie sind aus einem globulären Protein, dem Flagellin, aufgebaut. Die etwa keilförmigen Moleküle sind in 8 Längsreihen bzw. 4 Schraubenlinien angeordnet. Mikrotubuli sind in der Geißel nicht enthalten – sie ist selber ja kaum so dick wie ein Mikrotubulus. In ihrem starren unteren Teil ist die Geißel hakenförmig gekrümmt. An ihrer Basis sitzen mehrere Scheiben. Die unterste ist in die Zellmembran eingesetzt, die oberen Scheiben sitzen fest in der Zellwand. Nach heutigen Vorstellungen rotiert die unterste Scheibe und mit ihr die ganze Geißel. Die oberen Scheiben dienen dabei als Drehlager. Damit wäre einmalig im Reich der Lebewesen das Prinzip des frei rotierenden Rades verwirklicht.

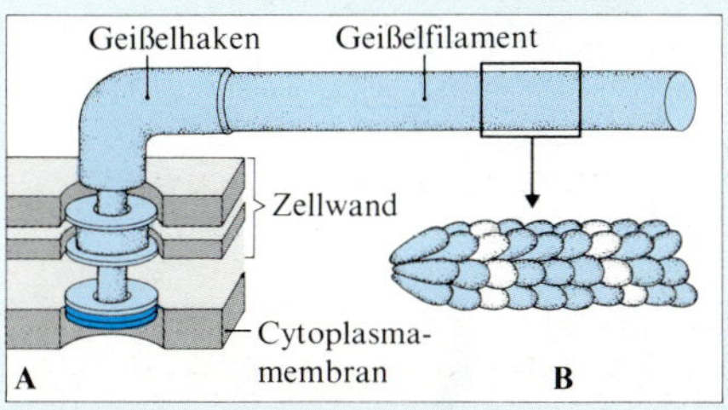

53.2. Modell der Bakteriengeißel: A Basalteil, **B** Aufbau aus Flagellineinheiten.

5.3. Muskelkontraktion

54.1. **Skelettmuskel**
(Elektronenmikroskopische Aufnahme)

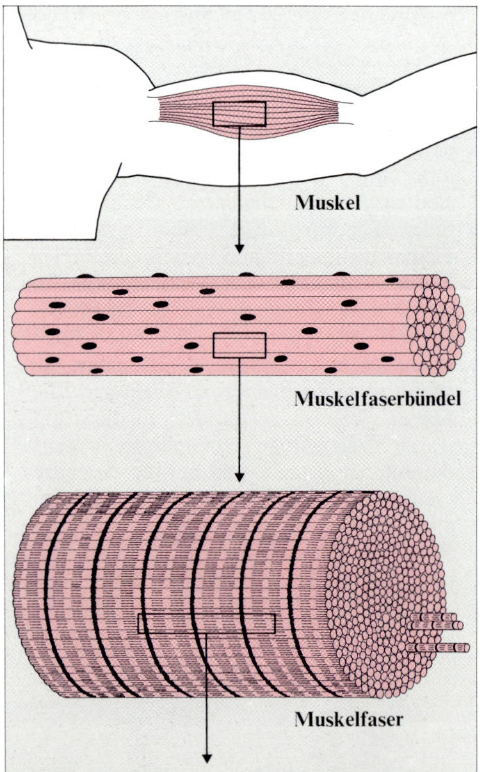

54.2. Bau des Skelettmuskels (Schema)

Über 600 Muskeln braucht der Mensch, um alle Bewegungen ausführen zu können. Sie müssen schnell koordinierbar sein und unserem Willen gehorchen. Die Muskelzellen, aus denen die Muskeln aufgebaut sind, gelten als Beispiel für extrem spezialisierte Zellen im vielzelligen Organismus.

Bau des Muskels. Betrachtet man Muskelgewebe, wie z. B. Rindfleisch, mit bloßem Auge, so kann man gut die vielen **Muskelfaserbündel** erkennen. Im Mikroskop sieht man weitere Einzelheiten. Die Faserbündel setzen sich aus **Muskelfasern** zusammen, die meist viele Zentimeter lang sind. Sie durchziehen den Muskel in seiner Länge und gehen an den Enden in die Sehnen über. Muskelfasern sind durch Zusammenschluß zahlreicher Zellen entstanden, die Vielkernigkeit zeigt dies an. Jede Muskelfaser ist ihrerseits wieder aus vielen **Myofibrillen** zusammengesetzt.

Schon im Lichtmikroskop zeigen Skelettmuskelfasern dunkle und helle Querstreifen, weshalb man von **quergestreifter Muskulatur** spricht. Diese Querstreifung kommt dadurch zustande, daß regelmäßig dunkle und helle Bereiche aufeinander folgen. Sie werden als **A-Banden** bzw. als **I-Banden** bezeichnet. Jede helle I-Bande wird in der Mitte von einem dunklen Zwischenstreifen, dem **Z-Streifen,** durchzogen.

Elektronenmikroskopische Untersuchungen haben ergeben, daß die lichtmikroskopisch sichtbare Querstreifung der Muskelfasern auf eine Querstreifung der Myofibrillen zurückgeht. Außerdem hat man festgestellt, daß die funktionelle Einheit einer Myofibrille von Z-Streifen zu Z-Streifen reicht. Man nennt einen solchen Abschnitt **Sarkomer.** Sarkomere sind Zylinderchen von etwa 2,5 µm Länge und etwa 1,5 µm Durchmesser. Auf ihnen beruht die Fähigkeit des Muskels, sich zu verkürzen. Allein der Bizeps des Oberarms besitzt etwa 10 Billionen dieser Elementareinheiten der Bewegung.

Schneidet man ein Sarkomer einer Skelettmuskelfaser an verschiedenen Stellen quer durch und betrachtet es im Elektronenmikroskop, so erkennt man zwei verschiedene Bestandteile: Dünne Filamente bei einem Schnitt durch die I-Bande, dicke Filamente bei einem Schnitt durch die Mitte der A-Bande (Abb. 55.1). Die dünnen Filamente, die von jeder Z-Membran ausgehen, reichen bis in die

A-Bande des Sarkomers. Bei einem Schnitt in diesem Bereich findet man dicke und dünne Filamente. Jedes dicke Filament ist hier von sechs dünnen Filamenten umgeben.

Bau der Muskelfilamente. Untersucht man Myofibrillen mit biochemischen Methoden, so findet man im wesentlichen zwei Proteine, die zusammen etwa 80% der Gesamtmasse an Protein ausmachen. Es sind dies das *Myosin* und das *Actin*.

Myosin ist der Hauptbestandteil der dicken Filamente des Muskels. Es ist ein langes asymmetrisches Molekül und erinnert in seiner Form an einen Golfschläger. An seinem langgestreckten Ende sitzt ein Köpfchen. Jeweils zwei dieser Moleküle lagern sich zusammen. Etwa 100 dieser Myosinmolekülpaare wiederum bauen ein dickes Filament auf. Die Myosinköpfchen, die nach beiden Enden des Filamentes hin gerichtet sind, ragen dabei seitlich aus dem Filament heraus. Biochemische Untersuchungen haben ergeben, daß die Myosinköpfchen ATP spalten können. Myosin wirkt also wie ein Enzym (ATPase).

Actin ist das zweite wichtige Protein des Muskels und Hauptbestandteil der dünnen Filamente. Das Molekül des Actins ist kugelförmig gebaut und besteht aus einem aufgeknäuelten Proteinfaden. In einem Sarkomer sind etwa 200 Actinmoleküle zu einer Kette, dem Faden-Actin oder F-Actin, zusammengelagert. Zwei dieser „Perlenketten" sind in der Längsrichtung umeinander gewunden und bilden so ein dünnes Filament.

Muskelkontraktion. Wenn wir den Unterarm anwinkeln, verkürzt sich dabei der Bizeps um ein Drittel seiner Länge. Welche molekularen Vorgänge liegen dieser Muskelkontraktion zugrunde? Aus elektronenmikroskopischen Aufnahmen entspannter und kontrahierter Muskeln hat man geschlossen, daß bei der Muskelkontraktion dicke und dünne Filamente aneinander vorbeigleiten, ohne selbst ihre Länge zu verändern. Man nennt diese Vorstellung von der Muskelverkürzung das **Gleitmodell der Muskelkontraktion.** Actin- und Myosinfilamente gleiten also bei der Muskelbewegung aneinander vorbei. Da die Actinfilamente fest in der jeweiligen Z-Membran verankert sind, wird das Sarkomer dadurch verkürzt (Abb. 56.1).

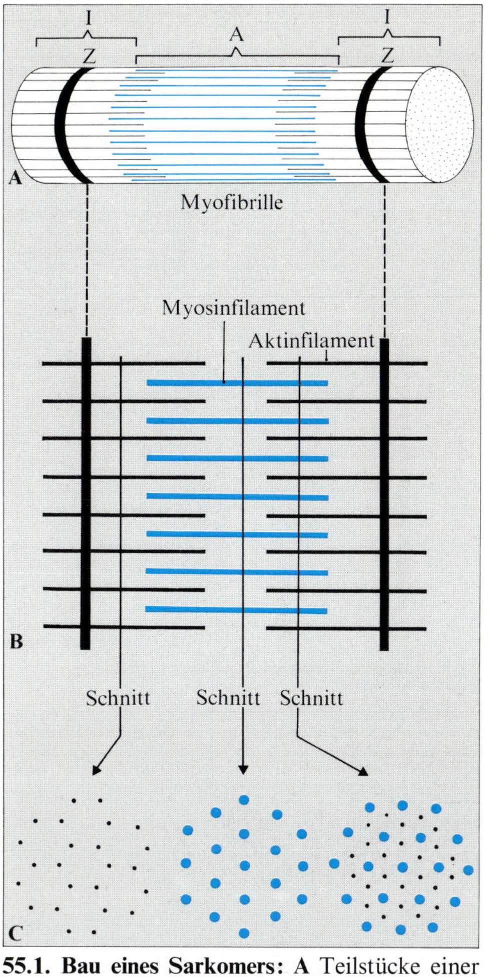

55.1. Bau eines Sarkomers: A Teilstücke einer Myofibrille, **B** Sarkomer (Schema), **C** Schnitte.

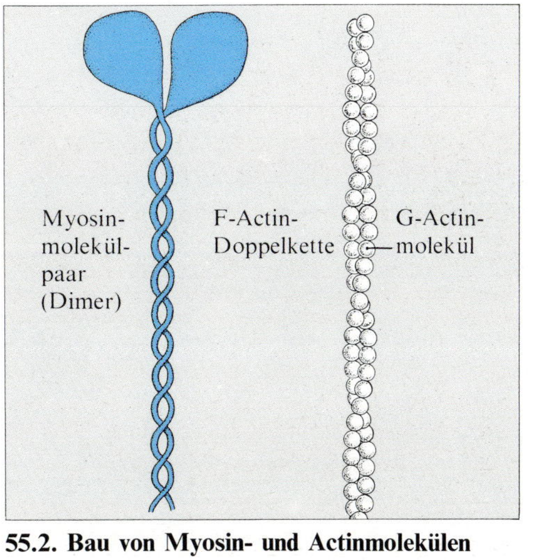

55.2. Bau von Myosin- und Actinmolekülen

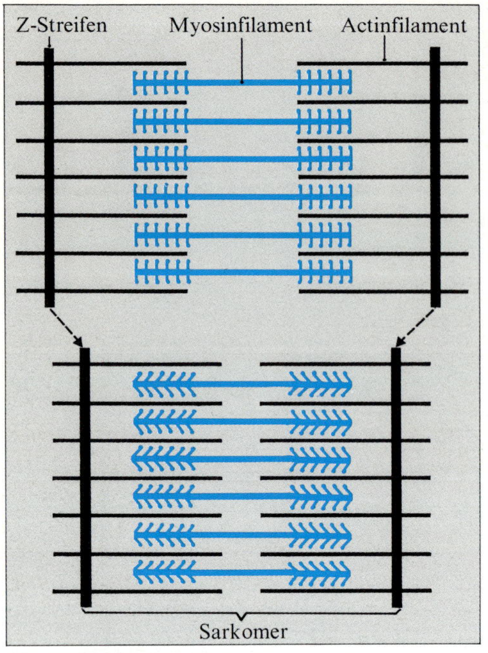

56.1. Muskelkontraktion (schematisch)

A 56.2. Erklären Sie folgende Beobachtungen:

a) Nach dem Tod eines Rehes tritt nach einiger Zeit Totenstarre ein. Wurde das Tier vorher lange gehetzt, tritt sie sofort auf.
b) Nach längerer starker Muskelanspannung kann es zu einem Muskelkrampf kommen.

Für das Ineinandergleiten der Actin- und Myosinfilamente hat man folgende molekulare Vorstellung entwickelt (Abb. 56.3.):

1. Im ruhenden, entspannten Muskel haben die Myosinköpfchen keinen Kontakt zu den Actinfilamenten. Am Myosinköpfchen sind ADP und P gebunden.

2. Erreicht jetzt ein Nervenimpuls (ein Aktionspotential) den Muskel, so lagern sich die Myosinköpfchen an die Actinfilamente an. ADP und P lösen sich vom Myosinköpfchen ab.

3. Durch die Bindung des Myosins an das Actin kommt es zu einer innermolekularen Umlagerung des Myosinköpfchens, es klappt um. Dabei wird das Actinfilament um etwa 10 nm am Myosinfilament vorbeibewegt.

4. Durch ein ATP-Molekül, das sich an das Myosinköpfchen bindet und dabei in ADP und P gespalten wird, wird das Myosin vom Actin gelöst. Die ATP-Spaltung bewirkt, daß das Myosinköpfchen wieder in eine energiereiche „gespannte“ Ausgangslage gebracht wird. Der Zyklus kann von neuem beginnen.

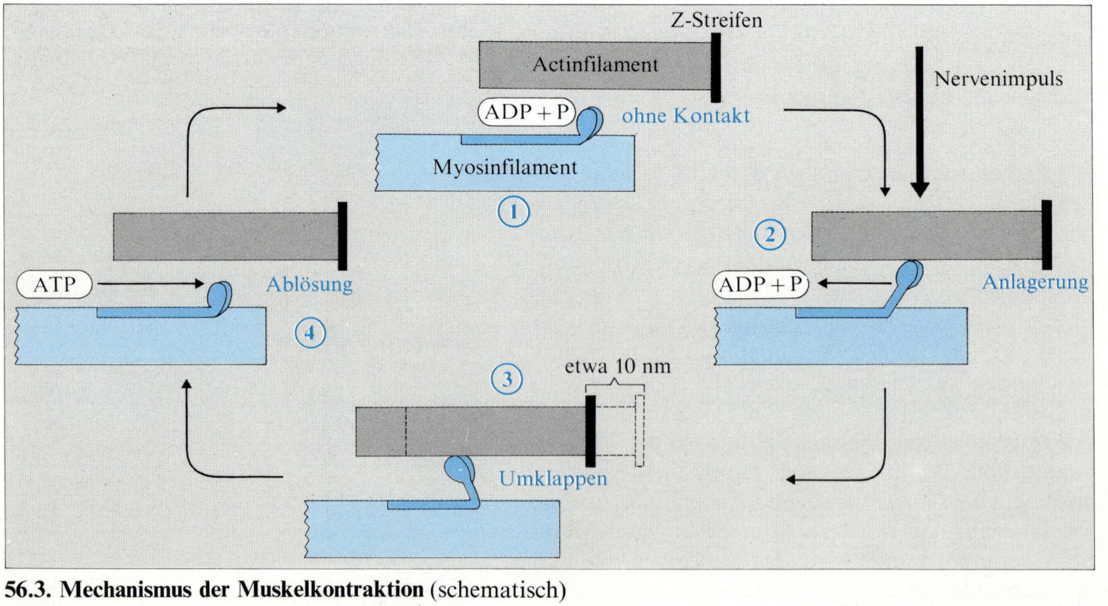

56.3. Mechanismus der Muskelkontraktion (schematisch)

6. Das elektronenmikroskopische Bild der Zelle

6.1. Kern und Kernhülle

Bereits im Lichtmikroskop ist der **Zellkern** *(Nucleus)* sichtbar. Er ist stärker lichtbrechend als das umgebende Plasma. Durch elektronenmikroskopische Untersuchungen hat man Einzelheiten über den Bau des Zellkerns ermitteln können.

Kernhülle. Die äußere Begrenzung des Kerns bilden zwei Membranen von je etwa 7,5 nm Dicke. Zwischen dieser Doppelmembran liegt ein Spalt von etwa 20 nm Breite. Diese Hülle enthält in regelmäßigen Abständen Poren, die **Kernporen.** Es handelt sich dabei nicht um einfache Löcher in der Kernhülle, sondern um kompliziert gebaute Kanäle. Sie ermöglichen einen kontrollierten Austausch von Stoffen zwischen dem Kerninnenraum und dem umgebenden Plasma. Während der Kernteilungsvorgänge löst sich die Kernhülle vollständig auf. Sie wird anschließend in den Tochterzellen neu gebildet.

Kernplasma. Das Kernplasma zeigt im Elektronenmikroskop nur schwach abgegrenzte Strukturen. Eine davon ist das **Kernkörperchen** (der *Nucleolus*), das einzeln oder zu mehreren vorkommen kann. Es zeichnet sich durch einen hohen Gehalt an Proteinen (etwa 80 %) und Ribonucleinsäuren (RNA, etwa 15 %) aus.

Chromatin. Färbt man Zellen mit basischen Farbstoffen, so wird schon im Lichtmikroskop ein fädiges Netzwerk, das Chromatin, im Zellkern sichtbar. Es besteht aus Desoxyribonucleinsäure und Protein und bildet die Grundsubstanz der *Chromosomen.*

Aufgaben des Kerns. Der Zellkern ist die „Steuerzentrale" der Zelle. Er enthält, gespeichert auf den Chromosomen, die Erbinformation. Zellen, die keinen Kern mehr besitzen, wie die roten Blutkörperchen des Menschen, können sich nicht mehr teilen und leben nur noch relativ kurze Zeit.

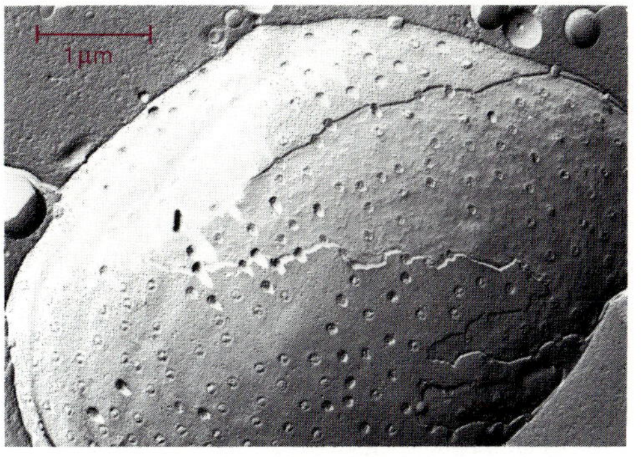

57.1. Zellkern (EM-Aufnahme)

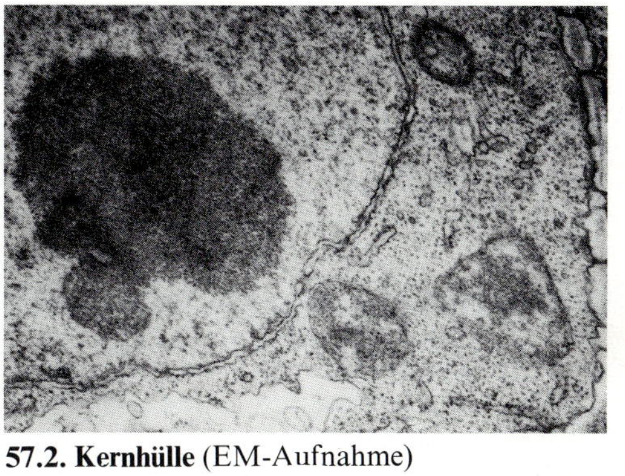

57.2. Kernhülle (EM-Aufnahme)

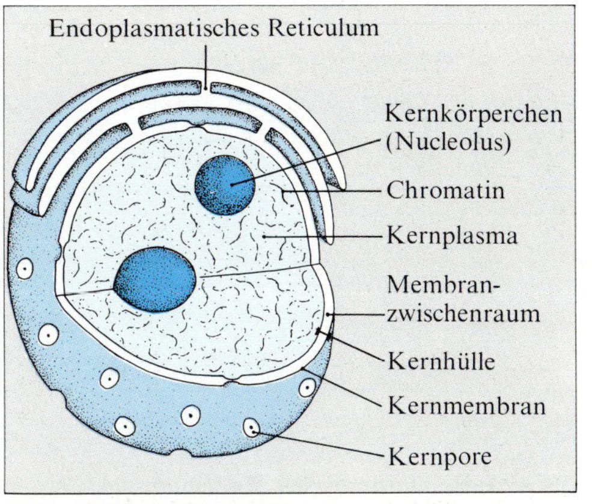

57.3. Zellkern (Schema)

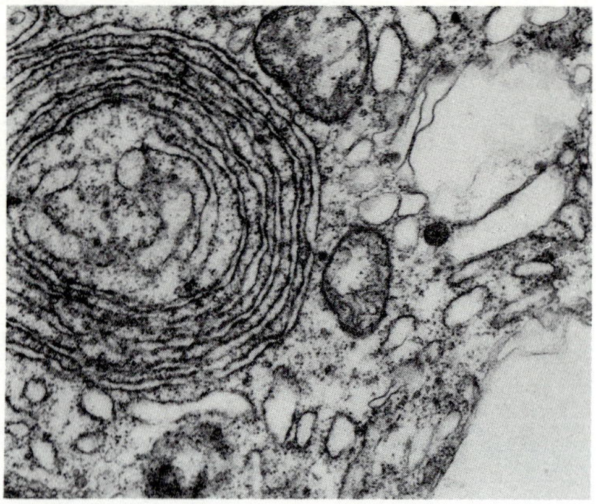

58.1. Endoplasmatisches Reticulum (EM-Aufnahme)

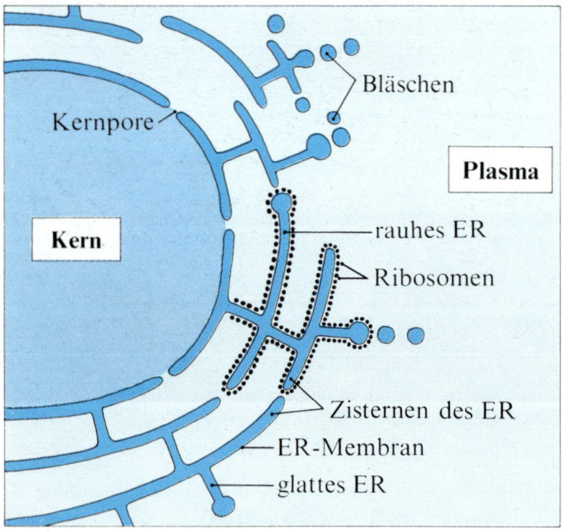

58.2. Endoplasmatisches Reticulum (Schema)

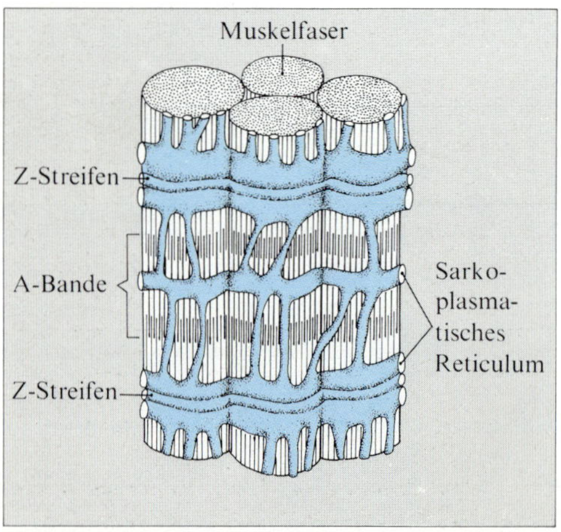

58.3. Sarkoplasmatisches Reticulum des quergestreiften Muskels

6.2. Endoplasmatisches Reticulum

Nur mit dem Elektronenmikroskop ist im Zellplasma ein weitverzweigtes Kanalsystem sichtbar, das *Endoplasmatische Reticulum (ER)*. Der Name heißt übersetzt soviel wie „innerplasmatisches Netzwerk".

Bau des ER. Es handelt sich beim ER um ein Membransystem in Form von flächigen Hohlräumen, Röhren oder Bläschen, das bestimmte Bereiche vom Zellplasma abgrenzt. Man nennt sie **Zisternen** des ER. Auch die Kernhülle ist ein Teil des ER. Dies wird vor allem dann deutlich, wenn man auf elektronenmikroskopischen Aufnahmen die Verbindung zwischen äußerer Kernmembran und ER erkennen kann. Meist sind weite Bereiche des ER mit kleinen, etwa 25 nm großen Körperchen besetzt. Es handelt sich dabei um die **Ribosomen.**
Man nennt diese ribosomenreichen Membranabschnitte **rauhes ER.** Die ribosomenfreien Abschnitte des Endoplasmatischen Reticulums heißen **glattes ER.**

Aufgaben des ER. Zellen mit starker Eiweißsynthese, z. B. Sekretzellen der Bauchspeicheldrüse, besitzen ein gut entwickeltes rauhes ER. Man hat nachweisen können, daß an den Ribosomen des ER die Eiweißsynthese abläuft. Die dort gebildeten Eiweißketten gelangen in das Kanalsystem des ER und werden hier weitertransportiert. Das ER hat also *Transportfunktion*.
Auf der Oberfläche von ER-Membranen, z. B. von Keimdrüsengewebe, sind zahlreiche Enzyme gebunden, die Stoffwechselreaktionen katalysieren. Hier können körpereigene Stoffe (z. B. Steroidhormone) und körperfremde Substanzen (z. B. Arzneimittel) umgesetzt werden. Besonders am ER von Leberzellen laufen wichtige Umwandlungsprozesse ab, wie z. B. die Entgiftung von Arzneimitteln. Das Endoplasmatische Reticulum hat also auch die Funktion der *Stoffumwandlung*.

Sarkoplasmatisches Reticulum. Eine besondere Form des ER ist das Kanalsystem, das man in Muskelfasern findet. Es heißt *Sarkoplasmatisches Reticulum*. Seine feinen Kanälchen umgeben wie ein Netzwerk die Muskelfibrillen. Seine Aufgaben bei der Muskelbewegung sind unter anderem Aufnahme, Speicherung und Abgabe von Calcium-Ionen, den Regulatoren der Muskelkontraktion.

6.3. Ribosomen

Als typische Bestandteile des rauhen Endoplasmatischen Reticulums haben wir die Ribosomen kennengelernt. Wegen ihrer geringen Größe von etwa 20 nm waren sie bis 1953 unentdeckt geblieben. Auf manchen elektronenoptischen Bildern sind die Ribosomen wie zu einer spiralig gewundenen Perlenkette aufgereiht. Sie werden dann als **Polyribosomen** oder einfach als **Polysomen** bezeichnet.

Bau der Ribosomen. Bei sehr starker Vergrößerung und entsprechender Präparation kann man im Elektronenmikroskop erkennen, daß Ribosomen aus zwei verschieden großen Untereinheiten aufgebaut sind. Die Molekülmasse der Ribosomen und dieser Untereinheiten bestimmt man dadurch, daß man ihre Sedimentationsgeschwindigkeit im Schwerefeld einer Ultrazentrifuge mißt.
Man fand dabei heraus, daß die Ribosomen von Prokaryonten (z.B. Bakterien) etwas kleiner und leichter sind als die der Eukaryontenzellen. Interessanterweise besitzen auch die Mitochondrien und Chloroplasten der Eukaryontenzellen Ribosomen. Diese haben aber die Größe und Dichte von Bakterienribosomen. Man fand in allen Ribosomen *Ribonucleinsäure* und Eiweiß.

Aufgaben der Ribosomen. Die Ribosomen sind die Orte der Proteinbiosynthese. Einzelne Aminosäuren werden an den Ribosomen zu Proteinketten aneinandergefügt.

Aufklärung des Ribosomenbaus mit Hilfe der Ultrazentrifuge

Die Masse von Riesenmolekülen oder Zellorganellen wie Ribosomen kann man über ihr Sedimentationsverhalten in der Ultrazentrifuge bestimmen. Der Sedimentationskoeffizient („S-Wert"), z.B. eines Ribosoms, ist von der Größe und von der mittleren Dichte abhängig. Ribosomen von Prokaryonten haben Werte von 80 S, während Eukaryontenribosomen Werte von 70 S aufweisen. Man fand auch, daß alle Ribosomen aus zwei Untereinheiten aufgebaut sind: 50 S und 30 S bei Prokaryonten sowie 60 S und 40 S bei Eukaryonten. Man beachte, daß der S-Wert ganzer Ribosomen sich nicht additiv aus den S-Werten der Untereinheiten berechnen läßt.

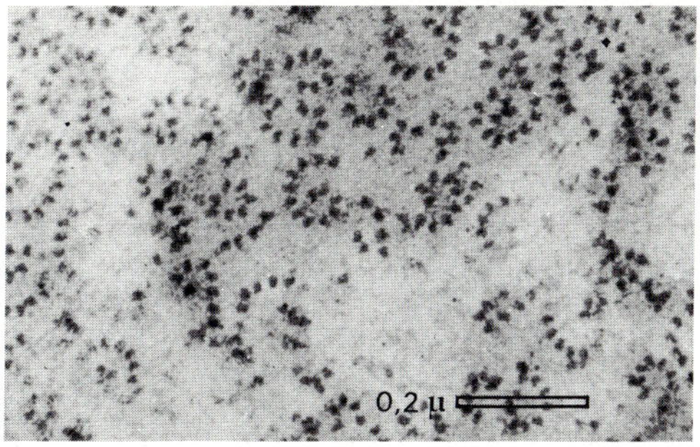

59.1. Polyribosomen in einer Zelle (EM-Aufnahme)

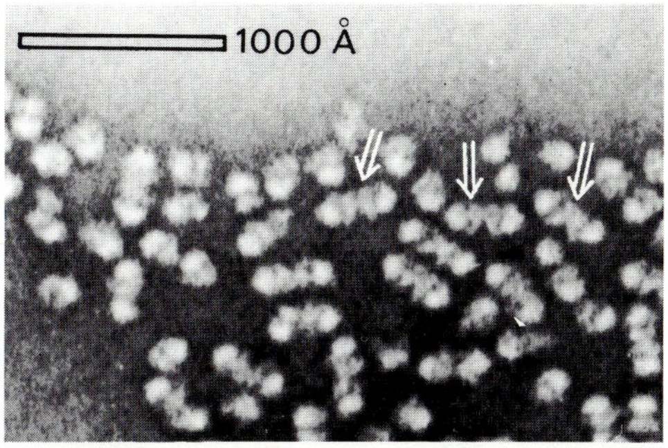

59.2. Ribosomen (EM-Aufnahme). Die zwei Untereinheiten sind erkennbar.

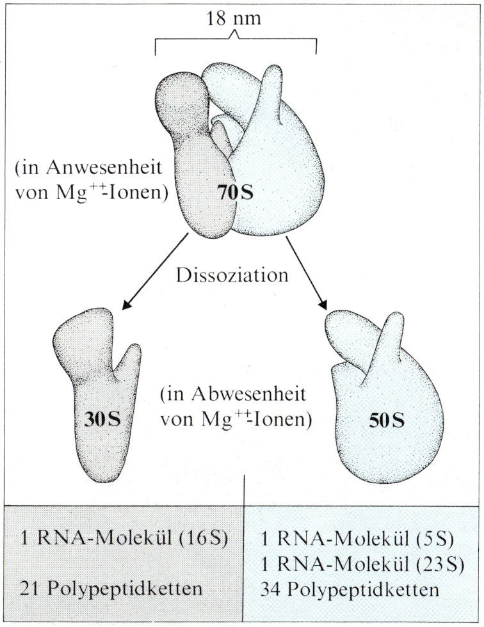

59.3. Molekularer Bau des Ribosoms eines E. coli-Bakteriums. Ein E. coli-Bakterium besitzt etwa 15000 Ribosomen, die fast ein Viertel des Trockengewichts der Zelle ausmachen.

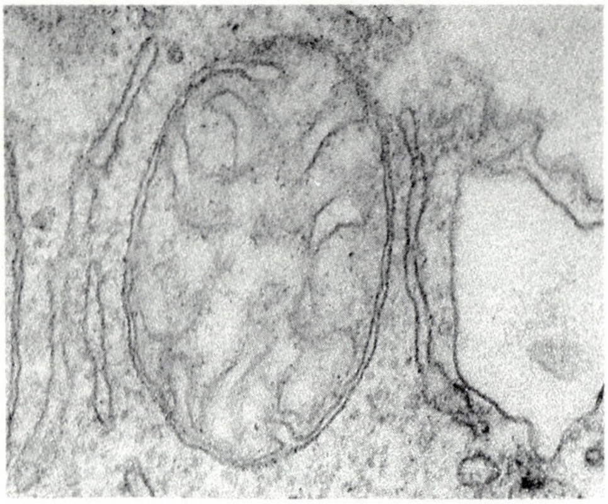

60.1. Mitochondrium aus einer Rattenleberzelle (EM-Bild)

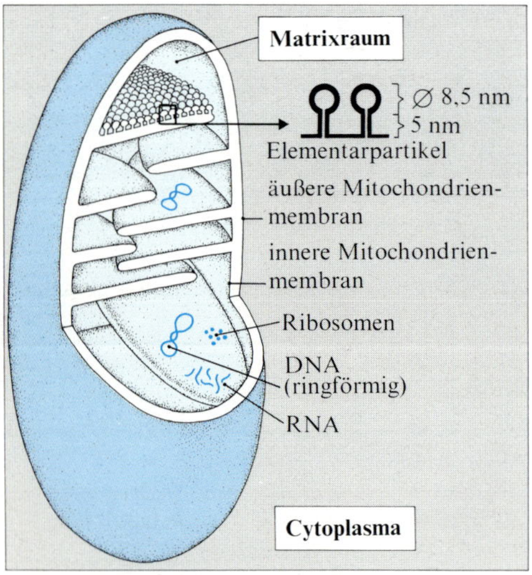

60.2. Mitochondrium (Schema)

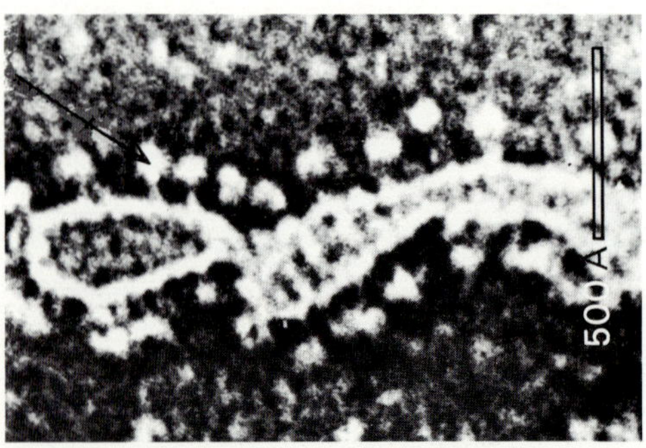

60.3. Elementarpartikeln an der inneren Mitochondrienmembran (EM-Bild)

6.4. Mitochondrien

Bereits gegen Ende des letzten Jahrhunderts fand man mit dem Lichtmikroskop in tierischen und pflanzlichen Zellen kleine runde oder längliche Körperchen. Man nannte sie Mitochondrien („Fadenkörnchen"). Erst das Elektronenmikroskop jedoch gab Aufschluß über den Feinbau dieser Zellorganellen. Mitochondrien lassen sich relativ leicht aus aufgebrochenen Zellen isolieren. So konnte man schon früh biochemische Untersuchungen über ihre Aufgaben im Zellstoffwechsel anstellen.

Bau der Mitochondrien. Mitochondrien zeigen einen so typischen Feinbau, daß sie praktisch auf allen elektronenmikroskopischen Aufnahmen sofort identifiziert werden können. Sie besitzen eine Doppelmembran. Jede von ihnen ist 7,5 nm dick. Ein Zwischenraum von 10 nm trennt diese beiden Membranen. Die innere Membran ist vielfach eingestülpt, was zu einer Vergrößerung der inneren Oberfläche des Mitochondriums führt. Diese Einstülpungen können je nach Art der Zellen sehr verschiedenartig gestaltet sein. Mitochondrien aus Leberzellen zum Beispiel haben röhrenförmige Einstülpungen *(Tubuli)*, solche aus Muskelzellen sind lamellenartig gestaltet *(Cristae)*. Der Innenraum des Mitochondriums ist ausgefüllt von einer feingranulären Grundsubstanz, der *Matrix*.
Durch die Untersuchung lebender Zellen mit Hilfe des Phasenkontrastmikroskops hat man herausgefunden, daß Mitochondrien zu erheblichen Größen- und Formveränderungen fähig sind. Die elektronenmikroskopischen Momentaufnahmen fixierter Zellen können dies nicht zeigen.

Aufgaben der Mitochondrien. Mitochondrien sind diejenigen Organellen der Zelle, in denen die Energiegewinnung abläuft. Man bezeichnet sie deshalb auch als die „Kraftwerke der Zelle". Biochemische Untersuchungen haben gezeigt, daß sie alle Enzyme für die **Zellatmung** enthalten. Daneben besitzen sie auch Enzyme für den **Fettabbau** und für einen Teil des **Kohlenhydratabbaus.**
Experimentelle Befunde haben ergeben, daß selbst noch kleine Bruchstücke der inneren Membran die Reaktionen der Zellatmung ausführen können. Daraus hat man geschlossen, daß die Enzyme für diese Abläufe an die Membran gebunden sind. Außerdem zeigt das elektronenmikroskopische Bild an der Membraninnenseite gestielte Köpfchen mit

einem Durchmesser von 8,5 nm, die *Elementarpartikeln*. Hier findet im Verlauf der Zellatmung die ATP-Bildung statt. ATP ist die chemische Speicherform für Energie in der Zelle. Wenn diese Elementarpartikeln, wie z.B. im braunen Fettgewebe der Winterschläfer, fehlen, verläuft die Atmung ohne ATP-Bildung, es entsteht nur Wärme.

Die Matrix enthält eine Vielzahl von Enzymen. Sie katalysieren so wichtige Reaktionsfolgen wie den Citronensäurezyklus. Das ist die zentrale Drehscheibe des Zellstoffwechsels. Auch der Abbau von Fettsäuren und die Umsetzung von Aminosäuren aus dem Aminosäurestoffwechsel der Zelle findet in der Mitochondrienmatrix statt.

Daneben findet man in der Mitochondrienmatrix auch etwa 3 bis 6 ringförmige DNA-Moleküle. Die Information auf diesen DNA-Ringen codiert einen Teil der Mitochondrienproteine. Für die Mehrzahl der Mitochondrieneiweißstoffe liegt die Erbinformation allerdings auf den Chromosomen des Zellkerns.

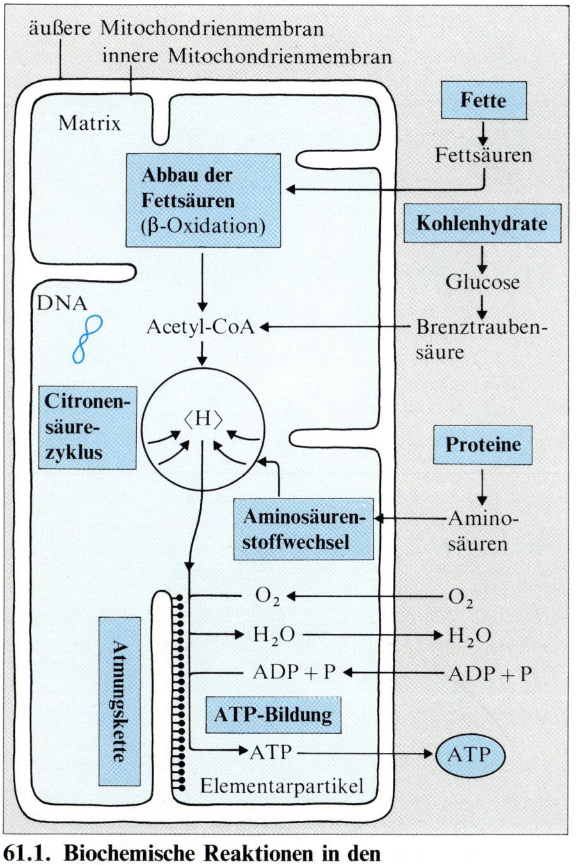

61.1. Biochemische Reaktionen in den Mitochondrien

Vermehrung der Mitochondrien

Wenn sich eine Zelle teilt, muß die Mitochondrienzahl in jeder der Tochterzellen wieder vermehrt werden. Werden Mitochondrien neu gebildet oder entstehen sie aus bereits vorhandenen? Durch Versuche mit radioaktiv markiertem Cholin konnte diese Frage geklärt werden.

Eine Mutante des Pilzes Neurospora kann Cholin, einen wichtigen Membranbestandteil der Mitochondrien, nicht selbst bilden, sondern muß ihn dem Medium entnehmen. Bringt man solche Mutanten kurzzeitig in ein Medium mit ^{14}C-markiertem Cholin, so wird dieses auch in die Mitochondrienmembran eingebaut. Dann bringt man die Pilzzellen in ein Medium ohne ^{14}C und läßt sie dort weiterwachsen. Nach bestimmten Zeiten isoliert man die Mitochondrien und bestimmt die ^{14}C-Aktivität. Es ergibt sich folgendes Bild: Die radioaktive Markierung jedes einzelnen Mitochondriums nahm um so stärker ab, je größer die Zahl der Mitochondrien wurde. Die Gesamtaktivität der Mitochondrien zusammen bleibt aber im Beobachtungszeitraum konstant. Man kann daraus folgern, daß jedes Mitochondrium jeweils die Hälfte seiner Membranbestandteile an die Tochtermitochondrien weitergibt, die Mitochondrien also durch Teilung auseinander hervorgehen.

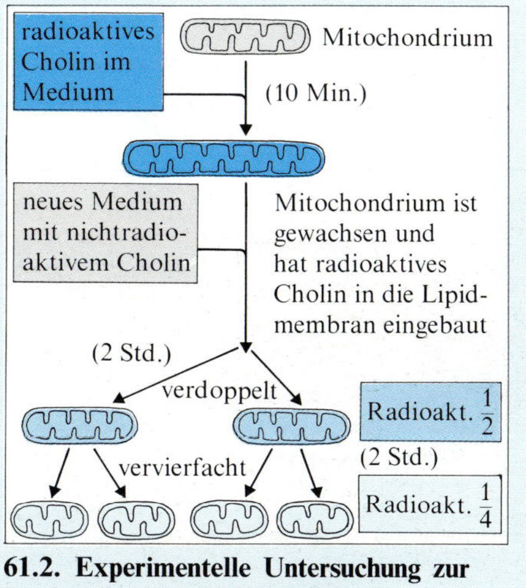

61.2. Experimentelle Untersuchung zur Verdopplung der Mitochondrien

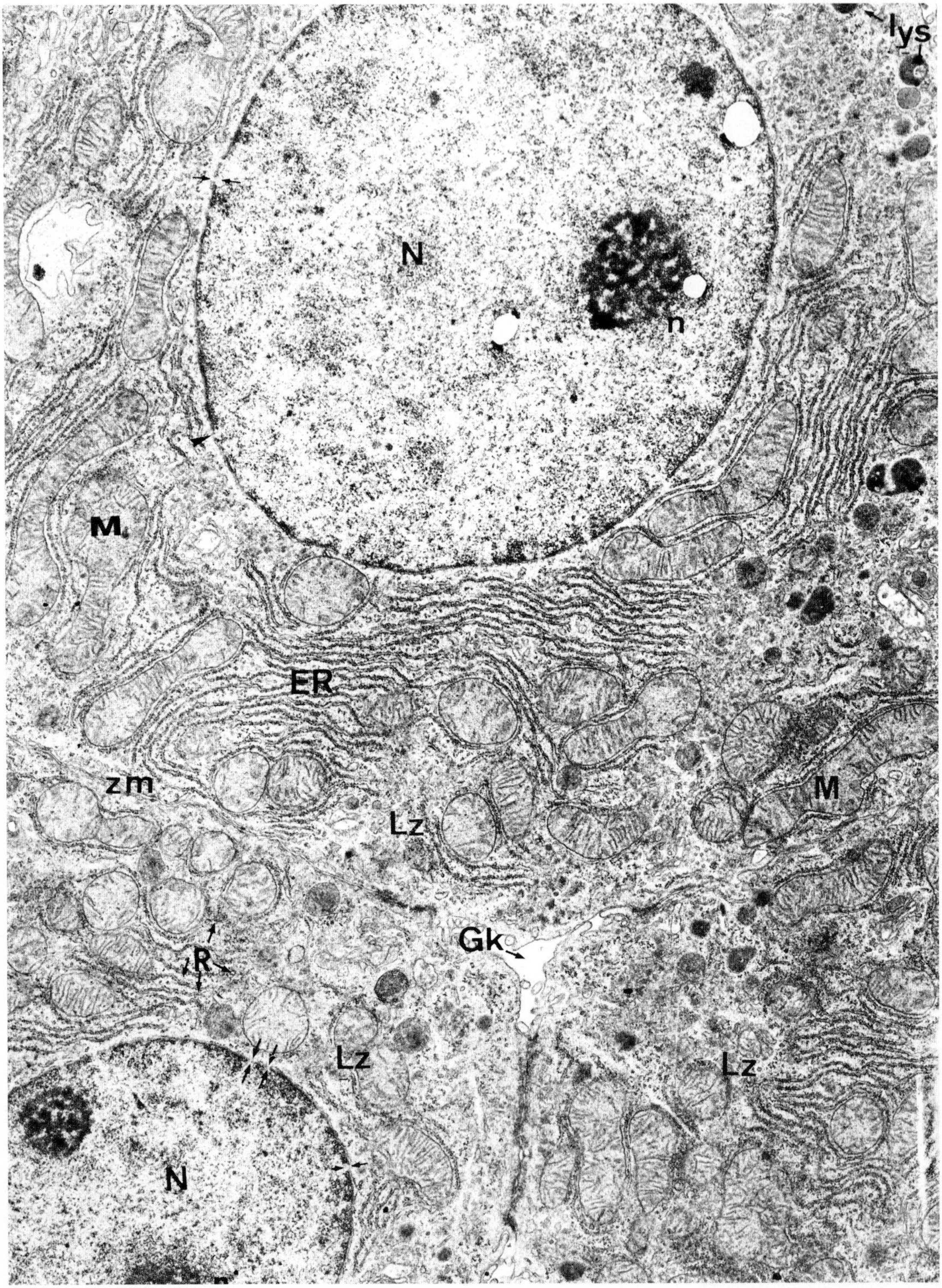

62.1. Leberzelle (EM-Bild)

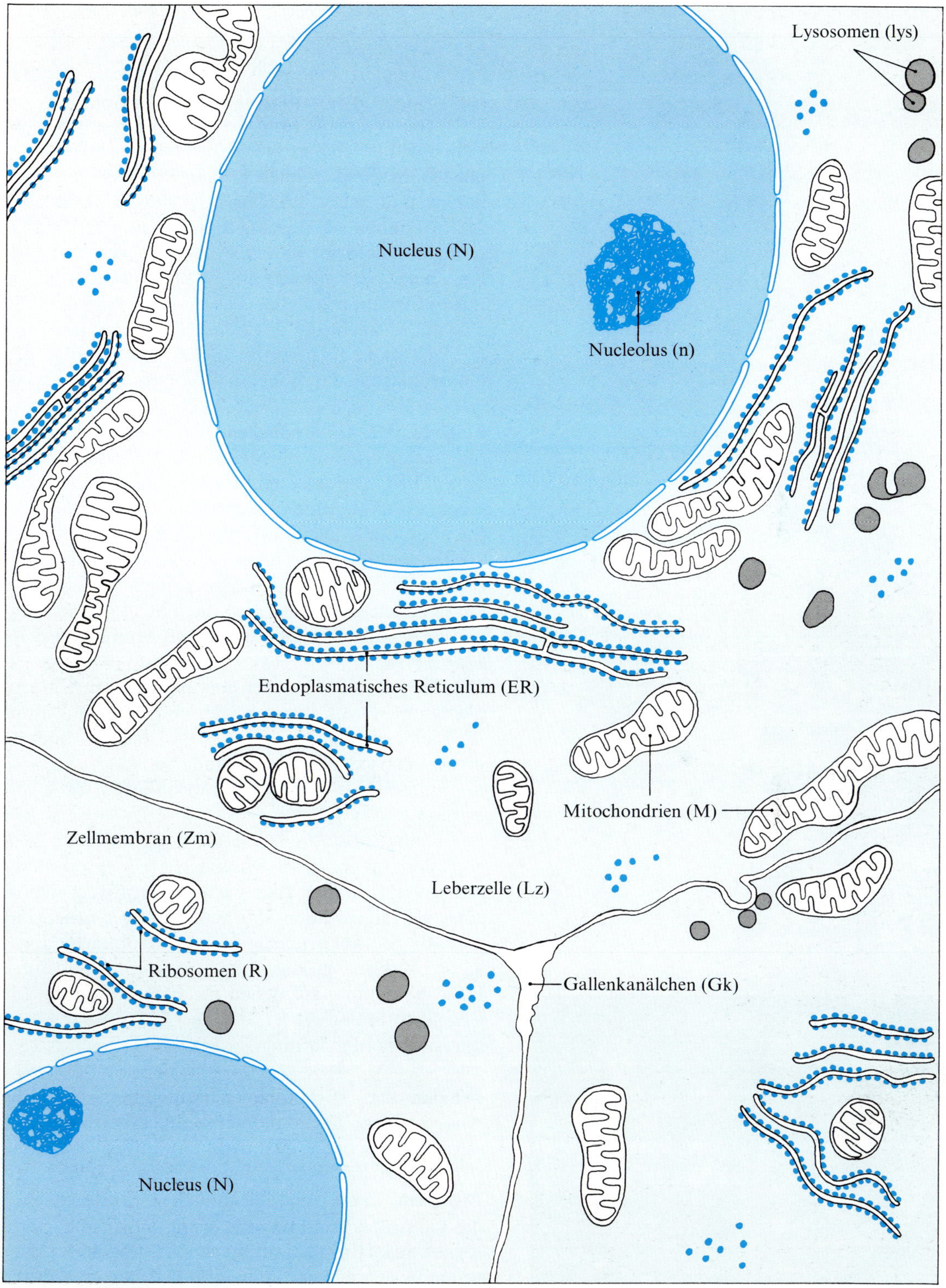

63.1. Leberzelle (Schema)

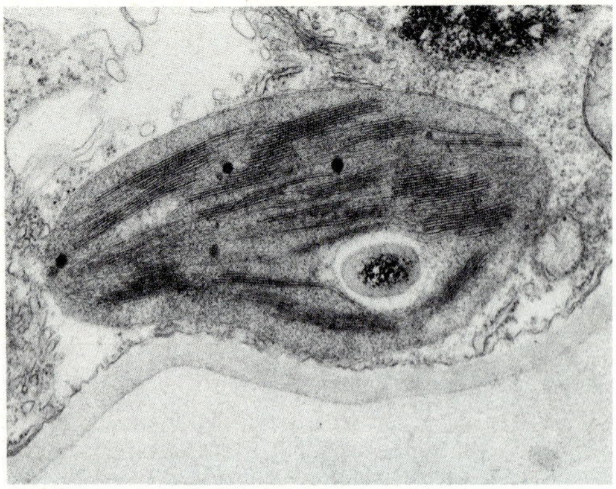

64.1. Chloroplast (EM-Bild)

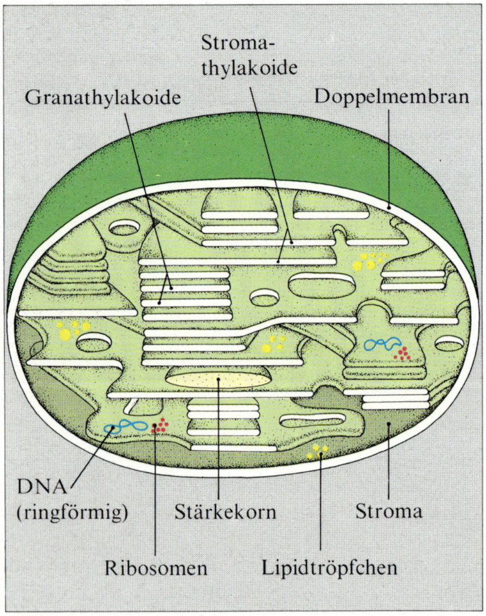

64.2. Chloroplast (Schema)

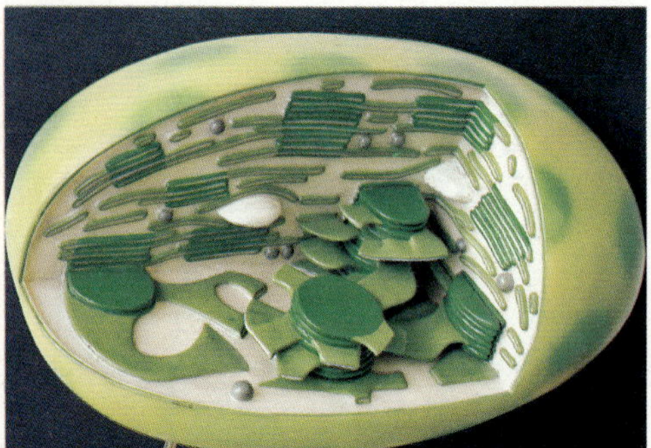

64.3. Chloroplast (Modell)

6.5. Chloroplasten

Mikroskopiert man ein Moosblättchen oder das Blatt einer Wasserpestpflanze mit etwa 300- bis 400facher Vergrößerung, so findet man in jeder der Zellen zahlreiche grüne Körperchen, die **Chloroplasten.** Sie sind in allen grünen Pflanzenteilen enthalten und meist kugelig oder linsenförmig. Bei Algen können sie aber auch größer und sehr unterschiedlich geformt sein. Es gibt dort becher-, platten-, netz- oder sternförmige Chloroplasten, häufig nur in Einzahl pro Zelle.

Für die Betrachtung des Feinbaus interessieren uns hier vor allem die linsenförmigen, 4 bis 8 µm großen Chloroplasten der höheren Pflanzen.

Feinbau der Chloroplasten. Erst im Elektronenmikroskop erkennt man den charakteristischen Feinbau. Alle Chloroplasten höherer Pflanzen sind von einer durchgehenden Doppelmembran umgeben. Sie umschließt den Chloroplasteninnenraum. Dieser wird von zahlreichen mehr oder weniger parallelen, flachen Membranen, den **Thylakoiden,** durchzogen. In manchen Bereichen sind die Thylakoidmembranen geldrollenartig dicht gestapelt. Man nennt diese Stapel **Grana.**

Die Thylakoide entstehen aus der inneren Chloroplastenmembran, die sich während des Wachstums im Licht nach innen einfaltet und bei der Bildung der Grana vielfach übereinanderschichtet. So wird die innere Oberfläche des Chloroplasten stark vergrößert.

Die Grundsubstanz, in die die Thylakoide eingelagert sind, nennt man **Stroma.** Es ist chlorophyllfrei. In ihm laufen aber wichtige Stoffwechselprozesse ab. Hier werden Stärke und Fette synthetisiert und als Stärkekörnchen und Fetttröpfchen abgelagert. Im Stroma liegen auch mehrere ringförmige DNA-Moleküle, auf denen die Erbinformation für Eiweißstoffe codiert ist, die im Chloroplasten synthetisiert werden können.

Feinbau der Thylakoidmembran. Eine chemische Analyse der Thylakoidmembran ergab, daß sie etwa zu gleichen Teilen aus fettähnlichen Stoffen (Lipiden) und Eiweißstoffen (Proteinen) besteht.

Etwa ein Viertel der fettähnlichen Stoffe machen die Chloroplastenfarbstoffe *Chlorophyll* und *Carotinoide* aus. Hinweise auf die Anordnung dieser Bausteine in den Thylakoidmembranen hat man durch das Verfahren der Gefrierätzung erhalten.

Man nimmt an, daß in einer Lipiddoppelschicht eine große Zahl von Proteinpartikeln liegt, von denen manche durch die gesamte Dicke der Thylakoidmembran hindurchreichen.

Aufgabe der Chloroplasten. An den Thylakoidmembranen der Chloroplasten läuft der wichtigste Stoffwechselvorgang für das Leben auf der Erde ab. Hier wird bei der Photosynthese mit Lichtenergie der Sonne organisches Material aufgebaut (vgl. S. 117ff).

Entstehung der Chloroplasten. Es gibt zwei Möglichkeiten der Chloroplastenentstehung. Einmal entstehen Chloroplasten aus ihresgleichen durch Teilung. Zum anderen können sie aus *Proplastiden* hervorgehen. Das sind kleine Organellen, die von einer Doppelmembran umgeben sind, deren innere Membran sich einzustülpen beginnt. In diesem Stadium sehen sie den Mitochondrien sehr ähnlich. Zur vollständigen Entwicklung brauchen Chloroplasten Licht. Im ausdifferenzierten Zustand haben Grana- und Stromathylakoide keinen Kontakt mehr zur umhüllenden Doppelmembran.

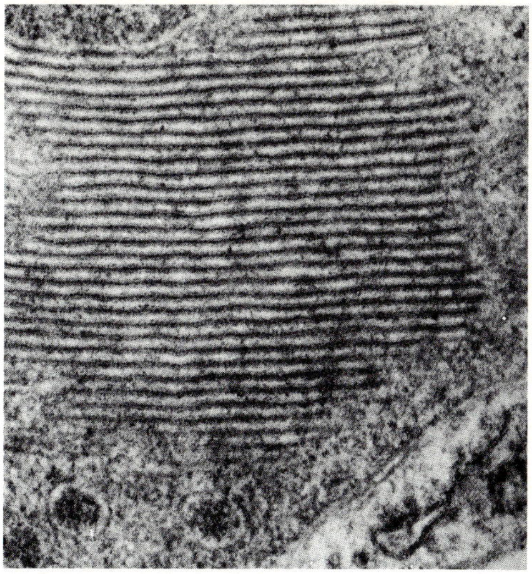

65.1. Thylakoidmembran

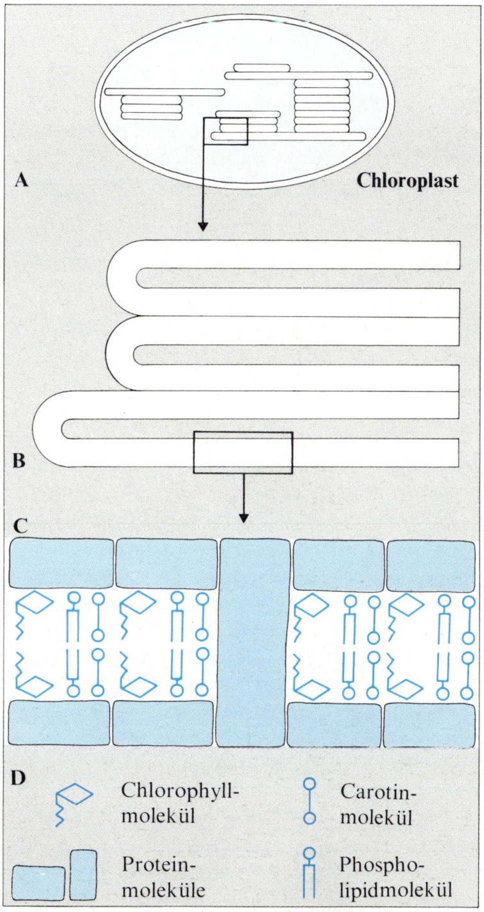

65.2. Feinbau der Thylakoidmembran

Vergleich von Chloroplasten und Mitochondrien

Chloroplasten und Mitochondrien zeigen auffällige Ähnlichkeiten in ihrem Aufbau.
Beide Organellen sind von einer Doppelmembran umgeben, deren innere Membran eingefaltet ist. An dieser inneren Membran wird der Stoffdurchtritt reguliert und durch die Einfaltung die innere Oberfläche vergrößert. In den inneren Membranen liegt eine große Zahl von Enzymen des Energiestoffwechsels.
Beide Organellen synthetisieren energiereiche Phosphate wie ATP. Man nimmt an, daß die ATP-Synthese in Chloroplasten und Mitochondrien vergleichbar ist und auf demselben Mechanismus beruht.
Beide Organellen sind auch in gewisser Weise autonom, indem sie eigene (ringförmige) DNA und eigene RNA besitzen. Auch eigene (70 S) Ribosomen, an denen die Eiweißsynthese abläuft, sind vorhanden.

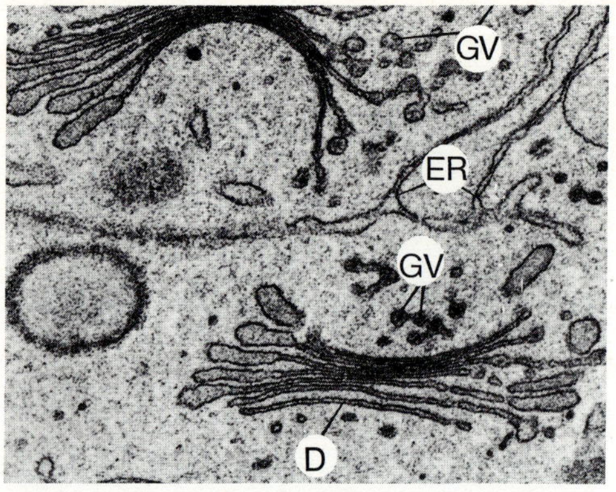

66.1. Dictyosomen (EM-Bild): D Dictyosom, **GV** GOLGI-Vesikel, **ER** Endoplasmatisches Reticulum.

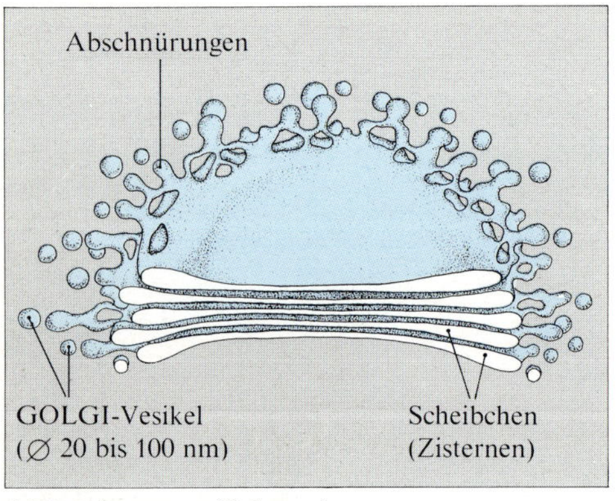

66.2. Dictyosom (Schema)

Lysosomen

Neben den GOLGI-Vesikeln enthält die Zelle andere bläschenförmige Strukturen ähnlicher Größe, die Lysosomen. Man kann sie nur biochemisch aufgrund ihres unterschiedlichen Inhalts von den GOLGI-Vesikeln unterscheiden. Lysosomen enthalten eine Vielzahl von Enzymen, die Eiweiße, Nucleinsäuren, Lipide und Polysaccharide spalten. Mit diesen Enzymen sind sie an der Verdauung des Inhalts von Nahrungsvakuolen, aber auch von nicht benötigten Zellorganellen beteiligt. Da die Enzyme die umhüllende Membran und die Zelle selbst nicht zerstören, müssen sie in den Lysosomen in inaktiver Form vorliegen.

6.6. Dictyosomen (GOLGI-Apparat)

Schon 1898 hatte der Italiener CAMILLO GOLGI nach Behandlung von Geweben mit Silbersalzlösungen im Lichtmikroskop bläschenförmige Strukturen entdeckt. Lange Zeit bestand eine heftige Diskussion darüber, ob es sich bei diesem „GOLGI-Apparat“ um Kunstprodukte infolge des Präparationsverfahrens (sogenannte Artefakte) oder um echte Zellstrukturen handelte. Erst elektronenmikroskopische Untersuchungen brachten Sicherheit, daß der GOLGI-Apparat aus zahlreichen Membranstapeln besteht, den **Dictyosomen.** Heute bezeichnet man die Gesamtheit der Dictyosomen einer Zelle als GOLGI-Apparat.

Bau eines Dictyosoms. Elektronenmikroskopische Bilder zeigen Dictyosomen als Stapel von 4 bis 12 flachen Hohlräumen. Man nennt diese Scheibchen mit etwa 2 bis 3 µm Durchmesser GOLGI-*Zisternen*. An den Rändern sind diese Zisternen oft durchbrochen und schnüren Bläschen ab, die GOLGI-*Vesikel*. Man nimmt an, daß die Dictyosomen durch Teilung auseinander hervorgehen, aber auch aus Material des Endoplasmatischen Reticulums neu entstehen können.

Aufgaben der Dictyosomen. Durch elektronenmikroskopische Untersuchungen und radioaktive Markierungsexperimente hat man eine Vielzahl von Aufgaben der Dictyosomen ermitteln können.

In *pflanzlichen Zellen* sind die Dictyosomen an der Bildung der *Zellmembran* und der *Zellwand* beteiligt. Durch Zusammenfließen vieler GOLGI-Vesikel entsteht bei der Zellteilung die erste trennende Membran. Auch Zellwandsubstanzen werden in den Dictyosomen aus Vorstufen zusammengebaut. Beim Sonnentau, einer fleischfressenden Pflanze, geht die Bildung des klebrigen Fangschleims auf die Aktivitäten der Dictoysomen zurück.

In *tierischen Zellen* bilden die Dictyosomen hauptsächlich eiweißhaltige Sekrete, vor allem solche mit einem Kohlenhydratanteil, die *Glycoproteine*. Die Proteine solcher Sekrete werden aber nicht in den Dictoysomen selbst, sondern an den Ribosomen des ER gebildet und von dort zu den Dictyosomen gebracht. In GOLGI-Vesikel verpackt werden diese Glycoproteine weitertransportiert.

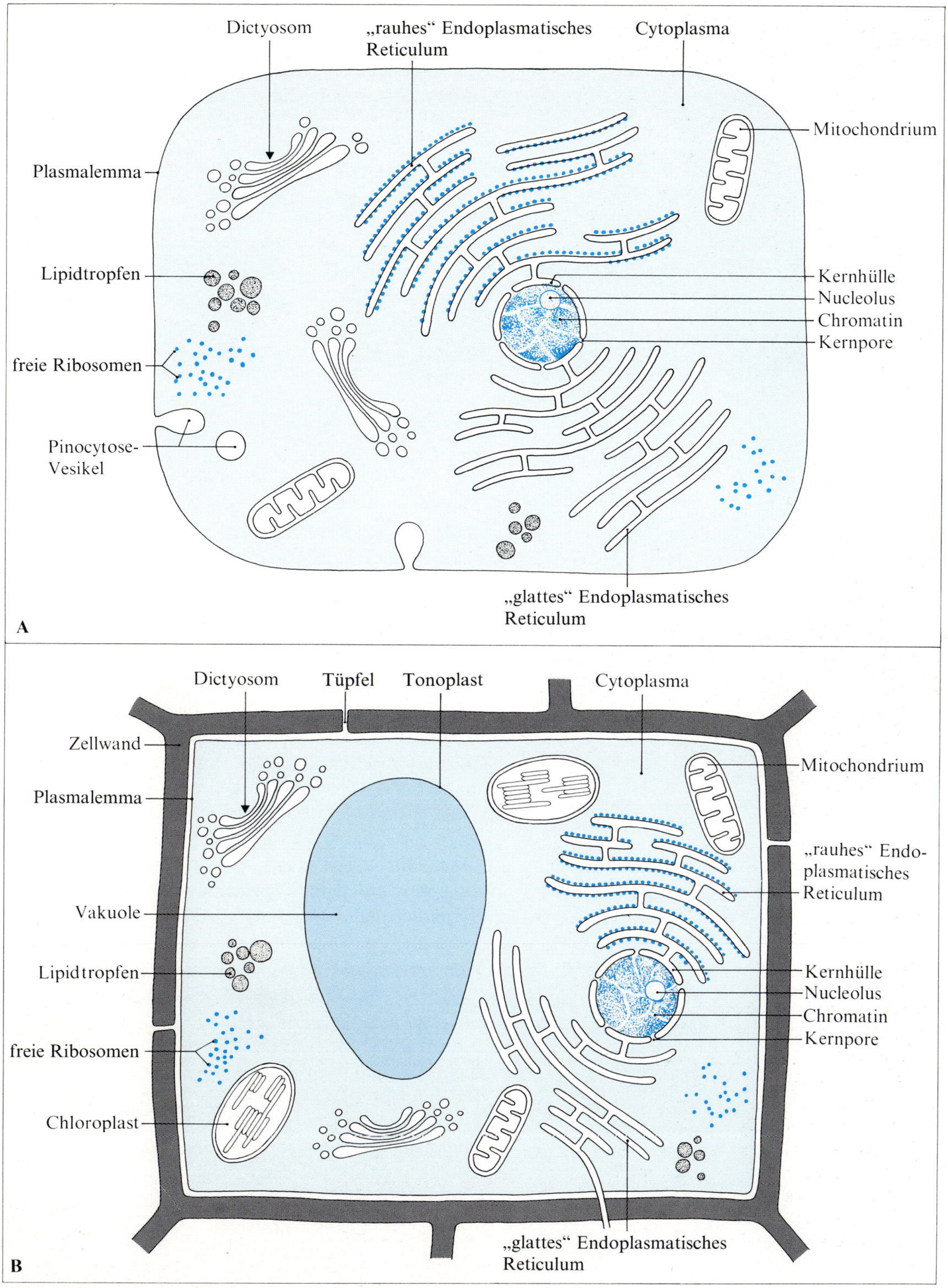

67.1. Tierzelle (A) und Pflanzenzelle (B) im Vergleich

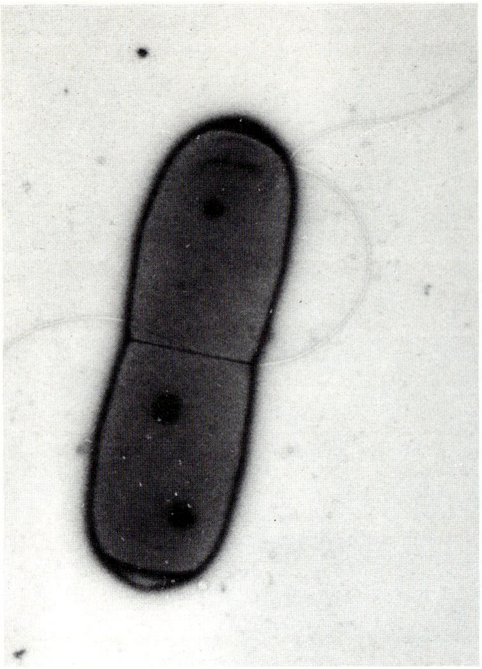

68.1. Bakterium (EM-Photo)

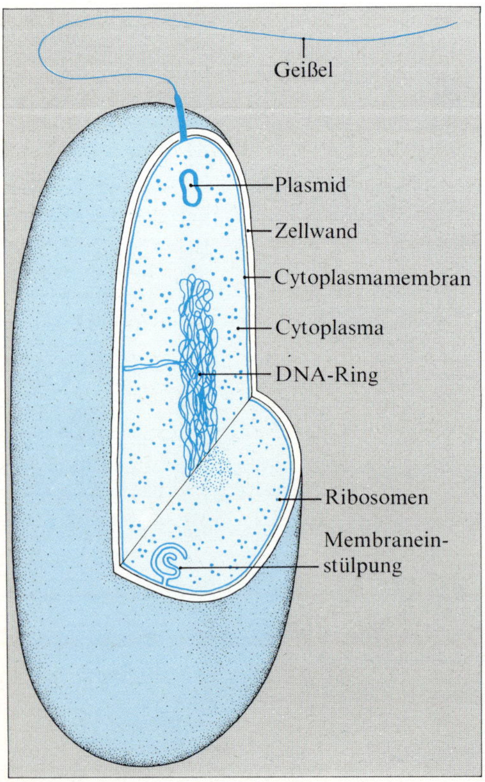

68.2. Aufbau einer Bakterienzelle (Schema)

6.7. Organisationsstufen der Zelle

Trotz erheblicher Unterschiede in Größe, Form und Inhalt lassen sich die Zellen der einzelligen und vielzelligen Pflanzen, Tiere und Pilze doch auf einen einheitlichen Grundbauplan zurückführen. Insbesondere sind sie alle durch den Besitz eines echten Zellkerns ausgezeichnet. Man faßt diese Organismen deshalb als *Eukaryonten* zusammen. Die Organisationsform ihrer Zellen bezeichnet man als **Eucyte.** Ihnen stehen die Bakterien und Blaualgen gegenüber, denen ein membranbegrenzter Zellkern fehlt. Sie bilden die Gruppe der *Prokaryonten.* Die einfachere Organisationsstufe ihrer Zellen ist die **Procyte.**

Zellgröße. Die Größe der Eucyte variiert zwischen weiten Grenzen. Die meisten Eucyten messen 10 bis 50 µm. Die *Bakterien* dagegen sind 0,2 bis etwa 5 µm groß. Auch die Zellen der als Einzelzellen, Zellkolonien oder Zellfäden vorkommenden *Blaualgen* werden kaum größer als 10 µm. Es besteht also ein erheblicher Größenunterschied zwischen Procyte und Eucyte, insbesondere wenn man deren Volumen miteinander vergleicht.

Kernsubstanz. Die Erbsubstanz, die Desoxyribonucleinsäure (DNA), liegt bei der Procyte frei im Plasma, d.h. eine Kernhülle fehlt. Bei Escherichia coli und anderen daraufhin untersuchten Bakterien hat der DNA-Doppelstrang die Form eines geschlossenen Ringmoleküls. Er ist im Gegensatz zur DNS der Eucyte nicht an Proteine gebunden. Da er ca. 1 mm lang ist, liegt er bei der geringen Zellgröße stark gewunden und aufgeknäuelt vor. Er wird als *Kernäquivalent* bezeichnet.

Membranen und Kompartimentierung. Wie bei der Eucyte ist das Cytoplasma der Procyte außen von einer semipermeablen Zellmembran, dem *Plasmalemma,* begrenzt. Sie zeigt elektronenmikroskopisch den typischen Bau einer Biomembran. Anders als die Eucytenmembran ist sie bei Bakterien aber Träger zahlreicher Enzyme, z.B. von Atmungsenzymen. Sie hat also zusätzlich die Funktion von Mitochondrien, die der Procyte fehlen. Durch Einstülpungen der Zellmembran wird die physiologisch aktive Oberfläche vergrößert. Der Procyte fehlen Plastiden, Dictosomen und das Endoplasmatische Reticulum. Die Ribosomen sind kleiner als bei Eucyten. Die Blaualgen haben in ihrem äußeren

Plasma chlorophyllführende Lamellen. Diese als *Thylakoide* bezeichneten Biomembranen werden vom Plasmalemma abgeschnürt. Sie entsprechen den Thylakoiden in den Chloroplasten der grünen Pflanzen, sind aber nicht durch eine Membran gegen das Cytoplasma abgegrenzt. Zwischen den Thylakoiden liegen noch blaue und rote Farbstoffe, die zusammen mit dem Chlorophyll den Blaualgen ihre charakteristische Farbe verleihen.

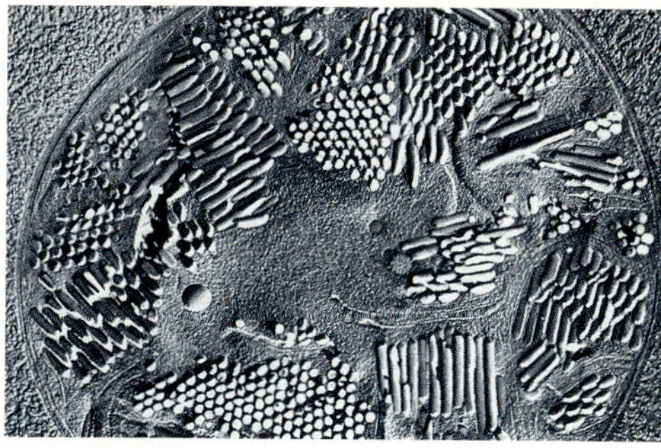

69.2. Blaualgenzelle (EM-Photo)

Zellwand. Die innere Schicht der Bakterienzellwand besteht im Gegensatz zur pflanzlichen Cellulosewand aus *Murein.* Dieser Stoff besteht aus langen Polysaccharidketten, die durch kurze Peptide vernetzt sind. Er bildet ein einziges makromolekulares Netz. Nach außen sind noch zwei Schichten aus Lipoproteinen und Lipopolysacchariden aufgelagert. Ganz außen liegt oft noch eine aufgequollene oder zu einer Kapsel verhärtete Schleimschicht.

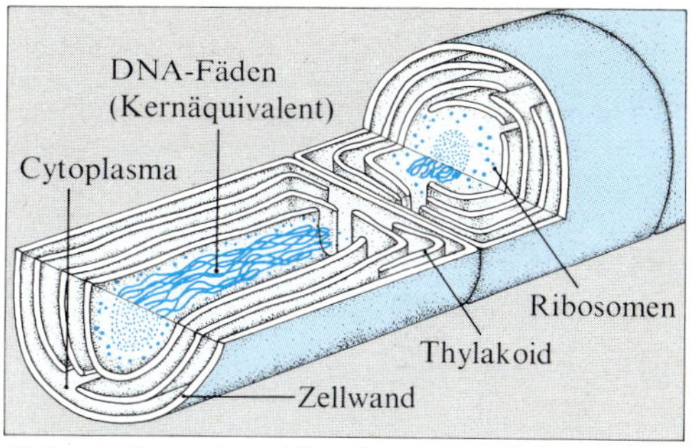

69.3. Aufbau einer Blaualgenzelle (Schema)

Geißeln. Manche Bakterien besitzen Geißeln, die sich von denen der Eucyte wesentlich unterscheiden. Bei den Blaualgen treten keine begeißelten Zellen auf.

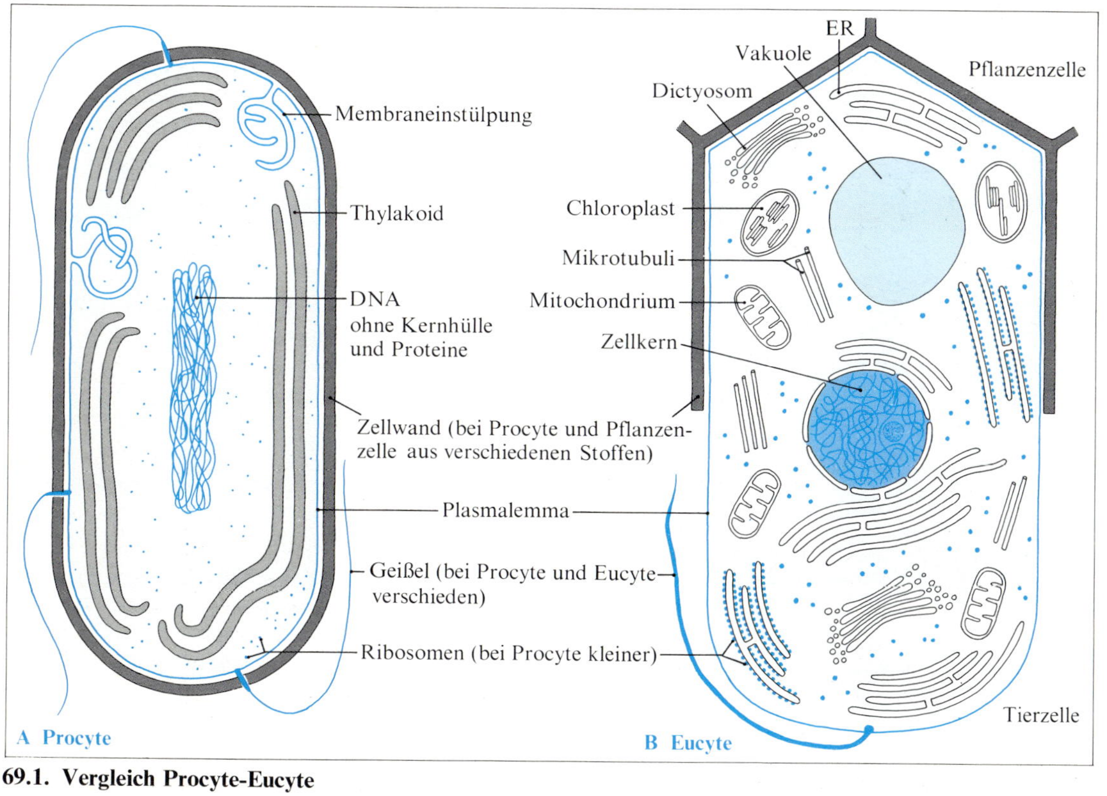

69.1. Vergleich Procyte-Eucyte

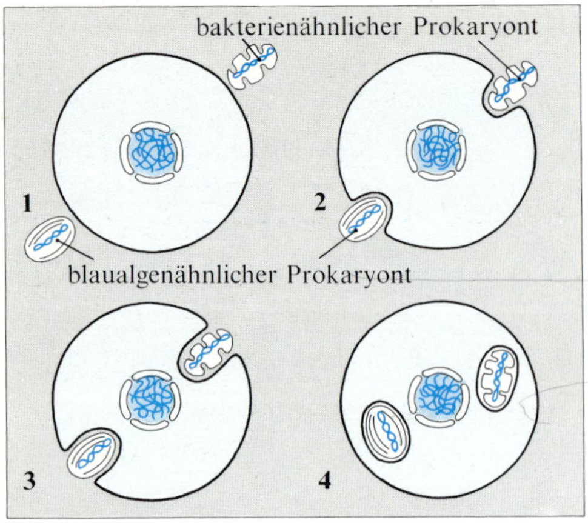

70.1. Endosymbiontenhypothese: Entstehung eines Mitochondriums durch Phagocytose eines Prokaryonten

Endosymbiosen bei Einzellern

Heutige Modellfälle für die Endosymbiontenhypothese stellen die Endosymbiosen bei einigen einzelligen Organismen dar: Die Amöbe *Pelomyxa palustris* enthält keine Mitochondrien, statt dessen aber Bakterien, die die Atmungsfunktion übernehmen. Die beschalte Amöbe *Paulinella chromatophora* hat zwei wurstförmige Blaualgenzellen als Endosymbionten. Der an sich farblose Flagellat *Cyanophora paradoxa* enthält Blaualgenzellen, die keine Zellwand mehr besitzen und sich stets gleichzeitig mit dem Flagellaten teilen.

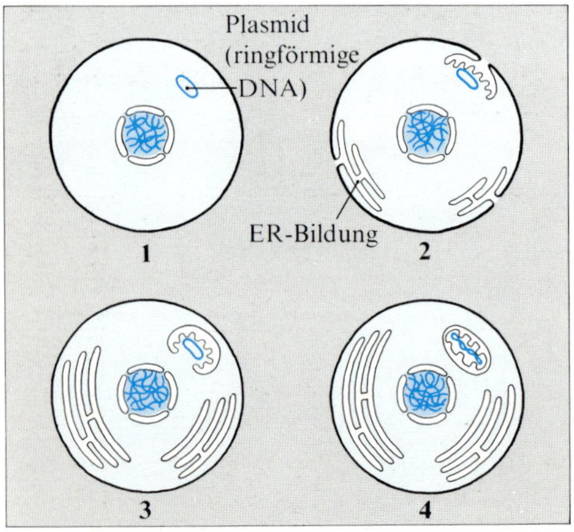

70.2. Kompartimentierungshypothese: Einschluß eines Plasmids durch Einstülpung der Zellmembran.

6.8. Evolution von Mitochondrien und Plastiden

Die meisten Wissenschaftler nehmen heute an, daß die Zelle sich aus einfacheren zellähnlichen Vorstufen entwickelt hat. Die ersten Prokaryonten traten vor mehr als 3 Milliarden Jahren auf, die Eukaryonten vor etwa 1,5 Mrd Jahren. Auf einen gemeinsamen Ursprung von Procyte und Eucyte weisen viele Übereinstimmungen hin, z. B. die Einheitlichkeit des Erbmaterials und des genetischen Codes. Da die Eucyten im Gegensatz zu Procyten Mitochondrien und Plastiden besitzen, stellt sich die Frage, wie diese von Doppelmembranen umschlossenen Zellorganellen entstanden sind.

Endosymbiontenhypothese. Nach dieser Hypothese gab es in einem frühen Erdzeitalter amöbenähnliche „Ur-Eucyten". Sie haben bakterienartige Prokaryonten durch Phagocytose in ihren Zelleib aufgenommen. Diese wurden aber nicht verdaut, sondern lebten im Plasma der Wirtszelle als Symbionten weiter, sie entwickelten sich zu *Mitochondrien.* Auf ähnliche Weise entstanden die *Plastiden:* In die Zelle wurden blaualgenähnliche Prokaryonten aufgenommen, die ebenfalls eine Dauersymbiose mit ihr eingegangen sind. Nach dieser Vorstellung geht die innere Membran der beiden Organellen auf die aufgenommenen Prokaryonten zurück, die äußere Membran stammt vom Plasmalemma der Wirtszelle ab. Tatsächlich weichen innere und äußere Membran in ihrer chemischen Zusammensetzung voneinander ab.
Für diese Hypothese lassen sich weitere Argumente anführen: Mitochondrien und Plastiden haben die Fähigkeit der Selbstvermehrung. Sie besitzen eine eigene DNA. Diese ist – wie bei Prokaryonten, aber im Gegensatz zur DNA des Zellkerns – nicht mit Proteinen verbunden. Mitochondrien, Plastiden und Prokaryonten enthalten 70S-Ribosomen, das Cytoplasma der Eucyte dagegen 80S-Ribosomen.

Kompartimentierungshypothese. Diese Hypothese sagt aus, daß durch Membraneinstülpungen kleine DNA-Proteine, Plasmide genannt, gegen das Cytoplasma abgegrenzt wurden. Dabei wurden im Falle der Mitochondrien Atmungsenzyme, im Falle der Plastiden Photosyntheseenzyme, die jeweils in der Membran enthalten waren, einbezogen. Dieser Vorgang vollzog sich allmählich mit der zunehmenden Kompartimentierung der Zelle.

7. Vorgänge im Zellkern

7.1. Chromosomen

Wenn eine Frau, die über 35 Jahre alt ist, ein Kind erwartet, besteht für das Neugeborene eine gewisse Gefahr einer angeborenen Krankheit. Sucht sie im ersten Drittel ihrer Schwangerschaft eine genetische Beratungsstelle auf, wird aus der Fruchtblase eine kleine Probe entnommen. Dort befinden sich Zellen des Embryos, die untersucht werden und die Aufschluß darüber geben können, ob das Kind gesund ist. Betrachtet man solche Zellen, deren Zellkern zum Platzen gebracht wurde, bei starker Vergrößerung im Mikroskop, so findet man färbbare Strukturen, die **Chromosomen.**

Chromosomen kommen in allen Zellen vor. Bei vielen erkennt man, daß sie fast vollständig in zwei Längshälften geteilt sind, wir nennen sie **Chromatiden.** Die Stelle, an der die beiden Chromatiden eines Chromosoms zusammenhängen, ist das **Centromer.**

Inzwischen weiß man schon sehr genau über den Feinbau der Chromosomen Bescheid. Sie bestehen aus Fäden der Desoxyribonucleinsäure, die in regelmäßigen Abständen über kugelige Eiweißkörperchen gewickelt sind. Diese Eiweißkugeln mit darüber gewickelter DNA können sich ihrerseits wieder zusammenlagern, wodurch schließlich das lichtmikroskopisch sichtbare Chromosom entsteht.

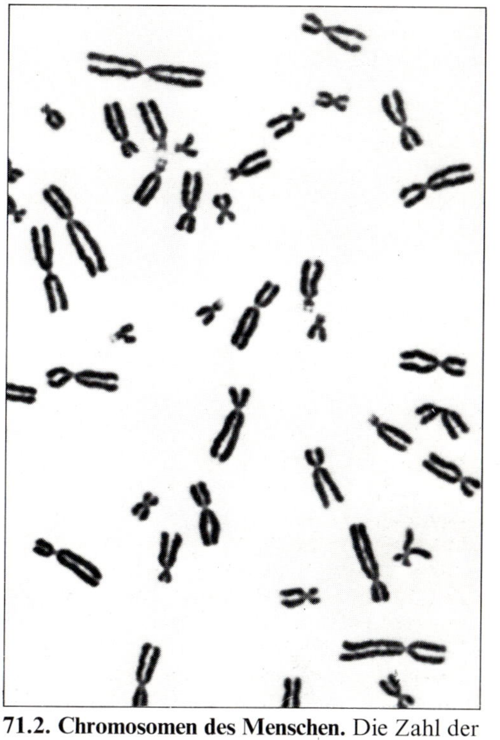

71.2. Chromosomen des Menschen. Die Zahl der Chromosomen ist im Kern jeder Körperzelle gleich. Alle Lebewesen haben eine für sie typische Zahl von Chromosomen. Beim Menschen sind es 46.

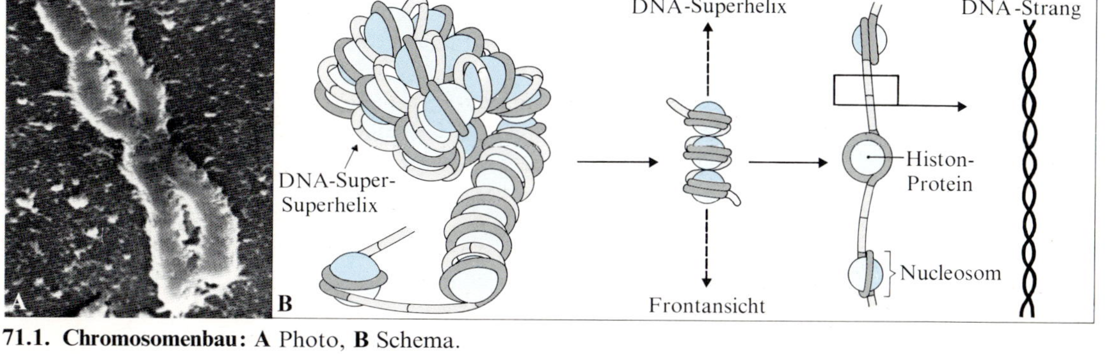

71.1. Chromosomenbau: A Photo, **B** Schema.

V 72.1. Mitose in Wurzelspitzen

Materialien und Geräte: Küchenzwiebel (Hyazinthe, Tulpe), Enghals-Erlenmeyer, Alkohol: Eisessig 3 : 1, Karminessigsäure, Mikroskop mit Zubehör

Durchführung: Eine Zwiebel wird einige Tage lang auf einen so weit mit Wasser gefüllten Erlenmeyerkolben gesetzt, daß sie einige mm Abstand von der Wasseroberfläche hat. Von den austreibenden Wurzeln werden 3 bis 5 mm lange Spitzen abgeschnitten und zwei Stunden in einem Gemisch aus abs. Alkohol und Eisessig (3 : 1) fixiert. Dann werden die Wurzelspitzen 24 Std. in Karminessigsäure gelegt und anschließend in der Farblösung bis zum kurzen Aufkochen erhitzt. Nun werden sie in einem Tropfen Karminessigsäure auf dem Objektträger durch Druck auf das Deckglas gequetscht und dann mikroskopiert.

Der Zellzyklus von Mitose zu Mitose

Die Mitose ist nur ein kurzer Abschnitt im Leben einer Zelle. Die Zeit zwischen zwei Mitosen, die **Interphase,** ist für den Zellstoffwechsel die wichtigere.

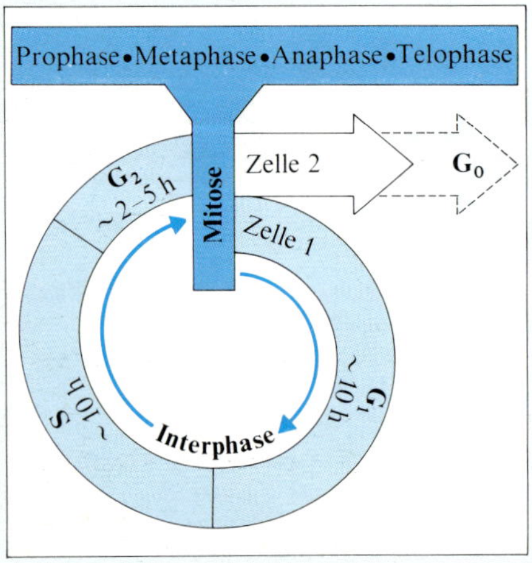

Man teilt die Interphase in drei Abschnitte ein:
- Die **G_1-Phase** (engl. gap = Lücke), in der die Zelle zu wachsen beginnt, die Eiweißsynthese startet;
- die **S-Phase** (Synthese-Phase), in der die DNS verdoppelt wird;
- die **G_2-Phase,** in der die Zelle noch eine Wachstumsphase einlegt;
- als **G_0-Phase** bezeichnet man schließlich Ruhezustände von Zellen, die ihre endgültige Größe und Gestalt erreicht haben.

7.2. Mitose

Unser Körper besteht aus vielen Milliarden Zellen. Sie sind alle aus einer befruchteten Eizelle hervorgegangen. Vor jeder Teilung muß die Information für den Bau der Zelle, die Erbinformation, völlig identisch verdoppelt werden. Träger dieser Erbinformation sind die Chromosomen. Sie werden bei der Zellteilung in zwei identische Tochterchromosomen gespalten. Dieser kontinuierliche Vorgang läßt sich in vier Phasen unterteilen.

Prophase. Eine Zelle, die vor einer Zellteilung steht, erkennt man im Mikroskop daran, daß die Chromosomen sichtbar werden. Dies ist darauf zurückzuführen, daß sich der DNA-Faden stark spiralisiert hat. Er wird dadurch gewissermaßen in eine kompakte Transportform gebracht. Jetzt erkennt man auch, daß jedes Chromosom schon aus zwei Strängen besteht, den *Chromatiden.* An einer Stelle, dem *Centromer,* hängen sie noch zusammen. Während sich diese Zwei-Chromatid-Chromosomen weiter verdichten, bilden sich von entgegengesetzten Polen der Zelle her strahlenförmig die *Spindelfasern* aus. Sie knüpfen an den Centromeren der Zwei-Chromatid-Chromosomen an. Inzwischen hat sich auch die Kernhülle aufgelöst.

Metaphase. Die Zwei-Chromatid-Chromosomen haben sich jetzt in der Mitte der Zelle wie auf einem Teller angeordnet, der genau zwischen den beiden Spindelpolen liegt. Sie liegen hier wie in der Äquatorebene zwischen Nord- und Südpol, sie bilden die **Äquatorialplatte.** Der Spalt zwischen den beiden Chromatiden ist jetzt deutlich sichtbar. Die Trennung der Chromatiden ist vorbereitet.

Anaphase. Beginnend an den Centromeren werden jetzt die beiden Chromatiden getrennt und in Richtung der Pole gezogen. Jede Chromatide ist damit wieder ein eigenständiges Chromosom („Ein-Chromatid-Chromosom").

Telophase. Sind die neuen Ein-Chromatid-Chromosomen auf die Zellpole verteilt, lösen sie sich scheinbar auf. Sie gehen in den entspiralisierten Zustand über. Gleichzeitig wird auch das Plasma der Zelle in der Äquatorialebene durch eine neue Zellmembran geteilt. In beiden Zellen bildet sich eine neue Kernmembran. Das Ergebnis dieser Zellteilung sind zwei völlig erbgleiche Zellen.

Photos (lichtmikroskopisch)	Ablauf	Schema
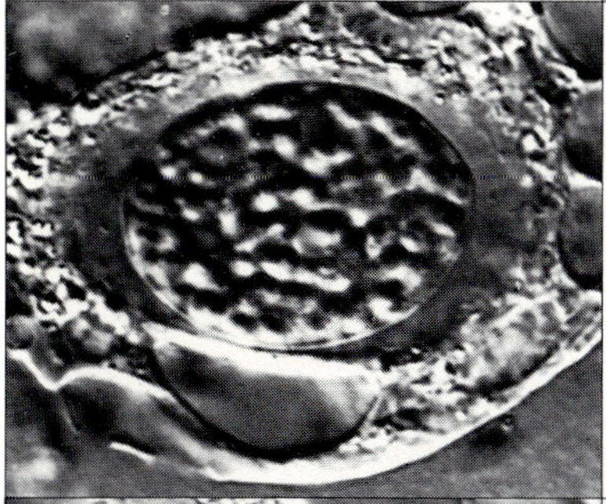	**Prophase** – Chromosomen werden sichtbar – sie spiralisieren sich zur Transportform – zwei Chromatiden sind sichtbar – Spindelfasern bilden sich – Kernmembran löst sich auf	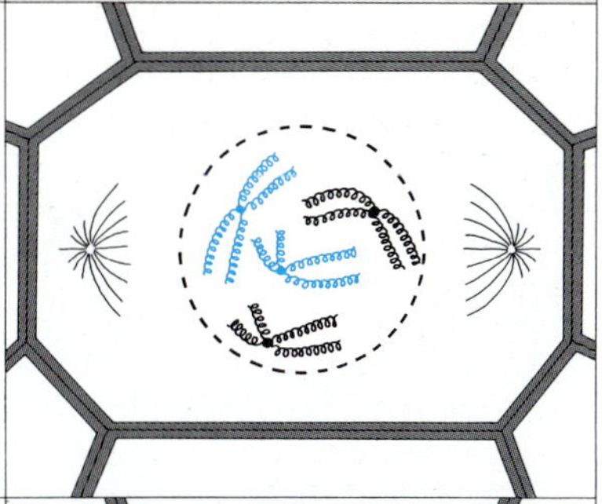
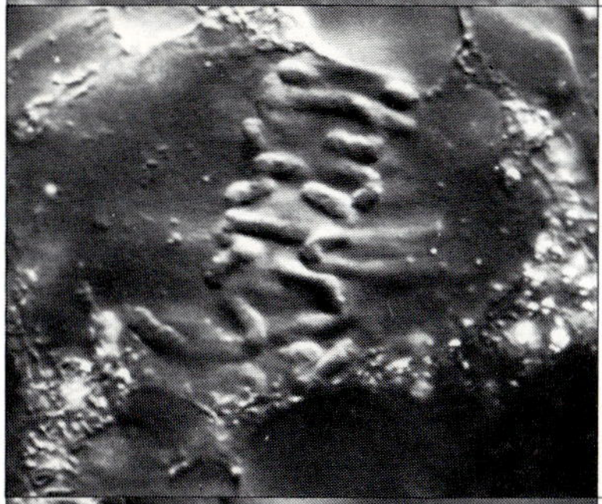	**Metaphase** – Chromosomen maximal verkürzt – Chromatiden gut erkennbar (Zwei-Chromatid-Chromosomen) – Anordnung in der Äquatorialebene – Centromeren und Zellpole durch Spindelfasern verbunden	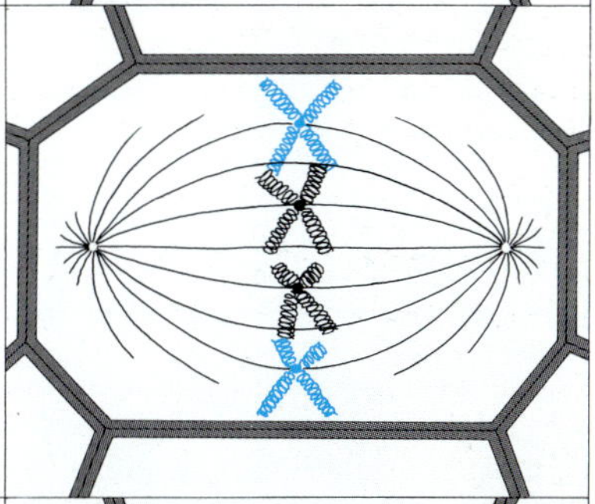
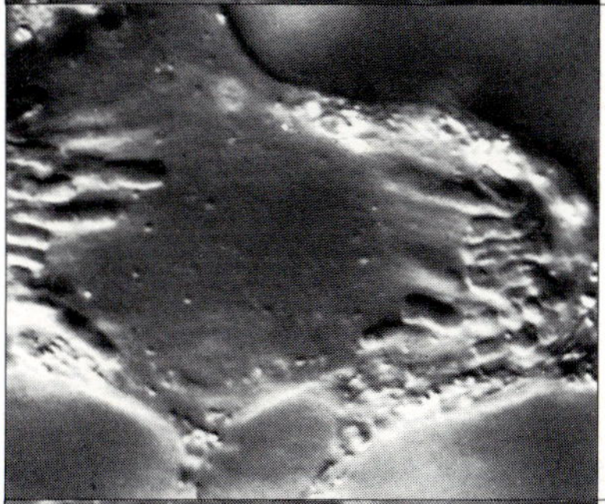	**Anaphase** – Centromeren teilen sich – Chromatiden weichen auseinander und wandern zu den Zellpolen	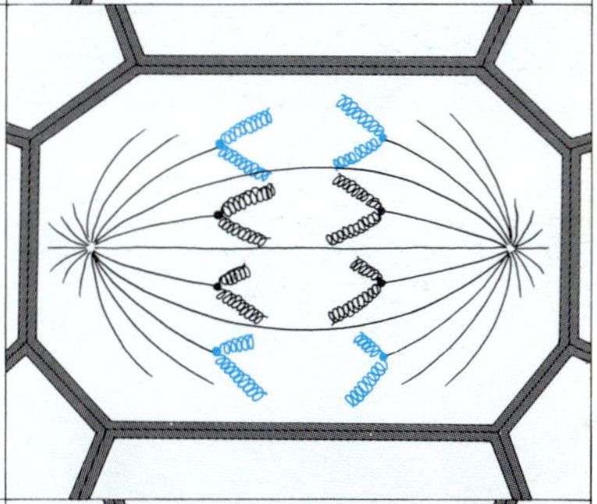
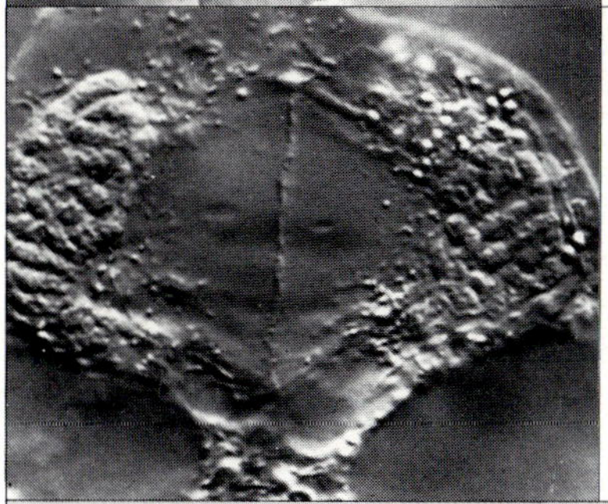	**Telophase** – Chromosomen (Ein-Chromatid-Chromosomen) entspiralisieren sich – Zellmembran bildet sich – Neue Kernmembran bildet sich	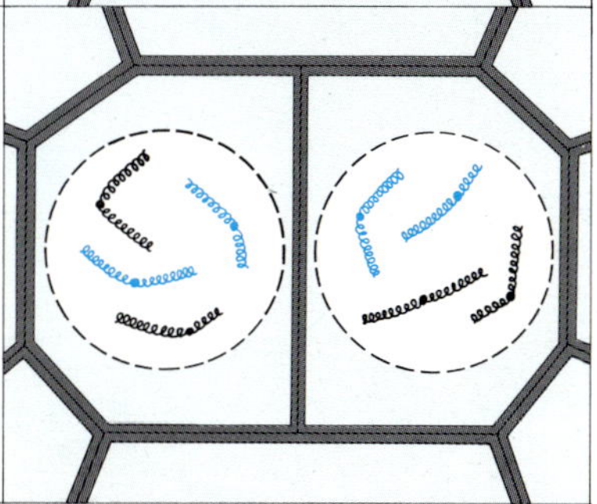
Ergebnis: Aus einer diploiden Zelle (2n) entstehen zwei identische Tochterzellen mit diploidem Chromosomensatz (2n).		

73.1. Ablauf der Mitose

V 74.1. **Meiose bei der Pollenbildung**
Materialien und Geräte: Noch geschlossene Blüten von Schnittlauch, Gasteria oder anderen Liliengewächsen, Pinzette, Karminessigsäure, Mikroskop mit Zubehör

Durchführung: Aus einer abgeschnittenen und geöffneten Blüte wird einer der grünen Staubbeutel entnommen. Den Inhalt drückt man in einen Tropfen Karminessigsäure und verteilt ihn dort. Nach Auflegen des Deckglases leicht quetschen (evtl. auch leicht erwärmen) und mikroskopieren.

Austausch von Chromatidenteilen in der Meiose

In der Meiose findet durch die zufällige Verteilung der väterlichen und mütterlichen Chromosomen auf die Keimzellen eine Durchmischung des Erbgutes statt. Während der Bildung der Chromosomentetrade kommt es (in der späten Prophase) daneben noch zum Austausch von *Teilen* der Nichtschwesterchromatiden. Dieser Vorgang, den man im Mikroskop als sogenannte Chiasmata (Einzahl: Chiasma) auch sehen kann, führt zum Stückaustausch zwischen väterlichen und mütterlichen Chromatiden (zum sogenannten Crossing-over).

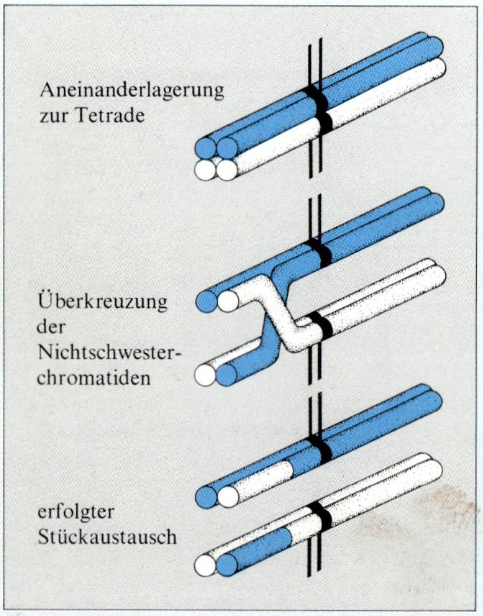

7.3. Meiose

Während der Pubertät sind der weibliche und der männliche Körper erstmals in der Lage, Keimzellen zu bilden. Sie entstehen in speziellen Organen des Körpers, den Eierstöcken bzw. den Hoden. Diese Keimzellen – *Eizellen* und *Spermazellen* – tragen in den Chromosomen auch das komplette Erbgut des jeweiligen Menschen. Bei der Vereinigung von Eizelle und Spermazelle, der Befruchtung, werden diese beiden Chromosomensätze vereinigt. Aus zwei **haploiden** (einfachen) Chromosomensätzen entsteht ein **diploider** (doppelter) Chromosomensatz. Bei der Keimzellenbildung muß dieser diploide Chromosomensatz wieder zum haploiden Satz reduziert werden. Dieses ist die Aufgabe der **Meiose.** Sie läuft bei allen Lebewesen mit sexueller Fortpflanzung ab. Die Meiose ist ein kontinuierlicher Vorgang, kann aber formal in vier Phasen unterteilt werden.

Prophase. In der Prophase der Meiose verdichten sich die Chromosomen zur lichtmikroskopisch sichtbaren Transportform. Dabei ordnen sich einander entsprechende Chromosomen (je eines von Vater und Mutter) zusammen. Man nennt sie *homologe Chromosomen.* Da jedes der beiden Chromosomen bereits in zwei Chromatiden gespalten ist, beobachtet man viersträngige Bündel, die sogenannten **Tetraden.**

Metaphase. Die Chromosomenpaare ordnen sich in der **Äquatorialplatte** an. Es ist dabei dem Zufall überlassen, auf welche Seite dieser scheinbaren Ebene das väterliche oder das mütterliche der homologen Chromosomen gelangt. Zwischen den Centromeren und den Zellpolen werden jetzt *Spindelfasern* ausgebildet.

Anaphase. Da die Centromeren der Zwei-Chromatid-Chromosomen diese fest zusammenhalten, werden durch die Tätigkeit der Spindelfasern nicht einzelne Chromatiden voneinander getrennt, sondern die homologen Chromosomen.

Telophase. Jetzt wandern diese Chromosomen zu den Zellpolen. An jedem Pol befindet sich nun ein haploider Chromosomensatz.
An diesen Vorgang der Reduktionsteilung (1. Reifeteilung) schließt sich noch eine zweite Teilung (2. Reifeteilung) an, die einer Mitose entspricht. Dabei werden die Chromatiden getrennt.

♂	Ablauf	♀
	1. Reifeteilung	
	**Prophase** – Chromosomen spiralisieren sich zur Transportform – Chromatiden werden sichtbar – Spindelfasern bilden sich – Kernhülle löst sich auf – homologe Chromosomen ordnen sich zusammen (Tetrade)	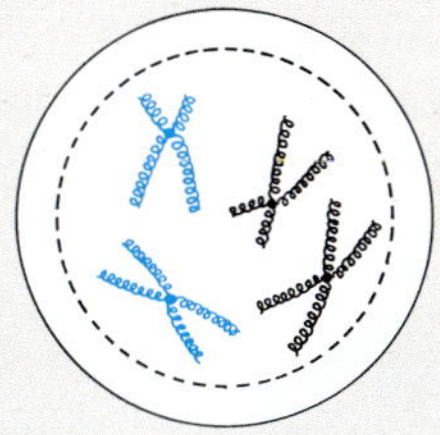
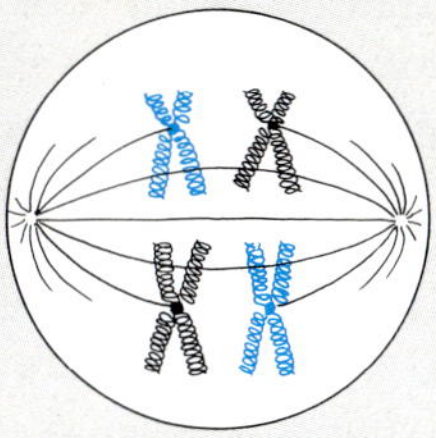	**Metaphase** – Chromosomen maximal verkürzt (Zwei-Chromatid-Chromosomen) – Anordnung in Äquatorialplatte Spindelfasern gebildet – Zufällige Anordnung der homologen Chromosomen	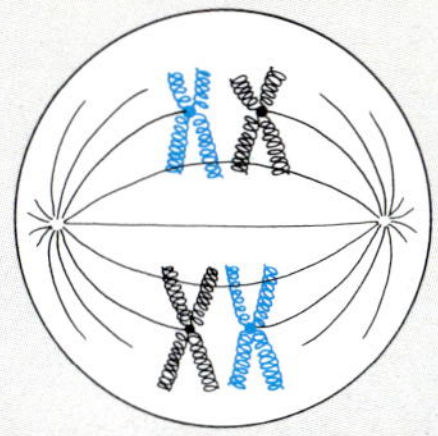
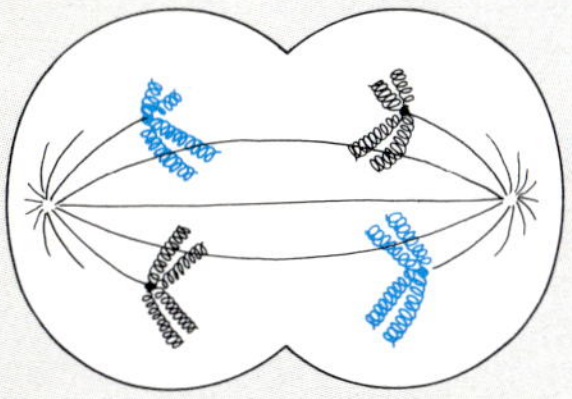	**Anaphase** – je ein homologes Chromosom (Ganzes Zwei-Chromatid-Chromosom) wandert zu den Polen. – jede Tochterzelle erhält einen haploiden Chromosomensatz	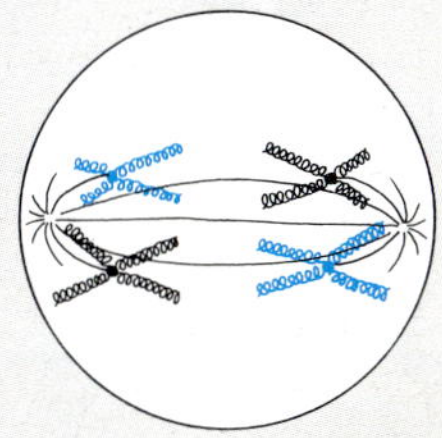
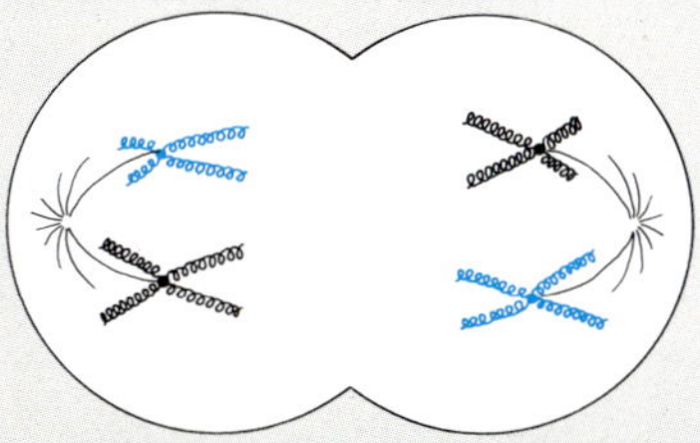	**Telophase** – Zwei-Chromatid-Chromosomen erreichen die Zellpole	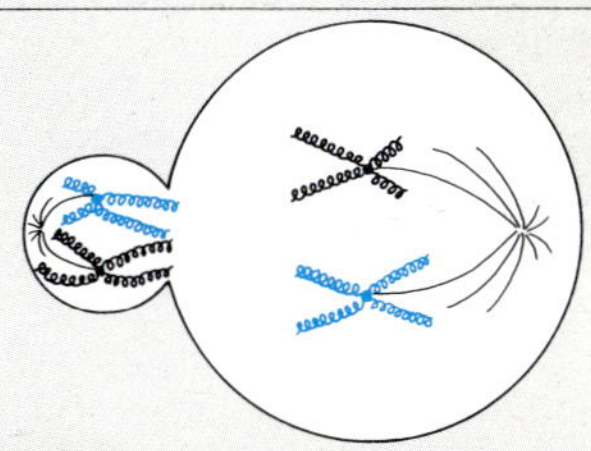
	2. Reifeteilung	
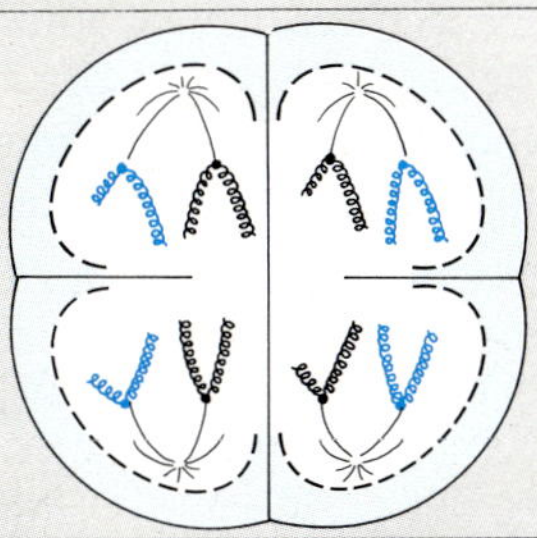	– in einer normalen **Mitose** werden die Chromatiden der homologen Chromosomen getrennt. – neue Kernmembranen und Zellmembranen werden gebildet	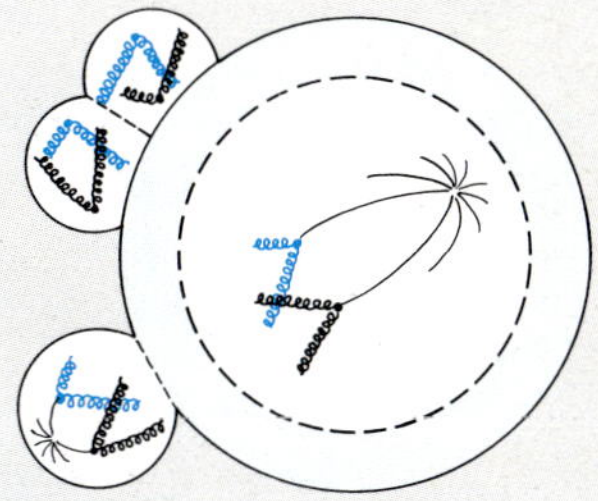
Ergebnis: Aus einer diploiden Zelle (2n) entstehen beim männlichen Geschlecht vier haploide Spermien (n), beim weiblichen Geschlecht eine haploide Eizelle (n) und drei haploide Polkörperchen (n).		

75.1. Meiose (Schema)

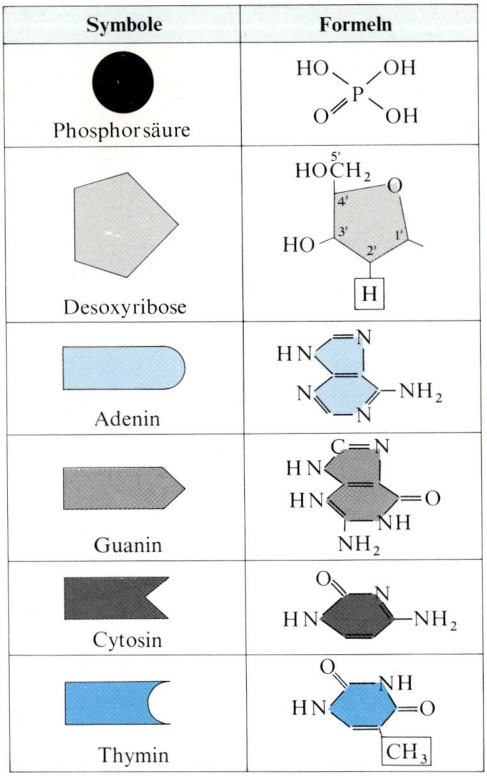

76.1. Bausteine der Desoxyribonucleinsäure (Symbole und Formeln). Nach internationaler Übereinkunft werden die Kohlenstoffatome von Ringsystemen durchnumeriert. Im Falle von Zuckern sind sie zusätzlich durch einen mitgelesenen Strich gekennzeichnet.

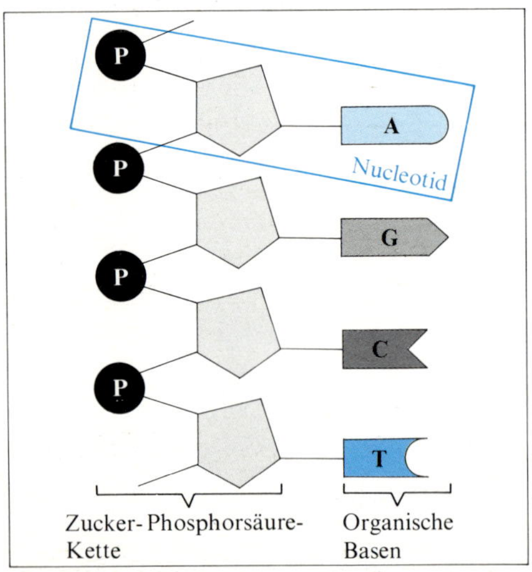

76.2. Kettenmolekül der DNA (Ausschnitt, Symbolschreibweise)

7.4. Nucleinsäuren

Chromosomen sind die Träger der Erbinformation. Sie liegen im Zellkern jeder Zelle in artspezifischer Zahl vor und werden bei der Mitose identisch verdoppelt. Welchen molekularen Aufbau hat diese Erbinformation? Wie kann Information durch sie identisch verdoppelt werden?
Untersucht man Kerne von Zellen genauer, indem man ihren Inhalt analysiert, so findet man neben Eiweißstoffen vor allem fädige Riesenmoleküle, die **Nucleinsäuren.** Nachdem man erkannt hatte, daß hier wahrscheinlich die Erbinformation verschlüsselt vorliegt, begann in den fünfziger Jahren, vor allem in Amerika und England, ein wissenschaftlicher Wettlauf, Bau und Struktur der Nucleinsäuren aufzuklären. Dem Amerikaner WATSON und den Engländern CRICK und WILKINS gelang es schließlich, den Aufbau der **D**esoxyribo**n**uclein**s**äure aufzuklären (abgekürzt DNA vom englischen **d**eoxyribo**n**ucleic **a**cid). 1962 erhielten sie den Nobelpreis.

7.4.1. Bau und Raumstruktur der Desoxyribonucleinsäure

Bau der DNA. Aus Kalbsbries, der Thymusdrüse von Kälbern, kann man leicht Desoxyribonucleinsäure gewinnen. Nachdem man die Zellen und die Zellkerne zum Platzen gebracht hat, lassen sich die Bestandteile der DNA nachweisen.

Eine chemische Analyse ergibt, daß sie aus Zuckermolekülen, *Phosphorsäuremolekülen* und verschiedenen Molekülen organischer Basen bestehen. Die Zuckermoleküle wurden als *Desoxyribose* identifiziert, als organische Basen kommen *Adenin (A)*, *Cytosin (C)*, *Guanin (G)* und *Thymin (T)* vor.
Für den Anfang genügt es, wenn wir diesen chemischen Bestandteilen Symbole zuordnen. Schon damit lassen sich wichtige Besonderheiten in Bau und Funktion der Desoxyribonucleinsäure zeigen.
Durch aufwendige chemische und physikalische Methoden fand man heraus, wie die Bausteine der DNA zu langen Kettenmolekülen verknüpft sind. Dabei bilden abwechselnd Zucker- und Phosphorsäuremoleküle eine Kette. Jedes Zuckermolekül bindet immer eine der vier Basen, die wie die Zinken eines Kammes vom Rückgrat des DNA-Stranges abstehen. Die DNA besteht also aus sich wiederholenden Grundbausteinen mit je einem Zucker-, einem Phosphorsäure- und einem Basenmolekül. Man nennt sie **Nucleotide.**

Erst wenn man genaueres über die Struktur der Nucleinsäuren wissen will, braucht man die chemischen Formeln der einzelnen Bausteine. Zwei Gesichtspunkte sind für uns bei Betrachtung der Formelbilder wichtig:

- Die Anknüpfung der Basen an die Zuckermoleküle erfolgt immer über das gleiche C-Atom 1′ (lies Eins-Strich).
- Die Kettenverlängerung erfolgt über die C-Atome 5′ und 3′ mit einer Phosphatgruppe.

Raumstruktur der DNA. Einen wichtigen Hinweis auf die Raumstruktur von Nucleinsäuren gaben schon 1948 Untersuchungen des Österreichers E. CHARGAFF. Er untersuchte die Basenzusammensetzung der DNA aus Zellen verschiedenster Herkunft. Das wichtigste Ergebnis dieser Arbeiten war, daß zwar die Mengenanteile der vier Basen in den verschiedenartigen Zellen unterschiedlich waren, daß aber der Anteil des Adenin immer dem von Thymin und der von Cytosin immer dem von Guanin entsprach.

Durch den Einsatz physikalischer Meßmethoden, vor allem der *Röntgenstrukturanalyse*, gelang es schließlich, den räumlichen Bau der DNA aufzuklären. 1953 veröffentlichten WATSON und CRICK ihr Strukturmodell der DNA.
Danach sind in der funktionsfähigen DNA jeder Zelle zwei Ketten aus Nucleotiden zu Doppelsträngen zusammengefaßt. Dabei weisen die Basen der Einzelstränge aufeinander zu. Der Zusammenhalt erfolgt über Wasserstoffbrückenbindungen, die sich zwischen den Basen der Einzel-DNA-Stränge ausbilden.

WATSON und CRICK fanden heraus, daß zwischen Adenin und Thymin *zwei* Wasserstoffbrücken und zwischen Guanin und Cytosin *drei* Wasserstoffbrücken bestehen.

Diese Art der Basenpaarung hat Konsequenzen für die räumliche Struktur der DNA. Man stellt sich vor, daß der DNA-Doppelstrang wie eine Leiter gebaut ist. Die Holme entsprechen den Zucker-Phosphat-Ketten, die Sprossen werden durch die Basenpaare gebildet. Dabei stehen sich immer Adenin und Thymin bzw. Cytosin und Guanin gegenüber. Man spricht von sich ergänzenden, **komplementären Basenpaaren.** Die Untersuchungen von CHARGAFF finden hier eine Erklärung. Diese DNA-Leiter liegt aber nicht in einer Ebene, sondern ist um eine gedachte Achse verdrillt. Eine solche Spirale

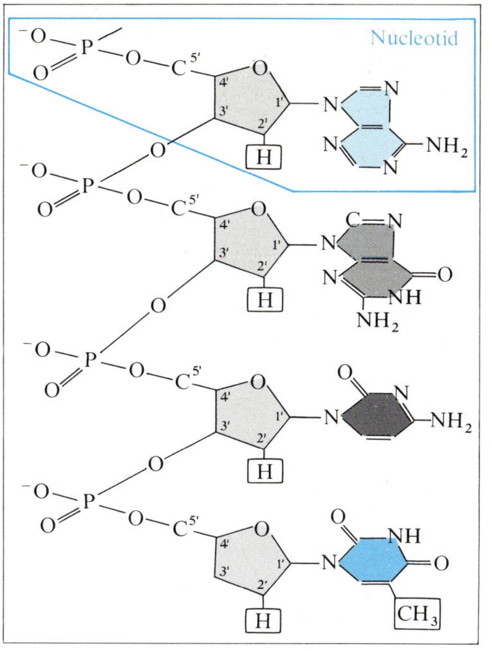

77.1. Kettenmolekül der DNA (Ausschnitt, Formelschreibweise)

Zellart	A	T	G	C	A:T	G:C
Bakterien	24,7	23,6	26,0	25,7	1,04	1,01
Hefe	31,3	32,9	18,7	17,1	0,95	1,09
Schimmelpilz	25,0	24,0	25,1	25,0	1,00	1,00
Lachs	29,7	29,1	20,8	20,4	1,02	1,02
Schaf	29,3	28,3	21,4	21,0	1,03	1,02
Mensch	30,9	29,4	19,9	19,8	1,05	1,00

77.2. Prozentuale Häufigkeit der Basen. Adenin, Guanin, Cytosin und Thymin in der DNA verschiedener Zellen wurden untersucht. Die Abweichungen vom 1:1-Verhältnis der Basen gehen auf Meßungenauigkeiten zurück.

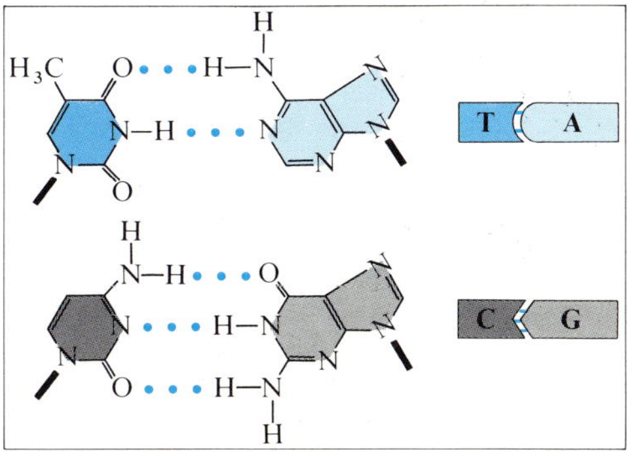

77.3. Wasserstoffbrücken zwischen Basenmolekülen

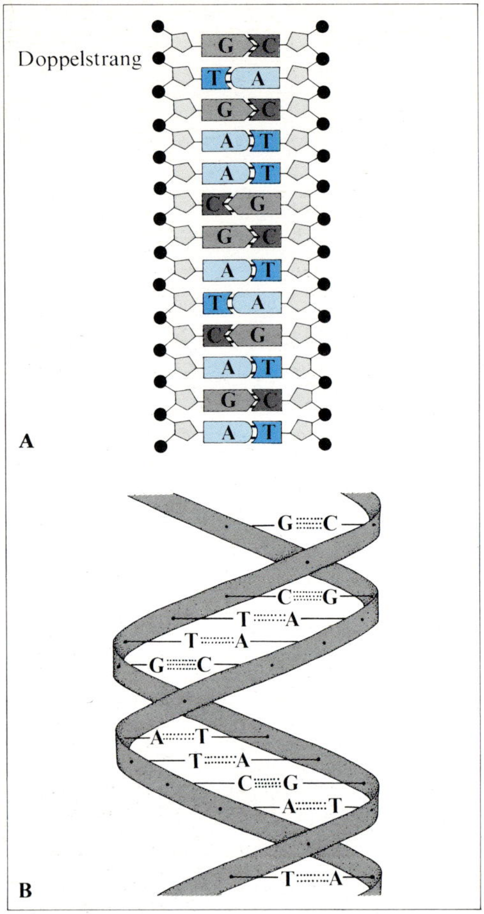

78.1. Modelle der DNA: A Strukturleitermodell, **B** Doppelhelixstruktur (auf eine volle Schraubenwindung kommen 10 Nucleotidpaare).

aus zwei Nucleotidsträngen ist einer Wendeltreppe vergleichbar, bei der die Basenpaare die Stufen bilden. Man bezeichnet sie als Doppelhelix.

Identische Verdoppelung der DNA. „Es ist unserer Aufmerksamkeit nicht entgangen, daß die spezifische Paarbildung (der Basen!), die wir vorschlagen, sogleich an einen möglichen Kopiermechanismus für das genetische Material denken läßt“. So schreiben WATSON und CRICK in ihrer Veröffentlichung von 1953, in der sie ein Strukturmodell zum Bau der DNA vorschlagen.

Vor jeder Zellteilung muß die DNA des Zellkerns identisch verdoppelt werden. Hierzu trennen sich die beiden Stränge der DNA-Doppelhelix abschnittweise nach Art eines Reißverschlusses. Die Wasserstoffbrücken zwischen den Basen sind schwach genug, um eine solche Trennung der Doppelhelix in zwei Einzelstränge zu erlauben. Werden jetzt Nucleotide, d.h. Bausteine aus Zucker-Phosphat und einer der vier organischen Basen, angelagert, so kann dies nur komplementär erfolgen: Adenin-Thymin bzw. Cytosin-Guanin. Ein Enzym, die *DNA-Polymerase,* katalysiert die Verknüpfung der Nucleotide zu einem vollständigen Tochterstrang. Das Ergebnis dieser **identischen Reduplikation** sind zwei völlig gleiche Tochterstränge, bestehend aus einem alten und einem neu synthetisierten Einzelstrang.

Die Frage, wie es möglich ist, Erbinformation der DNA (und damit der Chromosomen) identisch zu verdoppeln, ist damit beantwortet. Offen bleibt noch, in welcher Weise die genetische Information auf der DNA verschlüsselt ist und wie Erbinformation in körperliche Merkmale übersetzt wird.

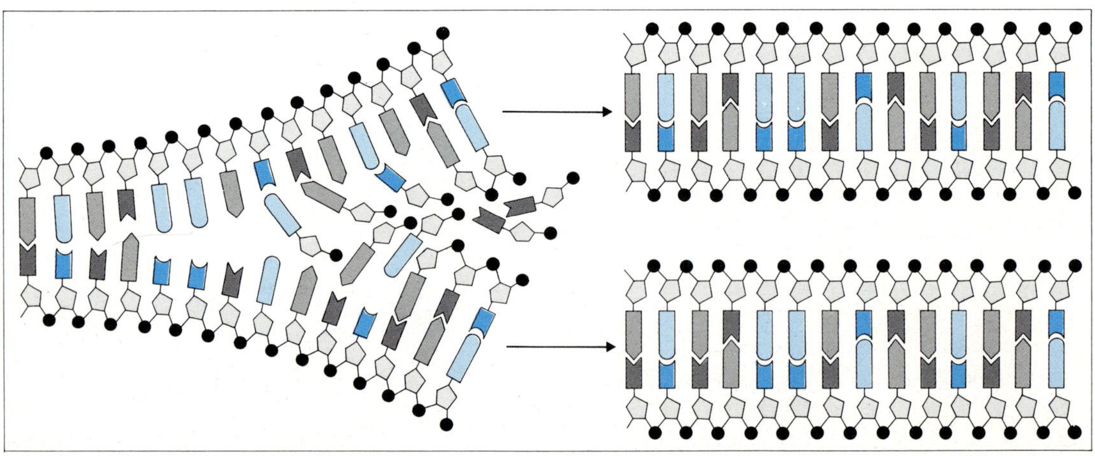

78.2. Identische Verdoppelung der DNA

MOLECULAR STRUCTURE OF NUCLEIC ACIDS

A Structure for Deoxyribose Nucleic Acid

We wish to suggest a structure for the salt of deoxyribose nucleic acid (D.N.A.). This structure has novel features which are of considerable biological interest.

A structure for nucleic acid has already been proposed by Pauling and Corey[1]. They kindly made their manuscript available to us in advance of publication. Their model consists of three intertwined chains, with the phosphates near the fibre axis, and the bases on the outside. In our opinion, this structure is unsatisfactory for two reasons: (1) We believe that the material which gives the X-ray diagrams is the salt, not the free acid. Without the acidic hydrogen atoms it is not clear what forces would hold the structure together, especially as the negatively charged phosphates near the axis will repel each other. (2) Some of the van der Waals distances appear to be too small.

Another three-chain structure has also been suggested by Fraser (in the press). In his model the phosphates are on the outside and the bases on the inside, linked together by hydrogen bonds. This structure as described is rather ill-defined, and for this reason we shall not comment on it.

We wish to put forward a radically different structure for the salt of deoxyribose nucleic acid. This structure has two helical chains each coiled round the same axis (see diagram). We have made the usual chemical assumptions, namely, that each chain consists of phosphate diester groups joining β-D-deoxyribofuranose residues with 3′,5′ linkages. The two chains (but not their bases) are related by a dyad perpendicular to the fibre axis. Both chains follow righthanded helices, but owing to the dyad the sequences of the atoms in the two chains run in opposite directions. Each chain loosely resembles Furberg's[2] model No. 1; that is, the bases are on the inside of the helix and the phosphates on the outside. The configuration of the sugar and the atoms near it is close to Furberg's 'standard configuration', the sugar being roughly perpendicular to the attached base. There is a residue on each chain every 3·4 A. in the z-direction. We have assumed an angle of 36° between adjacent residues in the same chain, so that the structure repeats after 10 residues on each chain, that is, after 34 A. The distance of a phosphorus atom from the fibre axis is 10 A. As the phosphates are on the outside, cations have easy access to them.

The structure is an open one, and its water content is rather high. At lower water contents we would expect the bases to tilt so that the structure could become more compact.

The novel feature of the structure is the manner in which the two chains are held together by the purine and pyrimidine bases. The planes of the bases are perpendicular to the fibre axis. They are joined together in pairs, a single base from one chain being hydrogen-bonded to a single base from the other chain, so that the two lie side by side with identical z-co-ordinates. One of the pair must be a purine and the other a pyrimidine for bonding to occur. The hydrogen bonds are made as follows: purine position 1 to pyrimidine position 1; purine position 6 to pyrimidine position 6.

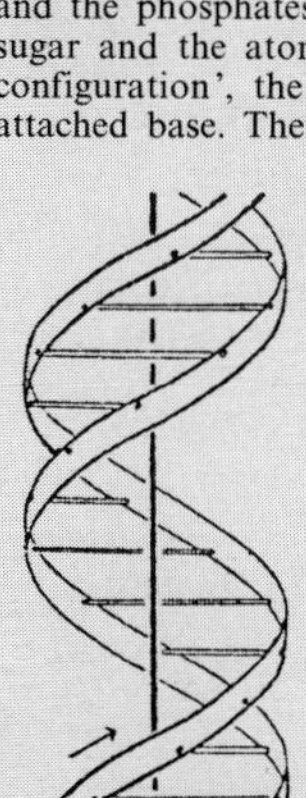

This figure is purely diagrammatic. The two ribbons symbolize the two phosphate—sugar chains, and the horizontal rods the pairs of bases holding the chains together. The vertical line marks the fibre axis

If it is assumed that the bases only occur in the structure in the most plausible tautomeric forms (that is, with the keto rather than the enol configurations) it is found that only specific pairs of bases can bond together. These pairs are: adenine (purine) with thymine (pyrimidine), and guanine (purine) with cytosine (pyrimidine).

In other words, if an adenine forms one member of a pair, on either chain, then on these assumptions the other member must be thymine; similarly for guanine and cytosine. The sequence of bases on a single chain does not appear to be restricted in any way. However, if only specific pairs of bases can be formed, it follows that if the sequence of bases on one chain is given, then the sequence on the other chain is automatically determined.

It has been found experimentally[3,4] that the ratio of the amounts of adenine to thymine, and the ratio of guanine to cytosine, are always very close to unity for deoxyribose nucleic acid.

It is probably impossible to build this structure with a ribose sugar in place of the deoxyribose, as the extra oxygen atom would make too close a van der Waals contact.

The previously published X-ray data[5,6] on deoxyribose nucleic acid are insufficient for a rigorous test of our structure. So far as we can tell, it is roughly compatible with the experimental data, but it must be regarded as unproved until it has been checked against more exact results. Some of these are given in the following communications. We were not aware of the details of the results presented there when we devised our structure, which rests mainly though not entirely on published experimental data and stereochemical arguments.

It has not escaped our notice that the specific pairing we have postulated immediately suggests a possible copying mechanism for the genetic material.

Full details of the structure, including the conditions assumed in building it, together with a set of co-ordinates for the atoms, will be published elsewhere.

We are much indebted to Dr. Jerry Donohue for constant advice and criticism, especially on interatomic distances. We have also been stimulated by a knowledge of the general nature of the unpublished experimental results and ideas of Dr. M.H.F. Wilkins, Dr. R.E. Franklin and their co-workers at King's College, London. One of us (J.D.W.) has been aided by a fellowship from the National Foundation for Infantile Paralysis.

J. D. WATSON
F. H. C. CRICK

Medical Research Council Unit for the Study of the Molecular Structure of Biological Systems,
Cavendish Laboratory, Cambridge.
April 2.

1 Pauling, L., and Corey, R.B., *Nature*, 171, 346 (1953); *Proc. U.S. Nat. Acad. Sci.*, 39, 84 (1953).
2 Furberg, S., *Acta Chem. Scand.*, 6, 634 (1952).
3 Chargaff, E., for references see Zamenhof, S., Brawerman, G., and Chargaff, E., *Biochim. et Biophys. Acta*, 9, 402 (1952).
4 Wyatt, G.R., *J. Gen. Physiol.*, 36, 201 (1952).
5 Astbury, W.T., Symp. Soc. Exp. Biol. 1, Nucleic Acid, 66 (Camb. Univ. Press, 1947).
6 Wilkins, M.H.F., and Randall, J.T., *Biochim. et Biophys. Acta*, 10, 192 (1953).

7.4.2. Bau und Raumstruktur von RNA

Bau der RNA. Bei der Analyse von Zellen findet man neben der DNA noch einen großen Anteil von Nucleinsäuren, die sich chemisch geringfügig von der DNA unterscheiden. Es sind die **Ribonucleinsäuren** (RNA).
Wie die DNA besteht auch die RNA aus den Bausteinen Zucker, Phosphorsäure und organische Basen. Als Zuckerbaustein finden wir hier statt Desoxyribose die Ribose. Die Base Thymin ist bei der RNA durch Uracil ersetzt.

Raumstruktur der RNA. Betrachtet man den chemischen Aufbau der RNA, so könnte man vermuten, daß sie eine ähnliche Raumstruktur einnimmt wie die DNA. Dazu müßte das Verhältnis der Basen A:U und C:G jeweils 1:1 sein. Untersucht man nun aber die prozentuale Häufigkeit der Basen in der RNA und vergleicht mit der DNA, so findet man Abweichungen. Während bei der DNA das Verhältnis A:T und G:C praktisch 1 ist, weichen die Werte A:U und G:C der RNA davon deutlich ab. In der RNA wird also vermutlich die Paarung komplementärer Basen nicht die gleiche Rolle wie bei der DNA spielen. Tatsächlich hat sich gezeigt, daß die RNA im wesentlichen als Einzelstrang vorliegt. Es kommt aber auch in Ribonucleinsäuremolekülen abschnittweise zur Paarung komplementärer Basen *innerhalb des gleichen Moleküls.*
Zellen enthalten immer drei Typen von RNA, die sich in ihrer Molekülgröße unterscheiden: die **Boten-RNA** (*messenger-RNA*, m-RNA), die **Transfer-RNA** (t-RNA) und die **ribosomale RNA** (r-RNA).

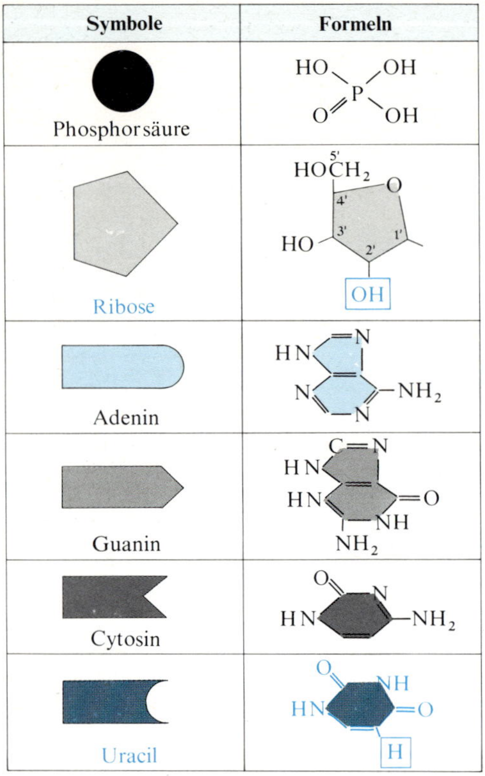

80.1. Bausteine der RNA (Symbole, Formeln)

	A	G	C	T	U	A:T bzw. A:U	G:C
DNA	28,2	21,5	21,2	27,8	—	1,01	1,01
RNA	17,1	27,3	33,9	—	21,7	0,78	0,80

80.2. DNA und RNA in % (Rind)

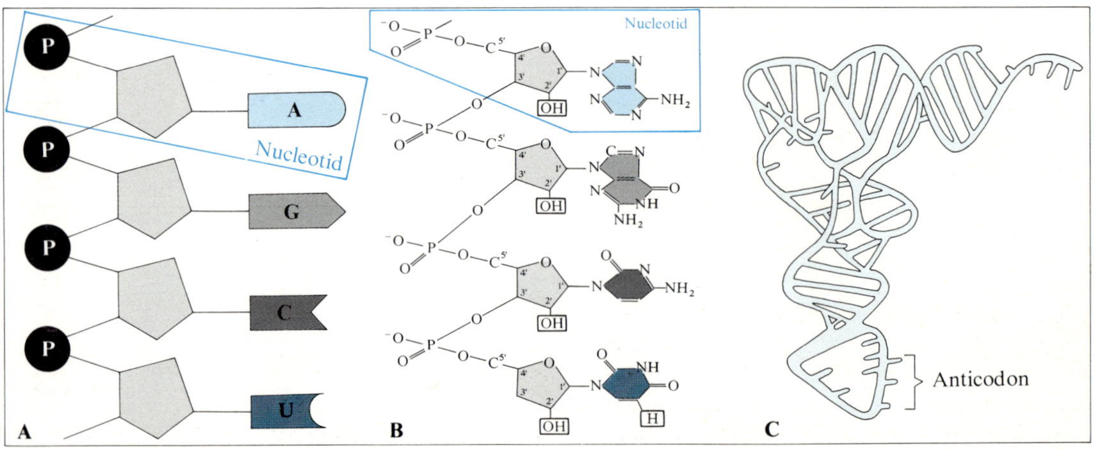

80.3. Kettenmolekül der RNA (Ausschnitt): A Symbolschreibweise, **B** Formelschreibweise, **C** Raumstruktur

7.4.3. Proteinbiosynthese und Genetischer Code

Es gibt Menschen, die nach dem Genuß von Spargel im Urin eine stark riechende Substanz ausscheiden, oder andere, deren Urin nach dem Verzehr roter Rüben bräunlich-rot gefärbt ist. In beiden Fällen sind die betroffenen Personen nicht in der Lage, diese Stoffwechselprodukte zu geruchlosen bzw. farblosen Endstoffen abzubauen. Ihnen fehlen die entsprechenden Eiweißstoffe, die den Abbau bewerkstelligen. Da diese (im übrigen völlig harmlosen) Stoffwechseldefekte erblich sind, liegt der Verdacht nahe, den Fehler in der Erbinformation der DNA zu suchen.
Genetische Information wird in der Zelle also in Form von Eiweißstoffen (Proteinen) verwirklicht. Wir nennen diesen Vorgang Proteinbiosynthese.

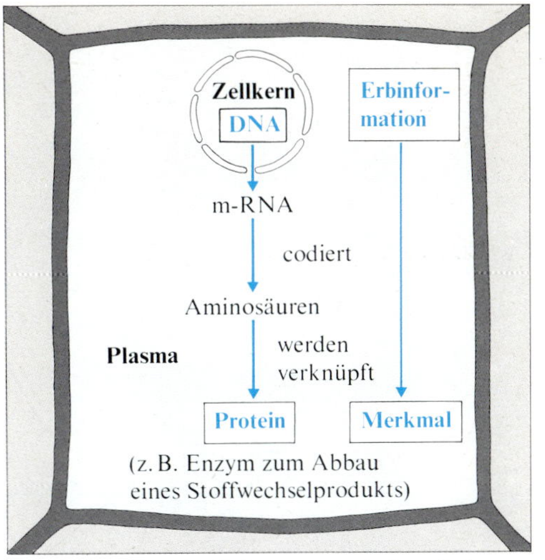

81.1. Die Verwirklichung genetischer Information in der Zelle (Übersicht)

Proteinbiosynthese. Proteine sind lineare Ketten von Aminosäuren. Ihre Reihenfolge in der Kette ist für jedes Protein typisch. Bildet eine Zelle also ein ganz bestimmtes Protein, z. B. ein Enzym zum Abbau eines Stoffwechselprodukts, so müssen die zugehörigen Aminosäuren in der richtigen Reihenfolge aneinandergefügt werden.
Dieses Zusammenfügen der Aminosäuren geschieht nach den Anweisungen der DNA des Kerns im Plasma der Zelle. Als Orte der Proteinsynthese hat man die **Ribosomen** identifiziert. Die Information der Kern-DNA muß dazu an die Ribosomen transportiert werden. Da die DNA den Zellkern nicht verlassen kann, übernimmt eine Botensubstanz, die **Boten-RNA** (auch **messenger-RNA** genannt, abgekürzt m-RNA), den Transport.

Zwei wichtige Vorgänge sind also nötig, um Erbinformation in ein Protein zu übersetzen. Zuerst muß im Kern die DNA-Information in die m-RNA *umgeschrieben* werden, der Vorgang heißt **Transkription.** Dann wird an den Ribosomen die Information der m-RNA in die Abfolge von Aminosäuren *übersetzt*, der Vorgang heißt **Translation.**

Transkription. Wird von der Zelle ein bestimmter Eiweißstoff benötigt, so öffnet sich die Kern-DNA an ganz bestimmten Stellen. Offenbar sind es diejenigen Bereiche, auf denen die entsprechende Erbinformation gespeichert ist. An die freien Basen der DNA lagern sich jetzt RNA-Nucleotide an und zwar so, daß sich die Basen komplementär paaren. Adenin der DNA paart sich mit Uracil, Cytosin paart sich mit Guanin der sich bildenden

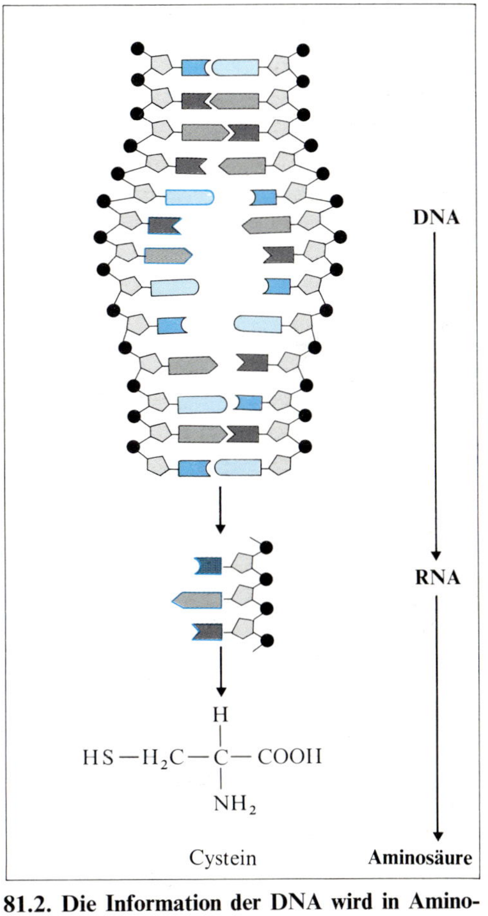

81.2. Die Information der DNA wird in Aminosäuren übertragen

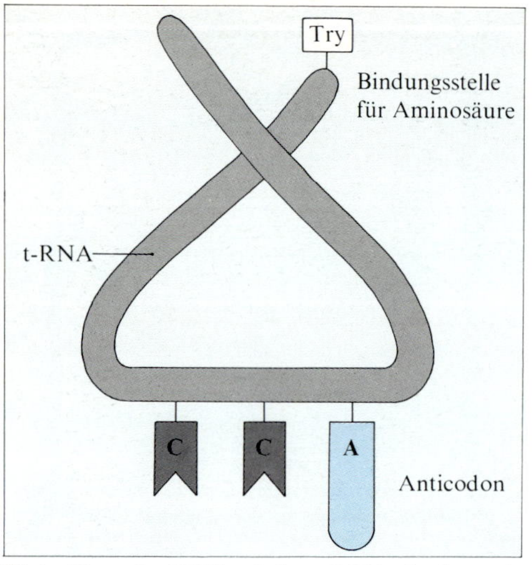

82.1. Transfer-RNA. Jede t-RNA besitzt ein für sie typisches Anticodon aus drei Basen und die Bindungsstelle für die dazugehörige Aminosäure an der gegenüberliegenden Seite.

↓ 1. Stelle	← 2. Stelle → U	C	A	G	3. ↓ Stelle
U	Phenylalanin	Serin	Tyrosin	Cystein	U
	Phenylalanin	Serin	Tyrosin	Cystein	C
	Leucin	Serin	Stop	Stop	A
	Leucin	Serin	Stop	Tryptophan	G
C	Leucin	Prolin	Histidin	Arginin	U
	Leucin	Prolin	Histidin	Arginin	C
	Leucin	Prolin	Glutamin	Arginin	A
	Leucin	Prolin	Glutamin	Arginin	G
A	Isoleucin	Threonin	Asparagin	Serin	U
	Isoleucin	Threonin	Asparagin	Serin	C
	Isoleucin	Threonin	Lysin	Arginin	A
	Methionin (Start)	Threonin	Lysin	Arginin	G
G	Valin	Alanin	Asparaginsäure	Glycin	U
	Valin	Alanin	Asparaginsäure	Glycin	C
	Valin	Alanin	Glutaminsäure	Glycin	A
	Valin	Alanin	Glutaminsäure	Glycin	G

82.2. Der genetische Code. Die Codekombinationen beziehen sich auf die messenger-RNA, sind also komplementär zur DNA.

A 82.3. Ein Peptid hat folgende Aminosäuresequenz: Phe-Asp-Ala-Try-Gly. Wie lautet die Basenfolge der DNA, die hier das Peptid codiert?

RNA. Die Verkettung der m-RNA-Nucleotide wird durch ein Enzym katalysiert, die *RNA-Polymerase*. Ist nun die Information des jeweiligen DNA-Abschnitts in m-RNA umgeschrieben, wird sie zum Ort der Eiweißsynthese, den im Cytoplasma liegenden Ribosomen, transportiert.

Translation. An den Ribosomen muß die Information der m-RNA in die Aminosäurefolge eines Proteins übersetzt werden. Hierbei spielt eine weitere RNA-Form, die **Transfer-RNA** (t-RNA), eine wichtige Rolle. Es gibt verschiedene t-RNA-Moleküle in der Zelle. Die t-RNA hat zwei Aufgaben: einmal transportiert jedes t-RNA-Molekül eine ganz bestimmte Aminosäure, zum anderen erkennt sie die Information der m-RNA. So kann die m-RNA-Information abgelesen und in Aminosäureketten übersetzt werden. Eine Frage bleibt noch offen: Wie ist Erbinformation in den Nucleinsäuren verschlüsselt, wie lautet also der genetische Code?

Der genetische Code. Einen wesentlichen Fortschritt bei der Aufklärung des genetischen Codes brachte die Erkenntnis, daß diese Vorgänge auch im Reagenzglas ablaufen, wenn alle dazu nötigen Bestandteile vorhanden sind. Bei diesem Experiment wurde synthetische m-RNA, die nur aus gleichen Nucleotiden bestand, in ein Reagenzglas gegeben. Ebenfalls enthalten waren alle Aminosäuren, gebunden an ihre jeweilige t-RNA, sowie Ribosomen. Man untersuchte, welches Eiweiß entsteht, wenn die m-RNA z.B. als Base nur Uracil trägt. Das Ergebnis war ein Protein, das allein aus den Aminosäurebausteinen Phenylalanin besteht. Offenbar ist also die Basenfolge in der m-RNA, die **Basensequenz,** für den Aufbau der Aminosäureketten verantwortlich. Wäre jeder Base eine Aminosäure zugeordnet, könnten damit aber nur vier Aminosäuren codiert werden. In Proteinen findet man aber etwa 20 verschiedene Aminosäurebausteine.
Eine Einheit aus zwei Basen könnte bei Verwendung aller 4 Bausteine nur $4^2 = 16$ Aminosäuren codieren. Erst eine Kombination von 3 Basen, ein sogenanntes **Basentriplett,** ergibt die erforderliche Zahl von mindestens 20 „Codewörtern", nämlich $4^3 = 64$. Die Zahl der möglichen Tripletts (64) übersteigt damit die Zahl der zu codierenden Aminosäuren bei weitem. Man fand aber heraus, daß es für fast alle Aminosäuren nicht nur *ein* Codewort, sondern zwei oder mehrere Codewörter gibt. Umgekehrt codiert allerdings jedes Triplett nur eine Aminosäure.

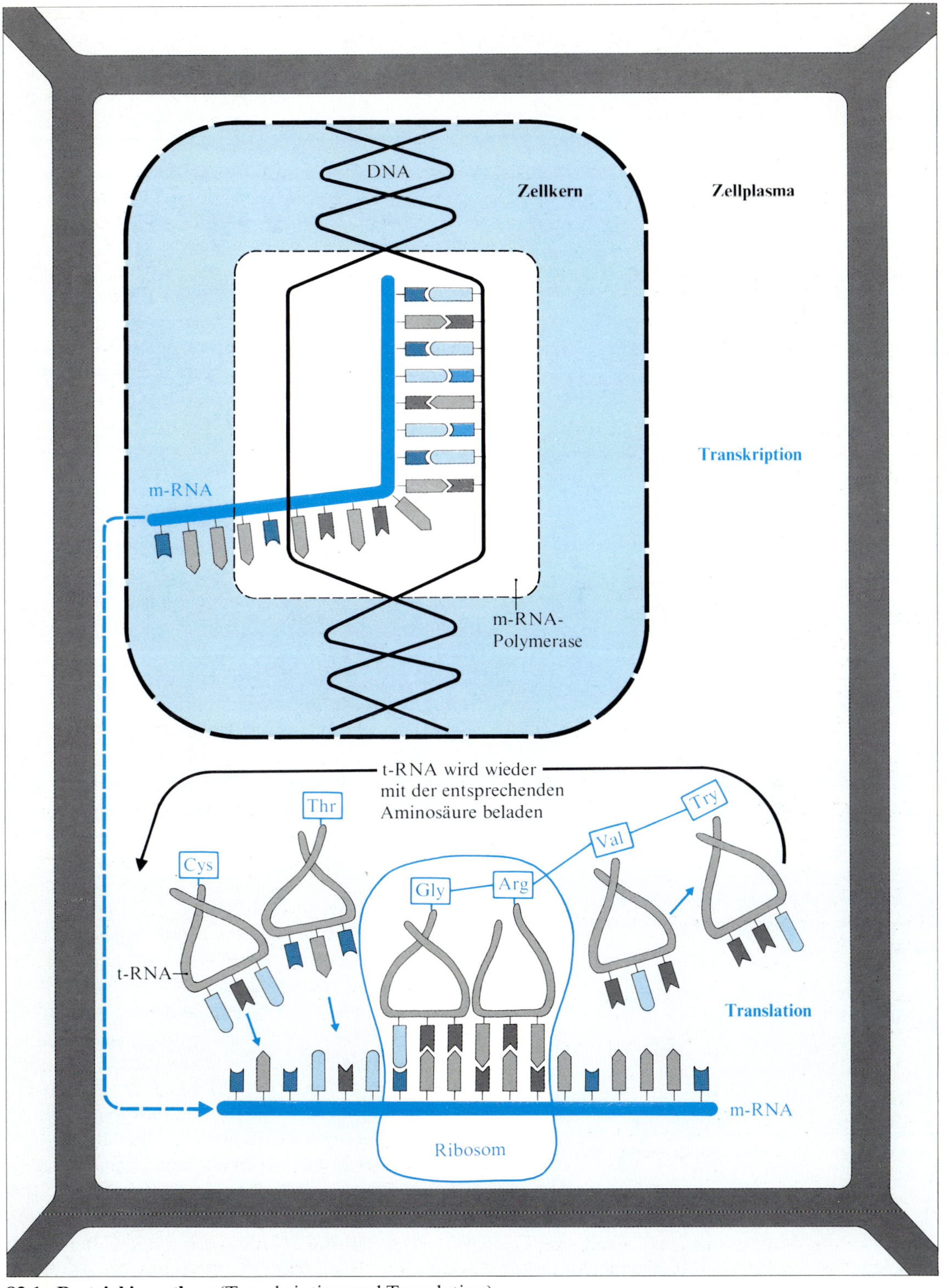

83.1. Proteinbiosynthese (Transkription und Translation)

8. Bau- und Inhaltstoffe der Zelle

Gewebe	Wassergehalt in Prozent
Zahnschmelz	0,2
Knochen	20 – 25
Knorpel	55
Erythrocyten	65
Muskel	75
Bindegewebe	80
Gesamtblut	78 – 83
Blutplasma	91 – 92
Glaskörper (Auge)	99

84.1. Wassergehalt verschiedener Körpergewebe des Menschen. Wasser ist mit durchschnittlich 60 % am Aufbau der Zellen beteiligt.

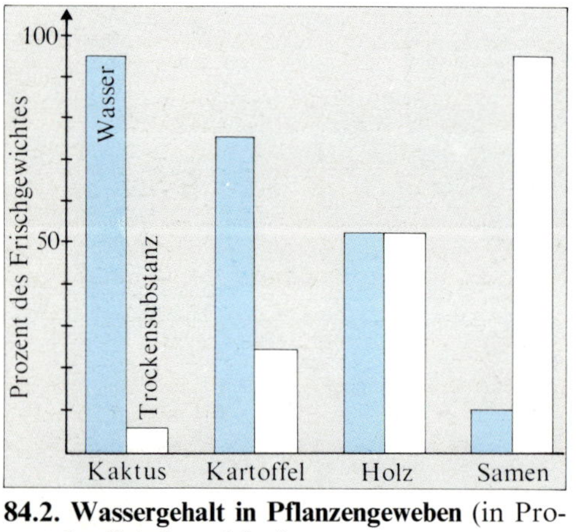

84.2. Wassergehalt in Pflanzengeweben (in Prozent des Frischgewichts)

V 84.3. **Bestimmung des Wassergehalts in verschiedenen Pflanzengeweben**

Materialien und Geräte: Verschiedene Pflanzenteile (Blätter, Früchte, Samen, Holz ...), mehrere Abdampfschälchen mit bekanntem Leergewicht, Messer, Trockenschrank

Durchführung: Das kleingeschnittene Pflanzenmaterial wird nach der Bestimmung des Frischgewichts einige Stunden im Trockenschrank bis zur Gewichtskonstanz getrocknet. Aus der Differenz von Frischgewicht und Trockengewicht kann der Wassergehalt in Prozent errechnet werden.

8.1. Ohne Wasser kein Leben

Der menschliche Körper besteht zu etwa 60 % aus Wasser. Ein 70 kg schwerer Mensch trägt also rund 40 Liter Wasser mit sich herum. Diese Menge darf nicht wesentlich abnehmen, ohne daß Stoffwechselstörungen die Folge sind. Schon der Verlust von wenigen Litern Wasser beeinträchtigt den Organismus beträchtlich. Bei 20 % Wasserverlust, z. B. bei schwerem Brechdurchfall infolge Cholera, tritt der Tod ein.

Wüstentiere, wie das Dromedar, haben sich gut an den Wassermangel der Trockengebiete angepaßt. Sie können lange dursten und dabei wird dem Körpergewicht bis zu 40 % Wasser entzogen. Sie gleichen diesen Wasserverlust aber schnell wieder aus, wenn sie an eine Wasserstelle kommen.

Manche Nagetiere der Wüste können ganz auf direkte Wasseraufnahme verzichten. Sie decken ihren Flüssigkeitsbedarf aus der Nahrung bzw. aus Stoffwechselvorgängen (z. B. dem Fettabbau), bei denen Wasser als Reaktionsprodukt anfällt.

Pflanzen bestehen durchschnittlich zu 70 – 80 % aus Wasser. Wir können den Wassergehalt von verschiedenem Pflanzenmaterial ermitteln, wenn wir die Differenz aus Frischgewicht und Trockengewicht bestimmen. Besonders wasserarm sind Samen, die Jahre überdauern können und erst durch Wasseraufnahme quellen, um dann auszukeimen. Als Wasserspeicher ausgebildete Pflanzenteile, z. B. Kakteensprosse, können über 90 % Wasser enthalten.

Die große Bedeutung des Wassers für Pflanze, Tier und Mensch geht auf besondere Eigenschaften des Wassermoleküls zurück. Bringt man Kochsalz in Wasser, so löst es sich schnell auf. Das Ionengitter des Kochsalzes, das im kristallinen Zustand durch Anziehungskräfte der Na^+- und Cl^--Ionen fest zusammenhält, zerfällt. Verantwortlich dafür sind die polar gebauten Wassermoleküle. Im H_2O-Molekül bildet der Sauerstoff den negativen Pol, die Wasserstoffatome markieren den positiven Pol des

Dipolmoleküls. Beim Lösen von Salzen in Wasser werden die gegenseitigen Anziehungskräfte der Ionen im Kristall so geschwächt, daß der Zusammenhalt der Kristallgitter gestört wird.
Die Polarität des Wassermoleküls führt aber auch dazu, daß sich die entstehenden Ionen mit einer Hülle aus Wassermolekülen, der **Hydrathülle,** umgeben. Dies ist der Grund dafür, daß sie sich in der Lösung relativ frei bewegen können. Unser Blut z. B. enthält eine Vielzahl solcher geladener Ionen. Durch die Hydrathülle werden sie gegeneinander abgeschirmt und bleiben in Lösung.

Bei manchen biochemischen Vorgängen, z. B. an Nervenzellen, müssen Ionen Zellmembranen passieren. Dabei ist bemerkenswert, daß das größere K^+-Ion leichter durch die Membran gelangt als das kleinere Na^+-Ion. Die Größenverhältnisse zwischen unhydratisierten Ionen und Ionen mit Hydrathülle sind also umgekehrt.

Eine physikalische Eigenschaft des Wassers hat besondere Bedeutung für die Strukturen der Zelle und die biochemischen Abläufe im Zellinneren. Es ist die Fähigkeit der Wassermoleküle, **Wasserstoffbrückenbindungen** auszubilden. Es handelt sich dabei um Anziehungskräfte zwischen dem stark negativ polarisierten Sauerstoff eines Wassermoleküls und den positiv polarisierten Wasserstoffatomen eines anderen Wassermoleküls. Sie werden dadurch untereinander „vernetzt", besonders fest im Eiskristall, bei dem sie sehr regelmäßig angeordnet sind. Wasserstoffbrückenbindungen kommen nicht nur zwischen Wassermolekülen, sondern auch zwischen verschieden geladenen Gruppen großer Moleküle vor. Sie besitzen etwa ein 1/10 der Bindungsstärke von normalen Einfachbindungen zwischen zwei Kohlenstoffatomen. Gerade durch diese relativ schwachen Bindungskräfte sind die Wasserstoffbrückenbindungen gut geeignet, große Moleküle wie Eiweißstoffe und Nucleinsäuren flexibel zu stabilisieren.

Moleküle mit Gruppen, die stark polarisiert sind (z. B. —OH oder —C=O), sind wegen der Wasserstoffbrücken, die sie mit Wassermolekülen ausbilden, auch gut wasserlöslich und werden deshalb als **hydrophil** („wasserliebend") bezeichnet. Unpolare Moleküle dagegen (z. B. alle Kohlenwasserstoffe) lösen sich schlecht in Wasser und werden als **hydrophob** („wasserfeindlich") bezeichnet.

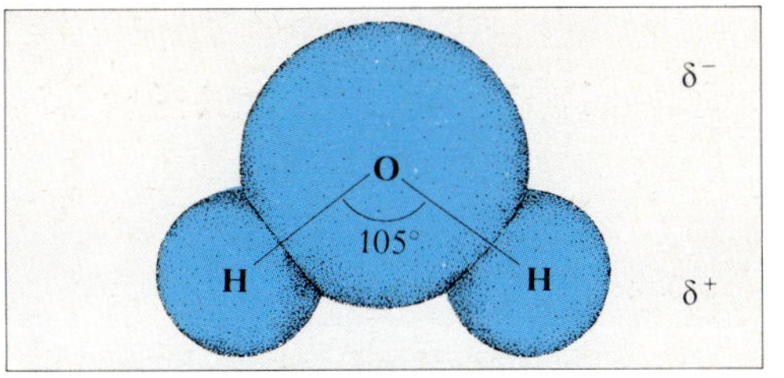

85.1. Wasser als Dipolmolekül

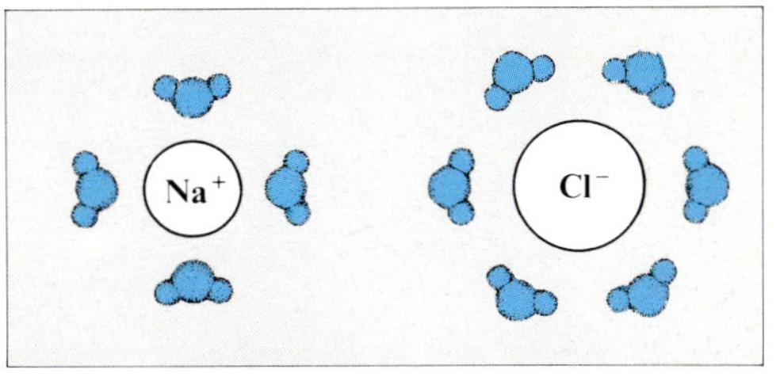

85.2. Hydrathülle. Ionen umgeben sich im Wasser mit einer Hülle von Wassermolekülen.

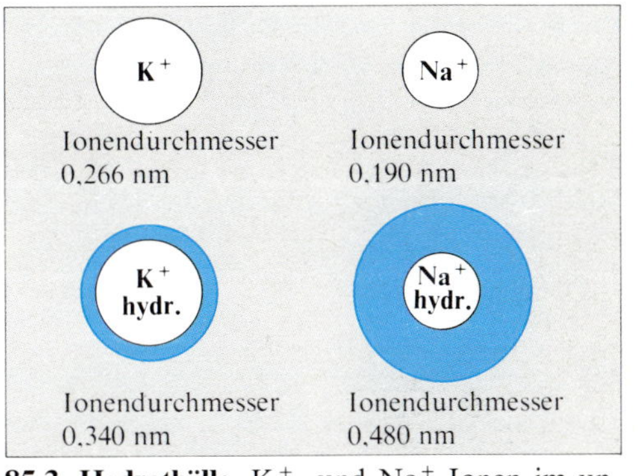

85.3. Hydrathülle. K^+- und Na^+-Ionen im unhydratisierten und im hydratisierten Zustand

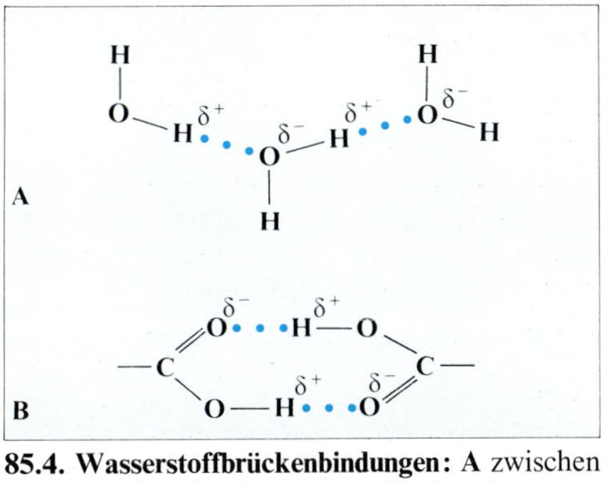

85.4. Wasserstoffbrückenbindungen: A zwischen Wassermolekülen, **B** zwischen Carboxylgruppen (z. B. von Proteinen).

Kohlenhydrate

Monosaccharide (Einfachzucker)	**Oligosaccharide** (2 – 10 Monosaccharide)	**Polysaccharide** (über 10 Monosaccharide)
z. B. Glucose (Traubenzucker) Fructose (Fruchtzucker) Ribose Desoxyribose	*Disaccharide:* z. B. Saccharose (Rohrzucker, Rübenzucker) Maltose (Malzzucker) Lactose (Milchzucker)	z. B. Stärke Glycogen Cellulose

86.1. Einteilung der Kohlenhydrate. Kohlenhydrate liegen als Einzelmoleküle oder als große Molekülverbände vor. Je nach der Zahl der Bausteine unterscheidet man Monosaccharide, Oligosaccharide oder Polysaccharide. Unter den Oligosacchariden sind die Disaccharide von besonderer biologischer Bedeutung.

8.2. Kohlenhydrate

Untersucht man die organischen Baustoffe von Pflanzen und Tieren, so findet man als mengenmäßig bedeutendste Stoffgruppe die Kohlenhydrate. Sie kommen in Mikroorganismen ebenso vor wie im menschlichen Organismus.
Wegen der großen Verbreitung der Kohlenhydrate in fast allen Nahrungsmitteln nehmen wir sie auch mit fast jeder Mahlzeit zu uns.

Stärke und **Cellulose** sind typische pflanzliche Kohlenhydrate. Sie dienen als Reserve- und Gerüstsubstanzen. Die Cellulose macht etwa die Hälfte aller auf der Erde vorkommenden organischen Kohlenstoffverbindungen aus.

Glycogen, auch „tierische Stärke" genannt, kommt nur bei Tieren vor. Es dient in Leber und Muskel als schnell verfügbarer Speicherstoff. Unsere Leber kann 10 – 20 % ihres Gewichts an Glycogen speichern.

Zucker wie *Traubenzucker (Glucose)* und *Fruchtzucker (Fructose)* sind in unserer Nahrung zwar mengenmäßig unbedeutend, spielen aber für den Stoffwechsel der Zelle, z. B. als Ausgangssubstanzen für die Synthese von Speicherstoffen, eine wichtige Rolle. Auch Nucleinsäuren, die Träger der Erbinformation, enthalten Zucker, *Ribose* oder *Desoxyribose*, als Bausteine.

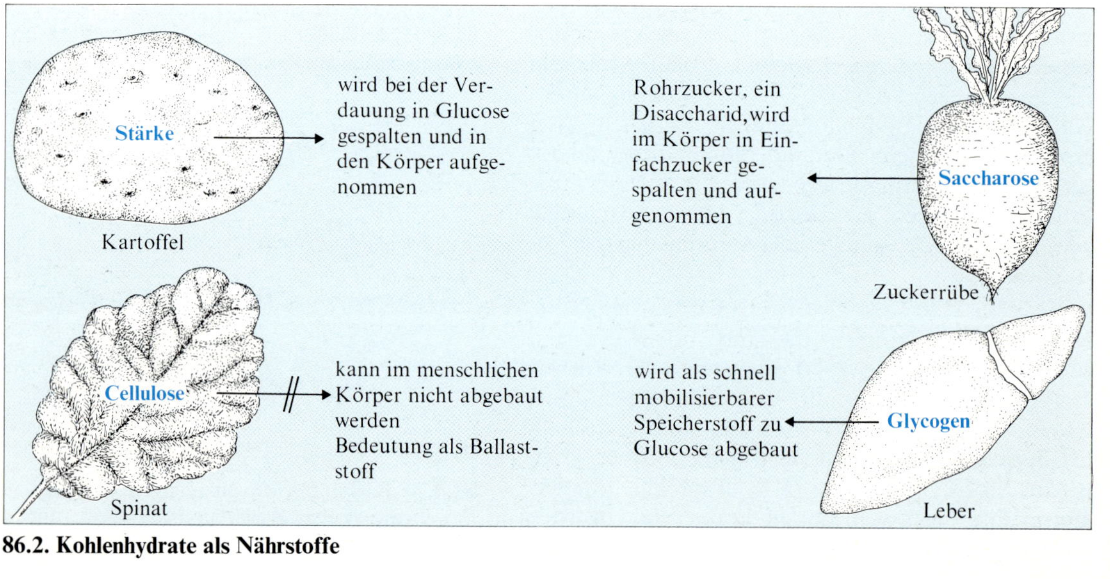

86.2. Kohlenhydrate als Nährstoffe

8.2.1. Monosaccharide

Die Einfachzucker, Monosaccharide, spielen im Stoffwechsel eine große Rolle. Man unterscheidet sie nach der Zahl der C-Atome im Molekül, wobei vor allem die *Hexosen* mit 6 C-Atomen und die *Pentosen* mit 5 C-Atomen biologische Bedeutung haben.

Glucose ist das wichtigste Monosaccharid in der Zelle. In freier Form findet man Glucose z.B. in Früchten wie Weintrauben, aber auch im Honig. Aus Glucose können im Stoffwechsel fast alle anderen Monosaccharide und viele Polysaccharide gebildet werden.
Die Summenformel für Glucose lautet $C_6H_{12}O_6$. Sie ist eine Hexose. Durch die FEHLINGsche Probe kann Glucose nachgewiesen werden. Genauere Untersuchungen haben ergeben, daß die Glucose ringförmig gebaut ist.

Fructose ist ein weiteres wichtiges Monosaccharid. Sie kommt in vielen Früchten vor. Zuckerkranken dient sie als Zuckerersatz, da sie den Blutglucosespiegel nicht erhöht.

Galactose ist eine Hexose, die in Milchzucker vorkommt.

Ribose und **Desoxyribose** sind zwei Pentosen, die als Bestandteile der Nucleinsäuren vorkommen.

V 87.2. Nachweis von Zucker durch die FEHLINGsche Probe

Materialien und Geräte: Glucoselösung, Fruchtsäfte, Honig, Milch..., Wasser (zur Blindprobe), FEHLINGsche Lösung I, FEHLINGsche Lösung II, Reagenzgläser, Bunsenbrenner

Durchführung: Zu den Probelösungen werden einige Tropfen der beiden FEHLINGschen Lösungen gegeben. Über dem Bunsenbrenner erwärmt, ergibt sich bei Anwesenheit von Glucose ein ziegelroter Niederschlag.

V 87.3. Prüfen Sie eine Fructose- und eine Glucoselösung mit Glucoseteststreifen.

Die Teststreifen sind auch in Apotheken zur Früherkennung der Zuckerkrankheit erhältlich.

V 87.4. Geben Sie zu einigen Millilitern verdünnter Fructose-Lösung einige Tropfen konzentrierter Natronlauge. Nach dem Abkühlen prüfen Sie ebenfalls mit Glucoseteststreifen.

Anmerkung: In alkalischer Lösung wandelt sich Fructose teilweise in Glucose um.

Name		Bedeutung, Vorkommen	Formel
Glucose	Hexosen	Wichtigster Einfachzucker im Stoffwechsel. Bestandteil von Glycogen, Stärke, Cellulose, Saccharose, Lactose. Vorkommen z.B. in Fruchtsäften.	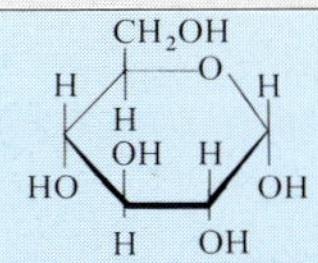
Fructose		Im Stoffwechsel erst nach Umbau in Glucose verwertbar. Bestandteil von Saccharose. Vorkommen z.B. in Fruchtsäften.	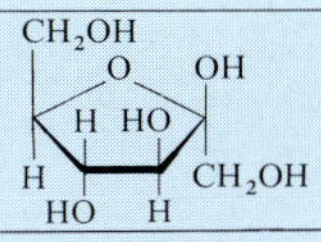
Galactose		Im Stoffwechsel erst nach Umbau in Glucose verwertbar. Bestandteil von Milchzucker (Lactose). Vorkommen z.B. in Milch.	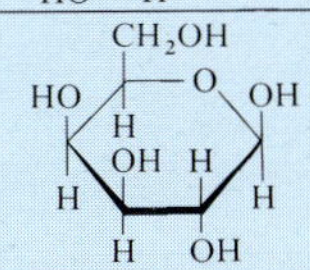
Ribose	Pentosen	Bestandteil der Ribonucleinsäuren (RNA), im Stoffwechsel aus Glucose gebildet.	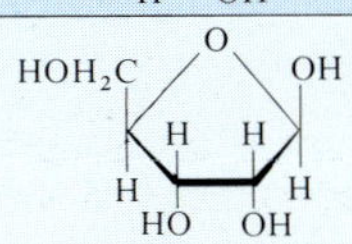
Desoxyribose		Bestandteil der Desoxyribonucleinsäure (DNA), im Stoffwechsel aus Glucose gebildet.	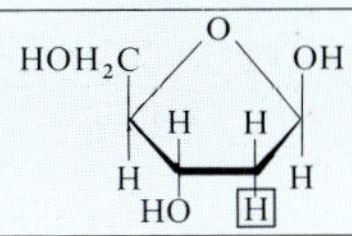

87.1. Wichtige Monosaccharide

V 88.1. Prüfung von Disacchariden mit FEHLINGscher Lösung

Materialien und Geräte: wäßrige Lösungen von Saccharose, Maltose, Lactose; Wasser zur Kontrolle, Reagenzgläser, Bunsenbrenner, FEHLINGsche Lösungen I und II, verd. HCl, verd. NaOH

Durchführung: Zu jeder der drei Disaccharidlösungen und zur Kontrolle werden einige Tropfen einer frisch hergestellten Mischung von gleichen Teilen FEHLINGscher Lösungen I und II gegeben. Die Lösungen werden über dem Bunsenbrenner kurz erhitzt. FEHLINGsche Lösung dient zum Nachweis von Disacchariden, die eine freie (reduzierende) Aldehydgruppe haben. Sie reduzieren Kupferhydroxid zu rotem Kupfer-I-oxid.
Disaccharide, die mit FEHLINGscher Lösung nicht nachgewiesen werden können, werden mit verdünnter HCl in Monosaccharide gespalten. Nach Neutralisation der Lösung mit verd. NaOH fällt die FEHLINGsche Probe ebenfalls positiv aus.

8.2.2. Oligosaccharide

Zu den Oligosacchariden zählt man vereinbarungsgemäß Moleküle, die aus zwei bis zehn Monosaccharidmolekülen bestehen. Aus dieser Gruppe sind die **Disaccharide** (Zweifachzucker) am häufigsten. Das wichtigste Disaccharid ist die **Saccharose,** die uns als Rohr- und Rübenzucker bekannt ist. Chemisch besteht sie aus einem Molekül Glucose und einem Molekül Fructose. In Pflanzen kommt Saccharose normalerweise in geringer Konzentration vor. Sie ist die Transportform für die bei der Photosynthese gebildete Glucose. Manche Pflanzen speichern Rohrzucker in hohen Konzentrationen als Reservestoff. Zuckerrohr enthält 7 – 20 % Saccharose.

Malzzucker (Maltose) ist ein Zweifachzucker, der aus zwei Molekülen Glucose aufgebaut ist. Er entsteht beim Abbau der Stärke, z.B. im Mund, wenn die Nahrungsstärke gespalten wird, oder bei der Keimung der Gerste bei der Bierherstellung.

Milchzucker (Lactose) ist ein Disaccharid aus einem Molekül Glucose und einem Molekül Galactose. Lactose ist das wichtigste Kohlenhydrat in der Säugermilch. Milchsäurebakterien wandeln Lactose beim Sauerwerden der Milch in Milchsäure um.

Cellobiose, ein Disaccharid aus zwei Glucosemolekülen, ist der Baustein von Cellulose.

Name	Bedeutung, Vorkommen	Formel
Saccharose (Rohrzucker, Rübenzucker)	Wichtigstes Disaccharid in Pflanzen, kann vom tierischen Organismus nicht synthetisiert werden. Verwendung als Nahrungsmittel und zur Konservierung	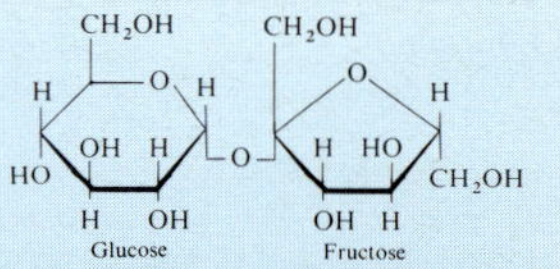
Maltose (Malzzucker)	Grundbaustein von Stärke und Glycogen, kommt in Pflanzen auch frei vor. Ausgangsprodukt zur Bierherstellung (durch Spaltung der Gerstenstärke bei der Keimung gewonnen).	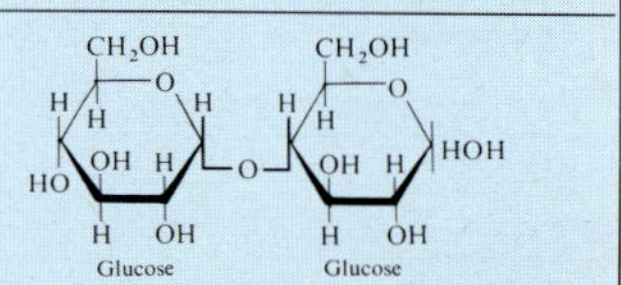
Lactose (Milchzucker)	Kohlenhydrat der Säugermilch (Muttermilch 6 – 8 %; Kuhmilch 4 – 5 %), auch in Früchten. Gewinnung durch Eindampfen der Molke, die bei der Käseherstellung anfällt. Wichtiges Nährsubstrat für Pilze bei der Penicillinherstellung.	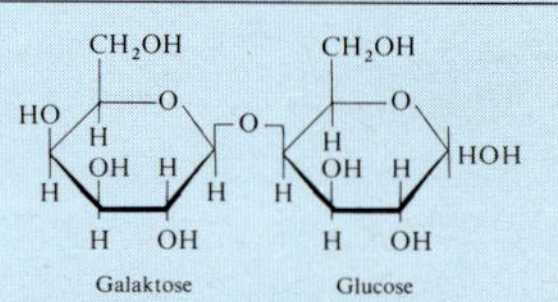
Cellobiose	Enthält die gleichen Bausteine wie Maltose in anderer Verknüpfung, als Cellulosebaustein wichtig. Pilze können Cellulose in Cellobiose spalten. Fleischfressende Tiere und der Mensch können Cellulose nicht zu Cellobiose abbauen. Im Pansen der Wiederkäuer Spaltung durch Mikroorganismen.	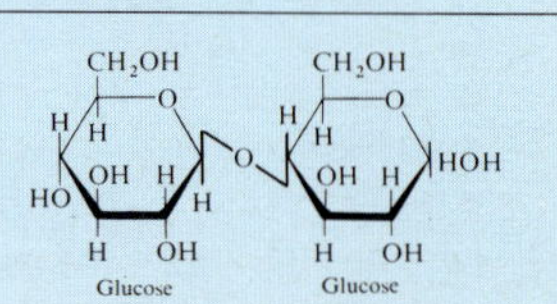

88.2. Wichtige Disaccharide

8.2.3. Polysaccharide

Polysaccharide bestehen aus über 10 bis zu mehreren tausend Monosaccharideinheiten. Sie sind Riesenmoleküle, die als Reservestoffe von Pflanzen und Tieren große biologische Bedeutung haben. Stärke und Cellulose sind Syntheseprodukte der grünen Pflanzen, während Glycogen im tierischen und menschlichen Körper gebildet wird.

Stärke kommt in Pflanzen als Reservestoff vor, wo sie in Form der Stärkekörner in den Zellen gespeichert wird. Stärke ist für den Menschen die wichtigste Kohlenhydratquelle. Durch heißes Wasser kann Stärke in zwei Bestandteile getrennt werden: wasserlösliche *Amylose* (20 %) und wasserunlösliches *Amylopektin* (80 %). Amylose ist ein schraubenförmig gewundenes Kettenmolekül aus etwa 200 Glucoseeinheiten. Amylopektin dagegen besteht aus stark verzweigten Ketten von Glucosemolekülen. Die höhere Molekülmasse des Amylopektins gegenüber der Amylose erklärt die unterschiedliche Löslichkeit.

Glycogen, häufig auch als „tierische Stärke" bezeichnet, ist der Kohlenhydratspeicherstoff des tierischen Organismus und kommt z. B. beim Menschen in Leber, Muskeln und vielen anderen Körperzellen vor. Glycogen ist ebenfalls ausschließlich aus Glucosemolekülen aufgebaut und dem Amylopektin bis auf die stärkere Verzweigung sehr ähnlich. In der Leber und im Darm hat man ein Enzym gefunden, das Glycogen spaltet, so daß es für den Körper als Glucosequelle nutzbar wird.

Cellulose ist ein pflanzliches Produkt und dient neben anderen Baustoffen als Gerüstsubstanz für Zellwände der Pflanzen. Chemisch reine Cellulose kommt in den Zellwänden der Baumwollhaare vor und kann daraus gewonnen werden. Normalerweise dient als technische Cellulosequelle jedoch Holz, das aufgearbeitet werden muß. Als direkte Nahrungsreserve kommt Cellulose für den Menschen nicht in Frage, da ihm die entsprechenden Enzyme zum Abbau, die Cellulasen, fehlen. Mikroorganismen, z. B. im Pansen der Wiederkäuer, können jedoch Cellulose spalten.

Chitin ist ein Baustoff im Außenskelett von Insekten und Krebsen und kommt auch in der Zellwand von Pilzen vor. Grundbausteine dieses Polysaccharids sind stickstoffhaltige Monosaccharide, die sich von der Glucose ableiten.

V 89.1. Nachweis von Stärke

Materialien und Geräte: Kartoffel, Weizenkörner, Bohnensamen, Weißbrot, weitere Lebensmittel, Iod-Iodkaliumlösung

Durchführung: Stärke wird durch Auftropfen von Iod-Iodkaliumlösung nachgewiesen. Blaufärbung zeigt Stärke an.

V 89.2. Mikroskopieren von Stärkekörnern

Materialien und Geräte: Kartoffel, Weizenkörner, Haferflocken, Maiskörner, Bohnensamen, Messer, Iod-Iodkaliumlösung, Mikroskop

Durchführung: Von der Schnittfläche einer Kartoffel wird etwas Gewebe abgekratzt, ebenso von Maiskorn, Haferflocke sowie vom Bohnensamen, und auf Objektträgern in einem Tropfen Wasser verrührt. Nach Zugabe von einem Tropfen Iod-Iodkaliumlösung wird ein Deckglas aufgelegt und mikroskopiert. Zeichnen und vergleichen Sie!

V 89.3. Nachweis von Cellulose

Materialien und Geräte: Holundermark, Baumwollgewebe, Papiertaschentuch, Chlorzinkiodlösung

Durchführung: Eine geringe Menge des cellulosehaltigen Materials wird je in einer Petrischale mit einigen Tropfen Chlorzinkiodlösung versetzt. Violettfärbung zeigt Cellulose an.

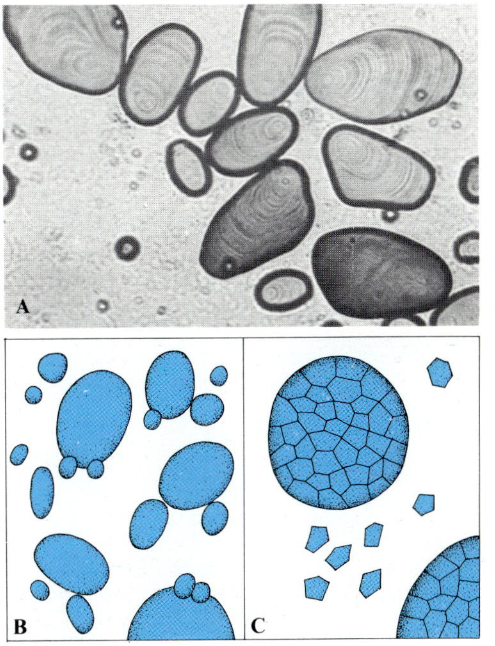

89.4. Stärkekörner:
A Kartoffel, **B** Weizen, **C** Hafer.

Name	Bedeutung, Vorkommen	Formel
Stärke	Für die menschliche Ernährung wichtigstes Kohlenhydrat, pflanzlicher Reservestoff: Speicherform der Glucose (im Gegensatz zu freier Glucose osmotisch unwirksam, deshalb in großen Mengen speicherbar). **Amylose:** • 20 % Anteil • wasserlöslich, • mit Iod tiefblau, • unverzweigte Ketten **Amylopektin:** • 80 % Anteil • wasserunlöslich, • mit Iod rotbraun, • verzweigte Ketten	Baustein: Maltose 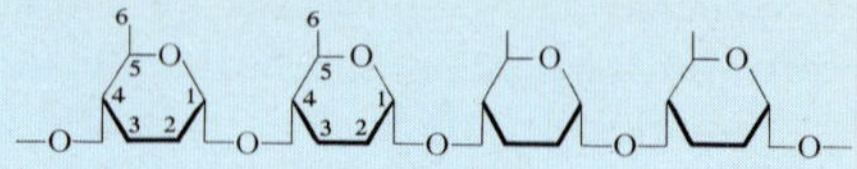 Amylose 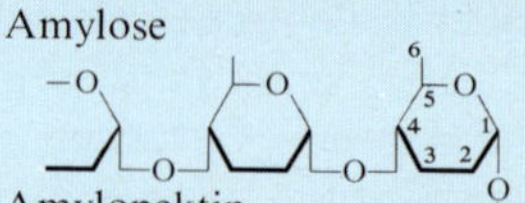 Amylopektin 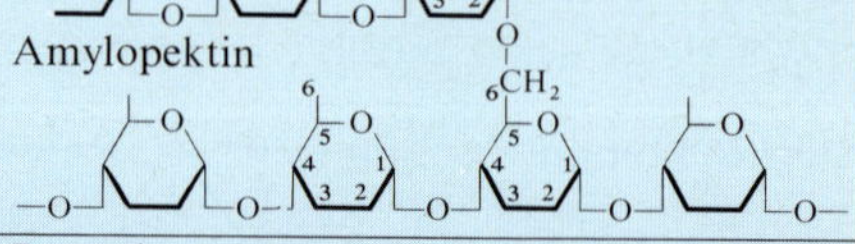
Glycogen	„Tierische Stärke“, Reservestoff von Tier und Mensch (Leber und Muskel).	Baustein: Maltose wie Amylopektin, jedoch stärker verzweigt.
Cellulose	Pflanzliche Gerüstsubstanz (Zellwände): mengenmäßig der bedeutendste Naturstoff auf der Erde. Jährlich werden durch Pflanzen etwa 10 Billionen Tonnen gebildet. In Cellulose ist etwa die Hälfte des gesamten CO_2 der Atmosphäre gebunden. Mensch und Fleischfresser können Cellulose nicht verdauen, brauchen sie aber als Ballaststoff.	Baustein: Cellobiose 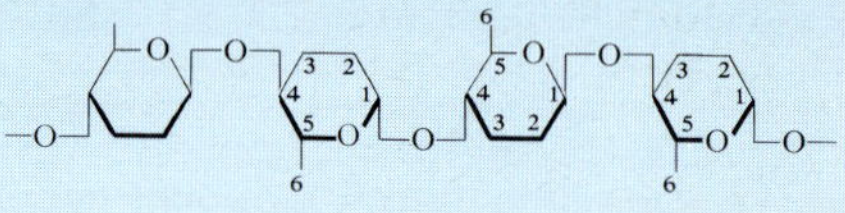

90.1. Wichtige Polysaccharide

Auf die Verknüpfung kommt es an!
Maltose und Cellobiose bestehen beide aus Glucosemolekülen. Nach der Stellung der OH-Gruppe am C-Atom 1 unterscheidet man α- und β-Glucose. Je nachdem, welche Molekülart untereinander verknüpft wird, ergeben sich die Produkte Maltose bzw. Cellobiose.

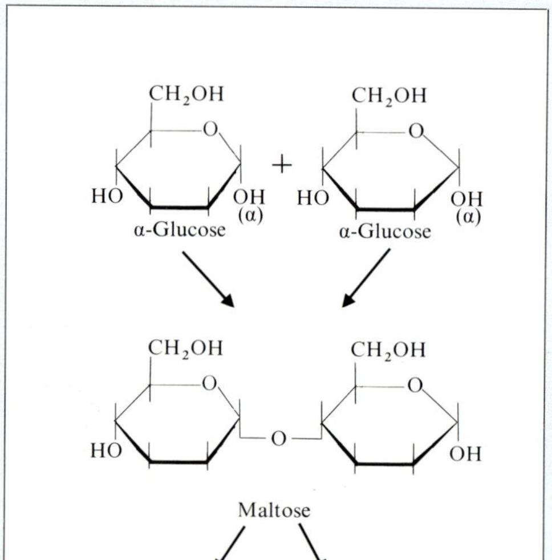

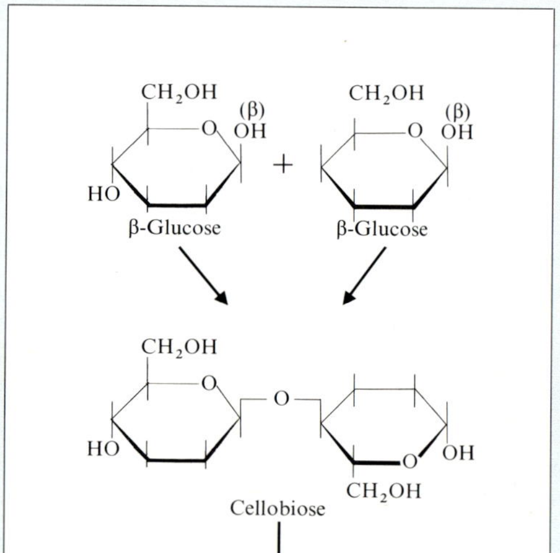

8.3. Lipide

10 kg Fett kann ein normalgewichtiger Erwachsener als Energiereserve speichern, dagegen nur etwa 500 g Kohlenhydrate in Form von Glycogen. Dies zeigt schon die große Bedeutung der Fette als Reservestoff.

Lipide sind chemisch außerordentlich unterschiedlich aufgebaut. Gemeinsam ist ihnen nur ihre gute Löslichkeit in organischen Lösungsmitteln und ihre Unlöslichkeit in Wasser.

Die **Neutralfette** sind Ester des Glycerins mit drei Molekülen Fettsäure. Die Eigenschaften dieser Fette werden hauptsächlich durch die Fettsäuren bestimmt. Dabei spielen vor allem die Kettenlänge und die Anzahl der in den Fettsäuremolukülen enthaltenen Doppelbindungen eine Rolle.

Die **Phospholipide** sind Bausteine der Membranen tierischer und pflanzlicher Zellen. Der bekannteste Vertreter ist das *Lecithin.* Die **Steroide** sind eine weitere Klasse der Lipide. Von großer Bedeutung für den Körper ist das *Cholesterin.* Man findet es vor allem im Nervengewebe und im Blutserum. Aus der Galle kann es in Form von Gallensteinen auskristallisieren. Cholesterin ist eine wichtige Ausgangsverbindung für Hormone.

V 91.2. Nachweis von Fetten und Ölen durch die Fettfleckprobe

Materialien und Geräte: tierisches Fett, verschiedene Samen (Raps, Lein, Mohn, Nüsse, Erbsen...), Schreibpapier, harter Gegenstand (Pistill)

Durchführung: Mit Bleistift zeichnet man für jede der Proben einen Kreis. In diese Felder werden wenig Fett und auch die Samen einzeln aufgelegt und gequetscht. Ein Tropfen Wasser in einem eigenen Feld dient als Vergleich. Vergleichen Sie die Flecken nach einiger Zeit.

V 91.3. Nachweis von Fett in Pflanzenzellen und in Milch

Materialien und Geräte: Haselnuß, Sudan-III-Glycerin (0,1 g Sudan-III in 50 ml Ethanol + 50 ml Glycerin), Milch, Rasierklinge, Mikroskop und Zubehör

Durchführung: **a)** Verrühren Sie auf einem Objektträger einen Tropfen Milch mit einem Tropfen Sudan-III-Glycerin-Lösung.
b) Fertigen Sie einen dünnen Schnitt der Haselnuß an. Auf einem Objektträger wird ein Tropfen Sudan-III-Glycerin-Lösung zugegeben und mikroskopiert.

Name	Bedeutung, Vorkommen	Formel
Neutralfette	*Pflanzenfette* werden gewonnen aus Raps, Mohn, Lein, Oliven, Kokosnüssen, Sonnenblumenkernen, Sojabohnen. *Tierfette:* Rinder-, Schweine-, Gänsefett; Walöl; Milchfette von Kuh, Ziege, Schaf, energiereichste Nährstoffgruppe, Wärmeisolator, Organschutz (Fettpolster)	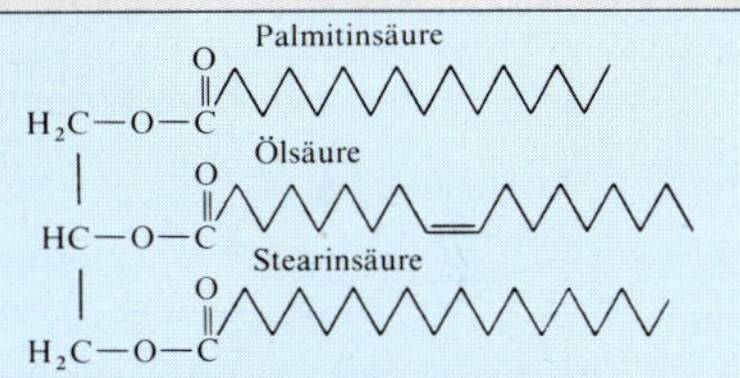
Phospholipide Beispiel: Lecithin	Weitverbreitet im Tier- und Pflanzenreich; wegen der hydrophilen und lipophilen Bereiche im Molekül besonders als Membranbaustein geeignet; häufig im Gehirn und in Nervenhüllen.	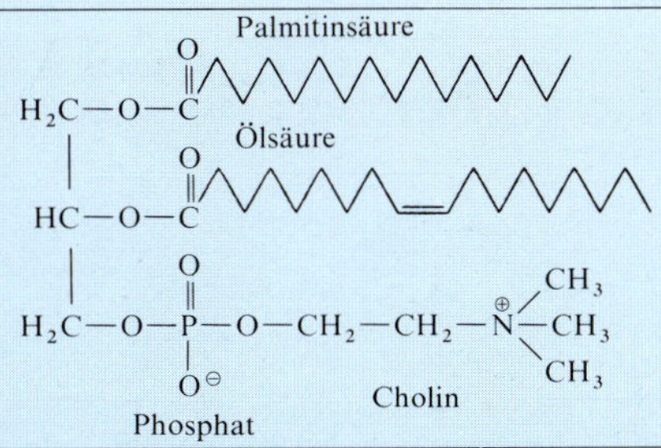
Steroide Beispiel: Cholesterin	Frei oder gebunden in allen tierischen Geweben, in geringen Mengen auch in Pflanzen. Besonders cholesterinreich sind Hirn und Eidotter. Wichtig als Membranbaustein vor allem von Nervengewebe. Krankhaft sind Ablagerungen in Gefäßwänden (Arteriosklerose) und in Gallensteinen.	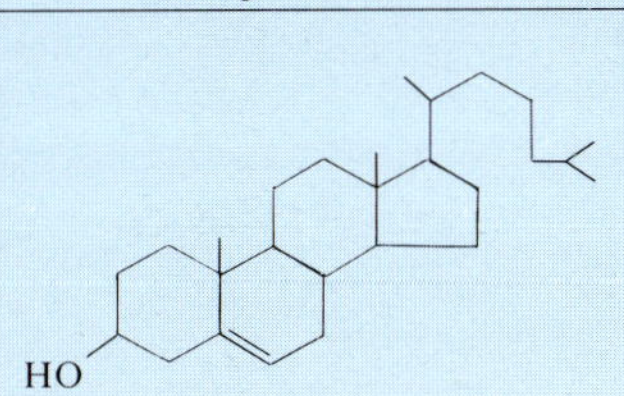

91.1. Wichtige Lipide

V 92.1. Nachweis von Eiweiß durch Erhitzen

Materialien und Geräte: Hühnereiweiß, Kartoffelpreßsaft, Reagenzgläser, Bunsenbrenner, dest. Wasser

Durchführung: Etwa 1 ml Hühnereiweiß wird in etwa 5 ml Wasser in einem Reagenzglas geschüttelt, bis die Lösung klar ist. Dann wird vorsichtig über der Bunsenflamme erhitzt. Bei etwa 60 °C fällt Eiweiß in Flocken aus. In gleicher Weise wird Kartoffelpreßsaft auf Eiweiß geprüft.

V 92.2. Nachweis von Eiweiß durch die Xanthoproteinreaktion

Materialien und Geräte: Hühnereiweiß, Kartoffelpreßsaft, Reagenzgläser, Bunsenbrenner, dest. Wasser, konz. Salpetersäure

Durchführung: Eiweißlösung (4 ml) wird mit Salpetersäure (2 ml) versetzt und sehr vorsichtig erwärmt. Gelbfärbung zeigt Eiweiß an. In gleicher Weise wird Kartoffelpreßsaft auf Eiweiß geprüft.

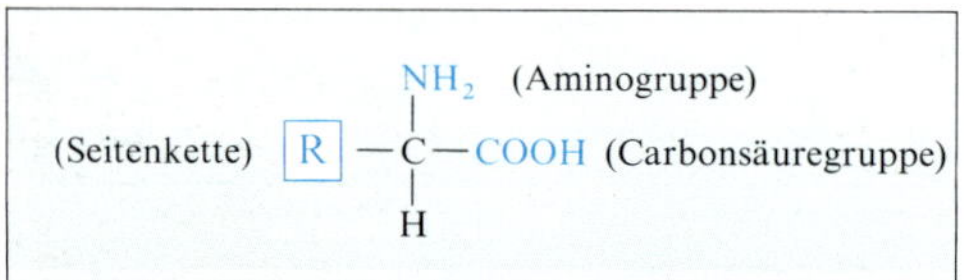

92.3. Allgemeine Formel einer Aminosäure

Aminosäure	Abk.	Formel: Grundgerüst — Rest R
Glycin	Gly	$HOOC-C_\alpha(H)(NH_2)-H$
Alanin	Ala	$HOOC-C_\alpha(H)(NH_2)-CH_3$
Serin	Ser	$HOOC-C_\alpha(H)(NH_2)-CH_2-OH$
Phenylalanin	Phe	$HOOC-C_\alpha(H)(NH_2)-CH_2-$ 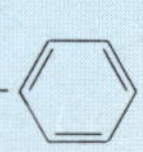

92.4. Aminosäuren aus Proteinen (Beispiele)

8.4. Proteine

Jede unserer Körperzellen enthält einige Tausend verschiedener Proteine. Man schätzt, daß insgesamt über 50000 verschiedene Eiweißstoffe unseren Körper aufbauen.

Als *Biokatalysatoren* in der Zelle (Enzyme) besitzen Eiweißstoffe eine überragende Funktion. Man kennt schon über 2000 Eiweißstoffe mit katalytischen Eigenschaften. Beispiele sind die Verdauungsenzyme Pepsin und α-Amylase, die in den Verdauungstrakt abgegeben werden.
Die *Muskelkontraktion* geht auf die Bewegung der Aktin- und Myosinfibrillen zurück. Auch diese sind Eiweißstoffe besonderer Struktur.
Als *Gerüstsubstanzen* dienen Eiweißstoffe in Horn, Haaren, Fingernägeln und auch Federn. Sie bilden hier besonders widerstandsfähige Strukturen, das Keratin.

8.4.1. Aufbau der Proteine

Erhitzt man Hühnereiweiß mit verdünnter Salzsäure in einem dicht verschlossenen Gefäß mehrere Stunden auf etwa 105 °C, so entsteht eine braune Lösung. Trennt man einen Tropfen davon chromatographisch auf, so findet man eine große Zahl von **Aminosäuren,** die Bausteine der Proteine. Genauere Analysen verschiedenster Eiweißstoffe von einzelligen Lebewesen bis zum Menschen haben ergeben, daß sie alle aus 20 bis 25 verschiedenen Aminosäuren aufgebaut sind. In der Zelle und im Blut kommen immer freie Aminosäuren vor und stellen dort ein ständiges Reservoir für die Eiweißsynthese dar.

Bau der Aminosäuren. Bei den Aminosäuren findet man, wie der Name sagt, immer mindestens eine *Aminogruppe* ($-NH_2$) und mindestens eine *Carbonsäuregruppe* ($-COOH$). Die Aminogruppe steht bei den in der Natur vorkommenden Aminosäuren stets in unmittelbarer Nachbarschaft (α-Stellung) zur Carbonsäuregruppe.
Am α-C-Atom einer typischen Aminosäure finden sich also folgende Atome bzw. Atomgruppierungen: eine $-NH_2$-Gruppe, eine $-COOH$-Gruppe, ein $-H$-Atom und ein aliphatischer oder aromatischer Rest $-R$. Dieser Rest $-R$ ist für jede Aminosäure charakteristisch. Bei der einfachsten Aminosäure, dem Glycin, steht dort ein H-Atom.

8.4.2. Raumstruktur der Proteine

Peptidbindung. Mit Säuren ist es möglich, aus einem Protein die einzelnen Bausteine, die Aminosäuren, freizusetzen. Beim Aufbau eines Proteins, z. B. beim Zellwachstum, verbinden sich umgekehrt Aminosäuren zu einem Kettenmolekül. Dabei reagieren von benachbarten Aminosäuren jeweils die Aminogruppe und die OH-Gruppe einer COOH-Gruppe unter Austritt von Wasser. Diese sogenannte *Peptidbindung* ist das grundlegende Bauprinzip aller Proteine. Es kommt dadurch zur Ausbildung langer Ketten, die ein sich immer wiederholendes Baumuster zeigen. Die Vielfalt der Proteine wird durch den jeweils andersartigen Rest (—R) der einzelnen Aminosäuren bedingt.

Primärstruktur. Jedes Protein wird in seinen Eigenschaften nicht nur durch die Art und durch die Zahl der enthaltenen Aminosäuren, sondern auch durch deren Reihenfolge bestimmt. Man bezeichnet diese als *Aminosäuresequenz* oder *Primärstruktur* eines Proteins.

Sekundärstruktur. Mit physikalischen Methoden haben Biochemiker zwei Raumstrukturen gefunden, in denen Proteinketten vorliegen können: in einer **α-Helix-Struktur** und in einer **β-Faltblatt-Struktur.** Beide räumlichen Strukturen werden durch eine große Zahl von Wasserstoffbrückenbindungen stabilisiert. Bei der α-Helix werden sie innerhalb einer Molekülkette gebildet. Beim β-Faltblatt liegen sie zwischen verschiedenen Ketten.

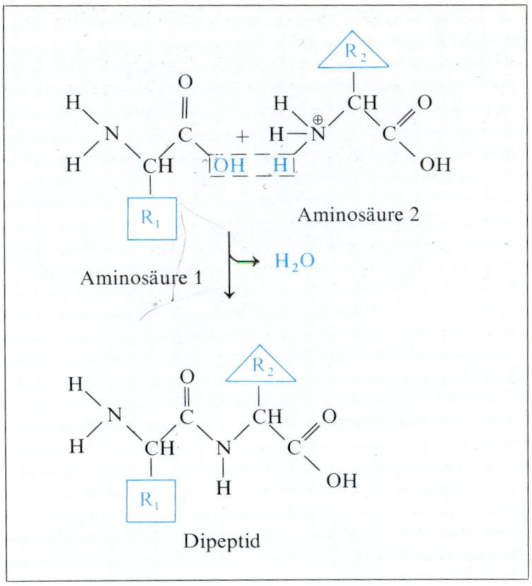

93.2. Peptidbindung. Verknüpfung von zwei Aminosäuren.

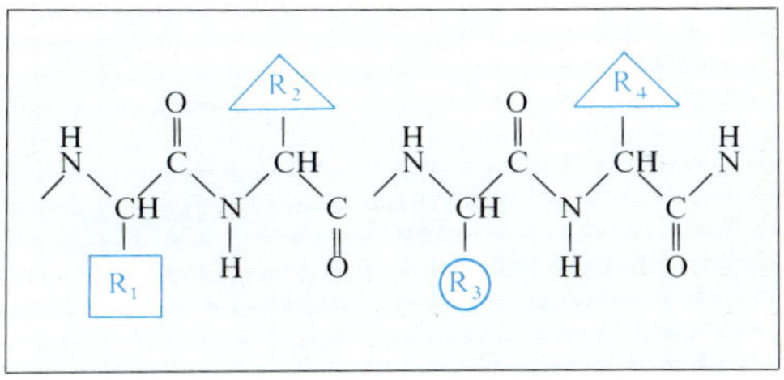

93.3. Primärstruktur. Ausschnitt aus einem Protein.

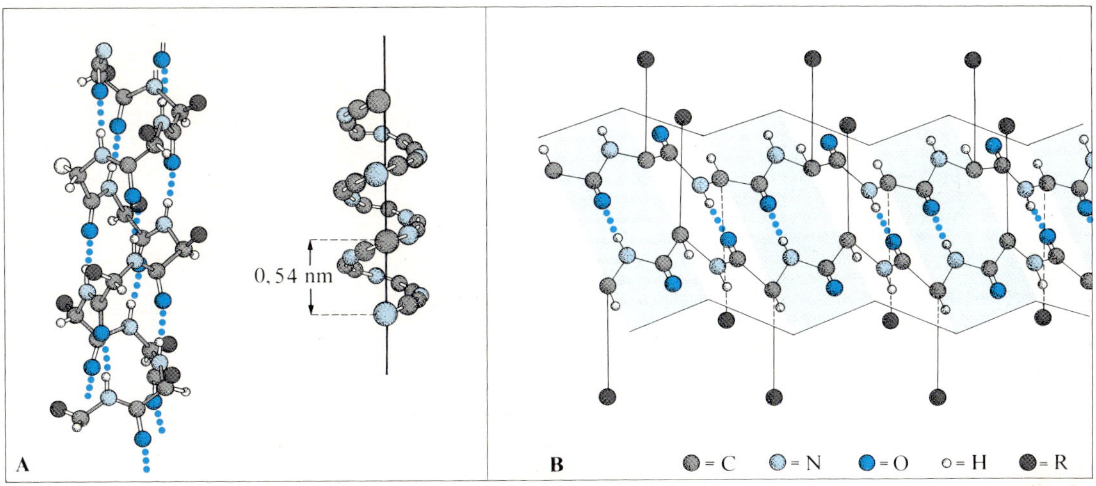

93.1. Sekundärstrukturen von Proteinen: A α-Helix, **B** β-Faltblatt.

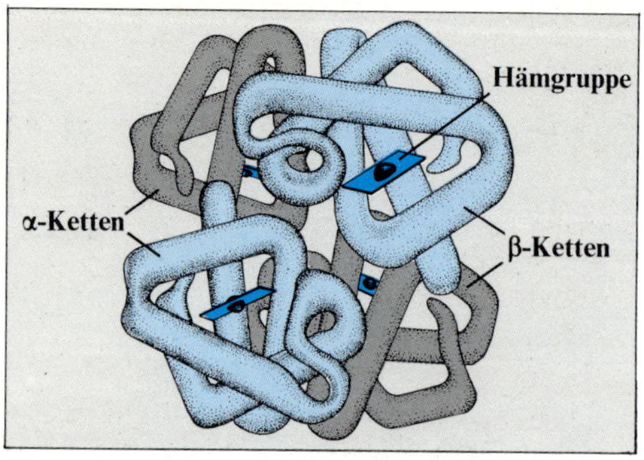

94.1. Quartärstruktur des Hämoglobins

Tertiärstruktur. Sowohl die Helix- als auch die Faltblattstruktur können im Raum zu noch höheren Organisationsformen, zu neuen Spiralen, verdreht sein. Hier kommen zu den Wasserstoffbrücken, die die Sekundärstruktur stabilisieren, weitere Bindungen, z. B. zwischenmolekulare Anziehungskräfte, sogenannte VAN DER WAALSsche Kräfte, hinzu. Man nennt diese räumliche Anordnung *Tertiärstruktur*.

Quartärstruktur. Der höchste Komplexitätsgrad in der Struktur von Proteinen ist erreicht, wenn mehrere in der Tertiärstruktur vorliegende Eiweißketten zu einem einzigen Riesenmolekül zusammentreten. Wir bezeichnen diese Anordnung im Raum dann als *Quartärstruktur*. Ein solcher Zusammenschluß mehrerer Polypeptidketten liegt z. B. im *Hämoglobin* der Säugetiere vor. Ein einziges rotes Blutkörperchen des Menschen enthält 280 Millionen Moleküle, jedes Hämoglobinmolekül setzt sich aus 4 Eiweißketten zusammen, von denen je zwei einander gleich sind.

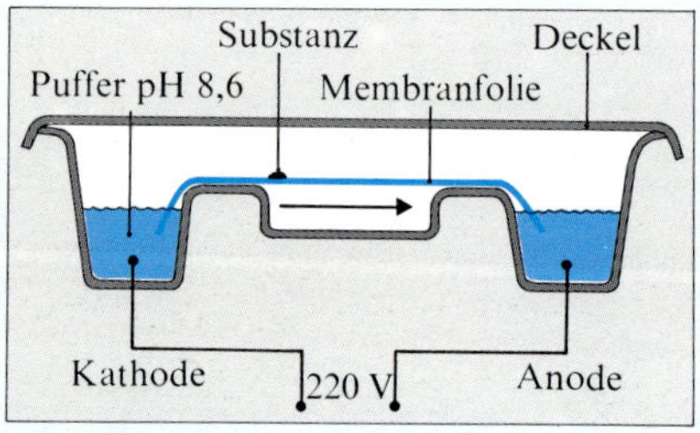

94.2. Elektrophoreseapparatur

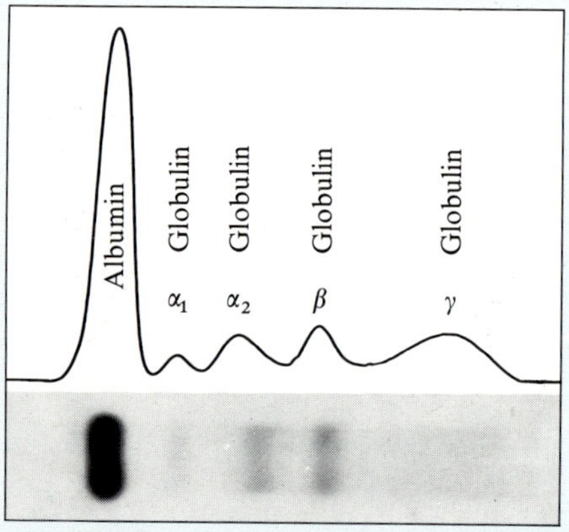

94.3. Membranfolie nach der Elektrophorese: Bestandteile von menschlichem Blut-Serum (unten), quantitative Auswertung (oben).

Elektrophorese

Löst man eine Aminosäure in Wasser, so dissoziiert von der COOH-Gruppe ein Proton ab. An die NH_2-Gruppe dagegen lagert sich ein Proton an. Da das entstandene Aminosäure-Ion jetzt sowohl eine positive als auch eine negative Ladung trägt, bezeichnet man es als **Zwitter-Ion.**

In saurer Lösung wird die Dissoziation des Protons der COOH-Gruppe zurückgedrängt, die Aminosäure liegt als Kation vor. Im alkalischen Milieu findet eine Dissoziation der COOH-Gruppe, jedoch keine Anlagerung eines Protons an die NH_2-Gruppe statt; das Molekül liegt als Anion vor. Der pH-Wert, bei dem eine Aminosäure überwiegend als Zwitter-Ion vorliegt, heißt **isoelektrischer Punkt (IEP).** Die Aminosäure ist dann nach außen hin ungeladen, besitzt im Molekül aber jeweils eine positive und eine negative Ladung.

Man kann diese Eigenschaft der Aminosäuren, die auch für Proteine gilt, dazu benutzen, sie im elektrischen Feld zu trennen. Diese Methode heißt **Elektrophorese.** *Protein-Kationen* wandern dabei zum negativen Pol, zur *Kathode*, *Protein-Anionen* zum positiven Pol, zur *Anode*. Es genügen für eine Elektrophorese in der Regel 0,01 bis 0,03 ml mit etwa 1 bis 2 mg Protein.

Nach erfolgter Trennung werden die aufgetrennten Proteine angefärbt und analysiert.

9. Enzyme — Katalysatoren in der Zelle

Kocht man in einem Reagenzglas Stärke einige Zeit mit Schwefelsäure, so kann man in der Lösung Zucker nachweisen. Das Stärkemolekül wurde in der Hitze gespalten.
Stärkemoleküle werden schon bei Zimmertemperatur in Malzzuckermoleküle zerlegt, wenn wir sie mit Mundspeichel versetzen. So schmeckt Brot süß, wenn wir es längere Zeit kauen.

Der Grund dafür, daß die Stärkespaltung im zweiten Versuch schon bei gewöhnlichen Temperaturen abläuft, liegt in der katalytischen Wirkung eines Enzyms, der Speichelamylase.

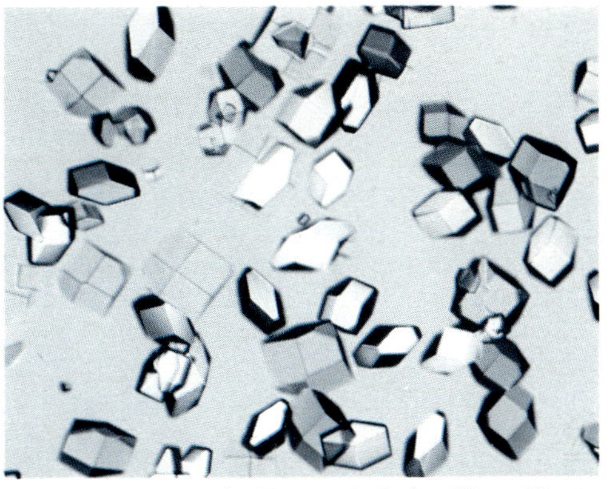

95.1. Lysozym, ein Enzym in kristalliner Form

9.1. Bau und Wirkungsweise von Enzymen

Enzyme sind die Katalysatoren der Zelle. Alle bisher bekannten und untersuchten Enzyme sind **Proteine,** d.h. Eiweißstoffe mit hohem Molekulargewicht. Sie können meist sogar ohne Verlust ihrer Aktivität aus Zellen isoliert und sogar kristallisiert werden.

Die Untersuchung solcher gereinigter Enzyme hat gezeigt, daß nicht das ganze Proteinmolekül für die katalytische Aktivität verantwortlich ist, sondern nur eine Teilregion, die man als **aktives Zentrum** bezeichnet. Man kann sich dieses aktive Zentrum als Höhle oder Spalte im dreidimensional gefalteten Enzymmolekül vorstellen. Dasjenige Molekül, das umgesetzt wird, bezeichnen wir als **Substrat.** Es wird an das aktive Zentrum gebunden. Dieser erste Schritt einer enzymatischen Reaktion ergibt den **Enzym-Substrat-Komplex,** eine relativ lockere Verbindung zwischen Substrat und Enzym. Erst in einer weiteren Reaktion zerfällt der Enzym-Substrat-Komplex wieder in die **Produkte** und das unveränderte Enzym.

Enzyme sind außerordentlich spezifische Katalysatoren. Diese Spezifität betrifft sowohl die Wahl der Substrate als auch die Art der katalysierten Reaktion.

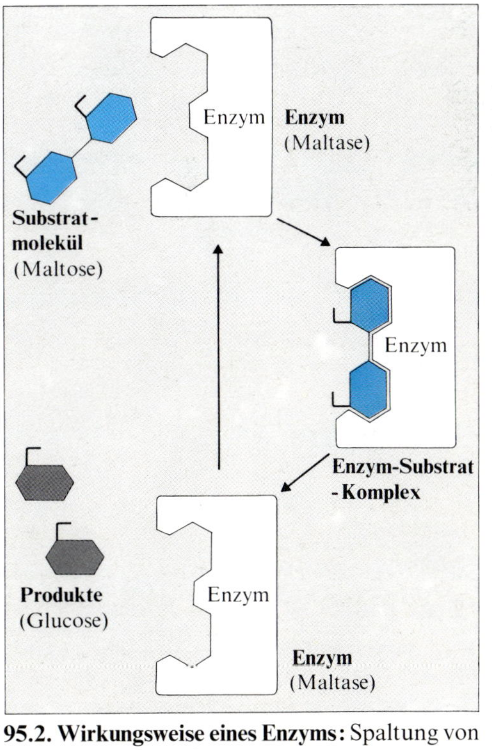

95.2. Wirkungsweise eines Enzyms: Spaltung von Maltose durch Maltase.

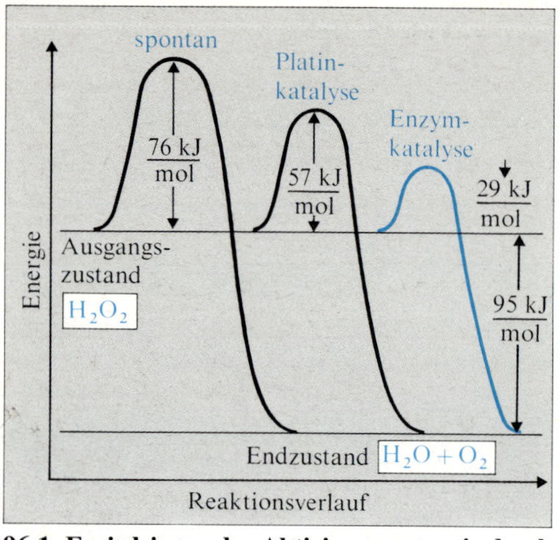

96.1. Erniedrigung der Aktivierungsenergie durch Katalysatoren. Beispiel: H_2O_2-Spaltung. Die Aktivierungsenergie ist jeweils in kJ/mol angegeben.

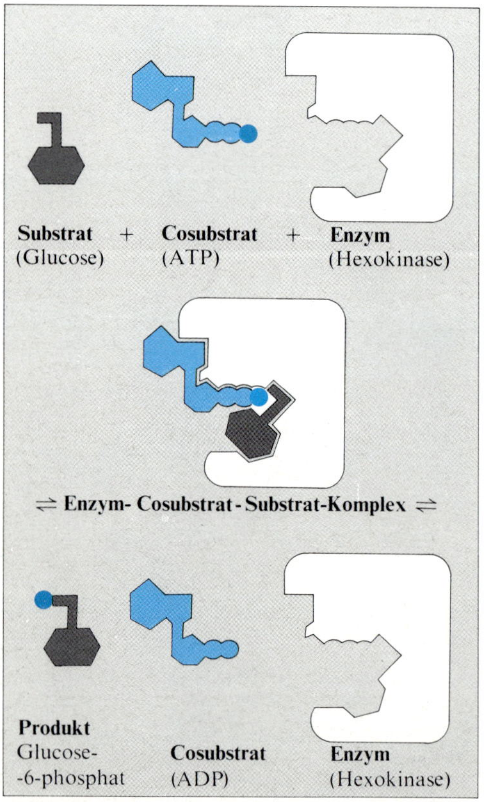

96.2. Enzymkatalysierte Reaktion unter Einbeziehung eines Coenzyms (Schema). Beispiel: Phosphorylierung von Glucose zu Glucose-6-phosphat. Das Phosphatgruppen übertragende Coenzym ist ATP.

Man sagt auch, Enzyme katalysieren **substratspezifisch** und **reaktionsspezifisch.** Vor allem die Reaktionsspezifität ist so ausgeprägt, daß sie sich zur Klassifizierung der Enzyme eignet.

Soll eine chemische Reaktion, wie die Spaltung von Stärke in Glucosemoleküle, ablaufen, muß zuerst die **Aktivierungsenergie** überwunden werden. Das ist derjenige Energiebetrag, der nötig ist, um eine chemische Reaktion in Gang zu bringen. Man erreicht das in der Chemie häufig durch Erhitzen des Reaktionsgemisches. Soll die Reaktion dagegen bei Zimmertemperatur ablaufen, so muß die Aktivierungsenergie erniedrigt werden. Enzyme leisten dies, indem sie durch die Bildung des Enzym-Substrat-Komplexes einen neuen Reaktionsweg schaffen, dessen Aktivierungsenergie niedriger liegt als diejenige der unkatalysierten Reaktion.

Man kann dies gut am Beispiel der Wasserstoffperoxidspaltung zeigen. Sie läuft spontan nur sehr langsam ab. *Platin* als Katalysator beschleunigt die Reaktion bereits erheblich. *Katalase* aber, das die Spaltung von H_2O_2 auch in der Zelle katalysiert, läßt die Reaktion spontan ablaufen. Das Katalasemolekül ist eines der „schnellsten Enzyme". Es spaltet (pro aktives Zentrum) etwa 10 Millionen H_2O_2-Moleküle pro Minute. Ein Katalasemolekül setzt damit in der Minute mehr als das 1000fache seines eigenen Gewichtes an Substrat um. Es beschleunigt dabei die H_2O_2-Spaltung gegenüber der unkatalysierten Reaktion um den Faktor 10^8.

Cofaktoren. Viele Enzyme sind nur aktiv, wenn sie neben dem Proteinanteil einen „Nicht-Protein-Anteil", einen *Cofaktor*, enthalten. Cofaktoren können Metallionen oder größere organische Moleküle sein. In vielen Fällen lassen sich Enzymprotein und Cofaktor leicht voneinander trennen. Man nennt den Cofaktor dann **Coenzym.** Nur beide Anteile zusammen entfalten ihre katalytische Aktivität. Da Coenzyme aus der Reaktion nicht unverändert hervorgehen, trifft auf sie die Definition für ein Enzym nicht zu. Man nennt sie deshalb besser **Co-Substrate.** Sie müssen in einer eigenen, ebenfalls durch ein Enzym katalysierten Reaktion regeneriert werden. Viele Coenzyme enthalten als aktiven Molekülteil Verbindungen, die der Mensch nicht selbst bilden kann und die er deshalb als *Vitamine* mit der Nahrung aufnehmen muß. Trotz des geringen täglichen Bedarfs führt Vitaminmangel deshalb zu schweren Krankheitsbildern.

Wirkungsweise von Enzymen

V 97.1. Spaltung von Wasserstoffperoxid

Vorbemerkungen: Am Beispiel der Spaltung von H_2O_2 durch das Enzym Katalase lassen sich mit einfachen Experimenten Einsichten in die Wirkungsweise von Enzymen gewinnen. Als „Katalasequelle" dienen lebende Zellen. Geeignet sind Hefezellen, Leberzellen oder auch Zellen einer rohen Kartoffel.

$$2H_2O_2 \xrightarrow{Katalase} 2H_2O + O_2$$

Materialien und Geräte: 1 Päckchen Bäckerhefe, 1 Erlenmeyerkolben, große Reagenzgläser mit durchbohrtem Stopfen, kurze, in die Stopfenbohrung passende Glasröhrchen, 3%ige H_2O_2-Lösung, Zigarettenasche, Bunsenbrenner, Stative mit Klammern, Plastikschale, Glimmspäne

Vorbereitung: Ein Päckchen Bäckerhefe wird in etwa 200 ml Leitungswasser suspendiert. Die Hefe dient als „Katalasequelle" für die Versuche 3a und 3b.

1. Versuch: Spaltung von H_2O_2 durch Erhitzen. Geben Sie 5 ml verdünnte H_2O_2-Lösung in ein Reagenzglas. Bauen Sie die Apparatur zum Auffangen des O_2 nach Abb. 97.1. zusammen. Durch vorsichtiges Erhitzen von verdünnter H_2O_2-Lösung kann H_2O_2 in O_2 und H_2O zerlegt werden. Nachweis von O_2 durch die Glimmspanprobe.

2. Versuch: Spaltung von H_2O_2 durch katalytische Wirkung von Zigarettenasche
Geben Sie 5 ml verdünnte H_2O_2-Lösung in ein Reagenzglas und streuen Sie etwas Zigarettenasche ein. Die O_2-Entwicklung (leichtes Aufschäumen) zeigt die H_2O_2-Spaltung an (Glimmspanprobe).

3. Versuch: Spaltung von H_2O_2 durch katalytische Wirkung von Hefezellen-Katalase

a) Ein Reagenzglas wird zu drei Vierteln mit Hefezellensuspension gefüllt. Dann füllt man schnell mit 3%iger H_2O_2-Lösung auf und verschließt mit einem vorbereiteten durchbohrten Stopfen. Das so verschlossene Reagenzglas wird über einer Plastikwanne umgekehrt in ein Stativ gespannt. Durch die O_2-Entwicklung wird Hefesuspension aus dem Reagenzglas verdrängt. (Glimmspanprobe).
b) Der Versuch wird mit aufgekochter und wieder abgekühlter Hefesuspension wiederholt.

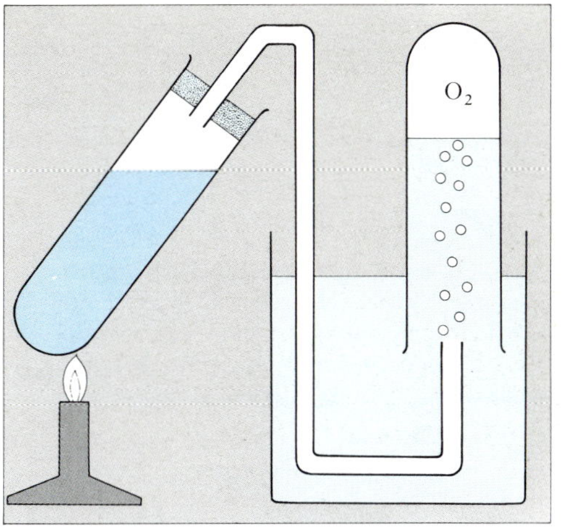

97.2. Spaltung von H_2O_2 durch Erhitzen

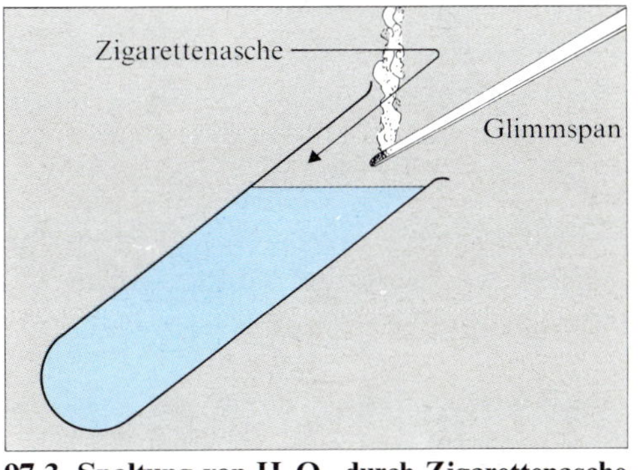

97.3. Spaltung von H_2O_2 durch Zigarettenasche

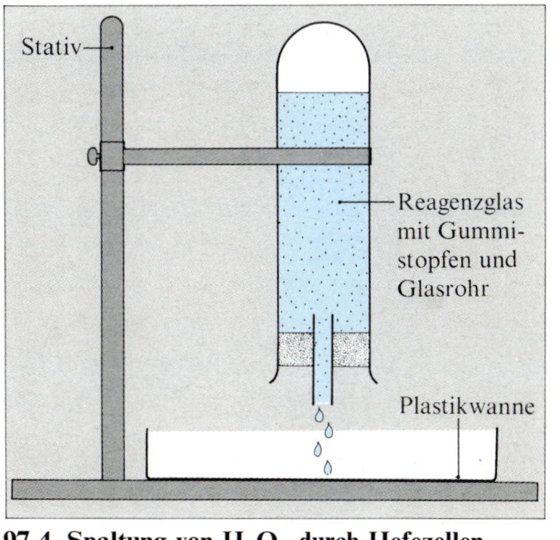

97.4. Spaltung von H_2O_2 durch Hefezellen

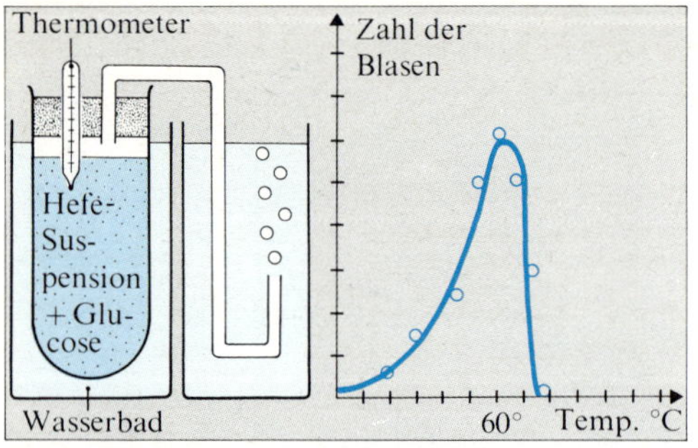

98.1. Versuch zur Ermittlung des Temperaturoptimums der Glucosevergärung. Ein Maß für die Aktivität des Gärungsvorganges ist die Zahl der CO_2-Blasen pro Minute. Sie wird bei verschiedenen Temperaturen ermittelt.

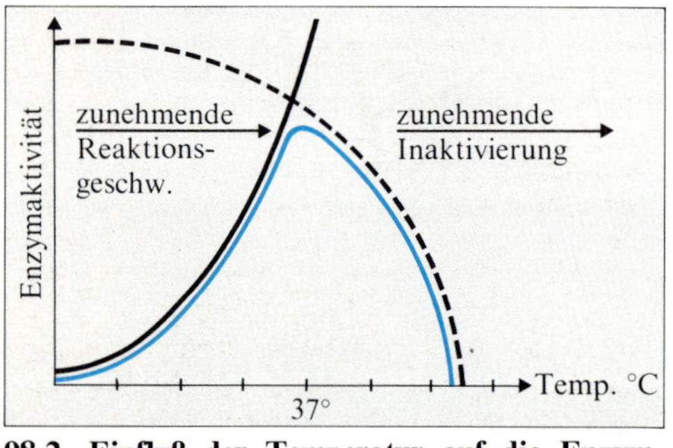

98.2. Einfluß der Temperatur auf die Enzymaktivität. Beispiel: Speichelamylase.

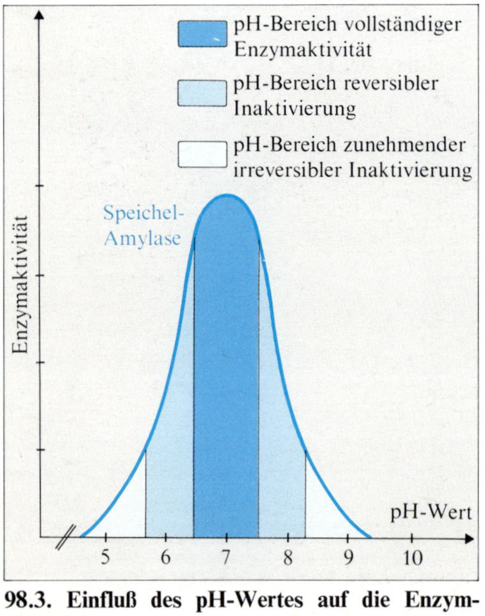

98.3. Einfluß des pH-Wertes auf die Enzymaktivität

9.2. Einfluß von Außenbedingungen auf die Enzymreaktion

Temperatur. Brot- oder Kuchenteig wird mit Hefe versetzt und an einen warmen Platz gestellt. Die Hefezellen vergären Zucker und bilden dabei Kohlenstoffdioxid: Der Teig „geht auf". Wärme beschleunigt also Stoffwechselvorgänge.

Diese Beobachtung gilt für alle enzymkatalysierten Vorgänge, allerdings nur bis zu einem bestimmten **Temperaturoptimum.** Danach fällt die Enzymaktivität schnell ab. Der Grund für diesen raschen Aktivitätsverlust ist die zunehmende chemische Veränderung, die *Denaturierung* der Zellenzyme. Bei warmblütigen Lebewesen liegt das Temperaturoptimum der Zellenzyme meist im Bereich der Körpertemperatur.

Cyanobakterien (Blaualgen) aus heißen Quellen aber haben Enzyme, die noch bei über 80 °C aktiv sind. Besonders urtümliche Bakterienformen, die Archaebakterien, leben in 110 °C heißen Schwefelquellen. Ihr Wachstumsoptimum liegt bei 105 °C. Wie ihre Enzyme dabei funktionsfähig bleiben, weiß man noch nicht genau.

Sogar in eingefrorenen tiefgekühlten Lebensmitteln sind bei −10 bis −20 °C Enzyme noch schwach aktiv. *Blanchieren* von Obst und Gemüse vor dem Einfrieren hat den Zweck, Enzyme zu inaktivieren und die unerwünschte Enzymaktivität während der Lagerung zu verhindern. *Pasteurisieren,* z.B. von Milch (30 Minuten bei 63 °C), dient neben dem Abtöten von Bakterien ebenfalls der Denaturierung von Enzymen.

pH-Wert. Joghurt kann man sich selbst bereiten, indem man Milch mit einer Probe fertigen Joghurts „animpft". Die Milchsäurebakterien aus dem Joghurt vermehren sich schon bei Zimmertemperatur sehr schnell und säuern die Milch durch Abgabe von Milchsäure. Dadurch wird das Wachstum anderer Mikroorganismen weitgehend verhindert. Offenbar können also manche Mikroorganismen bei pH-Werten wachsen, die bei anderen keine Stoffwechselaktivitäten mehr zulassen.

Da Enzyme auch außerhalb der Zelle, im Reagenzglas, ihre katalytische Aktivität entfalten, kann man für alle isolierbaren Enzyme das **pH-Optimum** ihrer Aktivität bestimmen. So fand man, daß Pepsin des Magens bei pH-Werten um 2 sein pH-Optimum hat, wogegen Enzyme des Dünndarms bei pH-Werten zwischen 8 und 9 aktiv sind.

9.3. Enzymhemmung und Stoffwechselregulation

Kompetitive Hemmung. Eine Gruppe von Hemmstoffen ist dem Substrat chemisch ähnlich, wird aber trotzdem nicht umgesetzt. Sie besetzen jedoch das aktive Zentrum des Enzyms und verdrängen somit das eigentliche Substrat. Eine solche Hemmung heißt „Verdrängungshemmung“ oder kompetitive Hemmung. Hier konkurriert also das Hemmstoffmolekül mit dem Substratmolekül um den Platz am aktiven Zentrum. Eine Erhöhung der Substratkonzentration kann den Hemmstoff wieder verdrängen.

Allosterische Hemmung. Es gibt Hemmstoffe, die meist keinerlei strukturelle Ähnlichkeit mit dem Substratmolekül haben. Sie lagern sich außerhalb des aktiven Zentrums an das Enzym an. Dabei verbinden sie die Raumstruktur des Enzymmoleküls so, daß das aktive Zentrum für das Substratmolekül unzugänglicher wird. Hierdurch wird die Umsatzrate herabgesetzt. Diese Form der Enzymhemmung heißt allosterische Hemmung. Eine Erhöhung der Substratkonzentration kann hier die Hemmwirkung nicht beeinflussen.

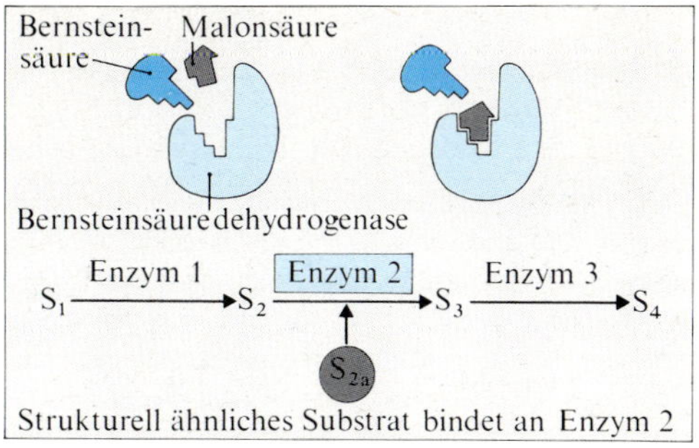

99.1. Kompetitive Hemmung. Beispiel: Malonsäure hemmt den Umsatz von Bernsteinsäure durch die Bernsteinsäure-Dehydrogenase.

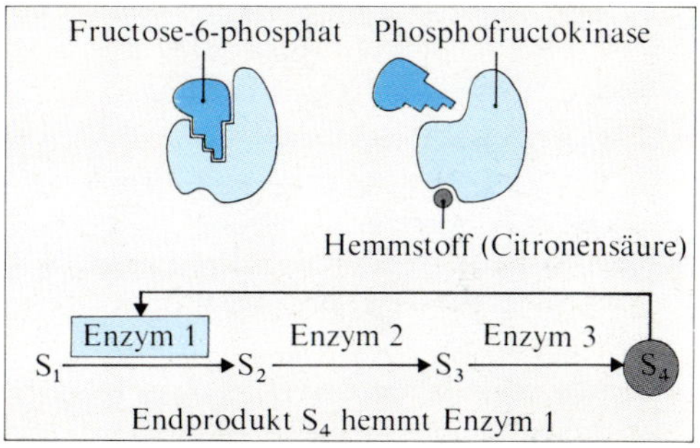

99.2. Allosterische Hemmung. Beispiel: Citronensäure hemmt den Umsatz von Fructose-6-phosphat durch die Phosphofructokinase.

Schnelle und langsame Enzyme: Die MICHAELIS-Konstante

Untersucht man bei isolierten Enzymen die Enzym-Aktivität in Abhängigkeit von der Substratkonzentration und trägt die Ergebnisse in ein Koordinatensystem ein, so erhält man immer eine charakteristische Kurve. Nach anfänglich schnellem Anstieg schwenkt der Kurvenverlauf bei höheren Substratkonzentrationen in eine Parallele zur x-Achse ein. Eine weitere Erhöhung der Substratkonzentration bringt keine Zunahme der Reaktionsgeschwindigkeit mehr. Offenbar haben bei dieser Substratmenge alle vorhandenen Enzymmoleküle ihre maximale Umsatzkapazität erreicht. Die maximale Reaktionsgeschwindigkeit (V_{max}) läßt sich nun aus dem Verlauf der Kurve sehr gut ablesen, sehr schlecht dagegen die zugehörige Substratkonzentration. Man umgeht das Problem, indem man die Substratkonzentration bei halbmaximaler Reaktionsgeschwindigkeit abliest. Man erhält dann den sogenannten K_M-Wert, eine Größe, die zeigt, ob ein Enzym ein Substrat gut oder schlecht umsetzt.

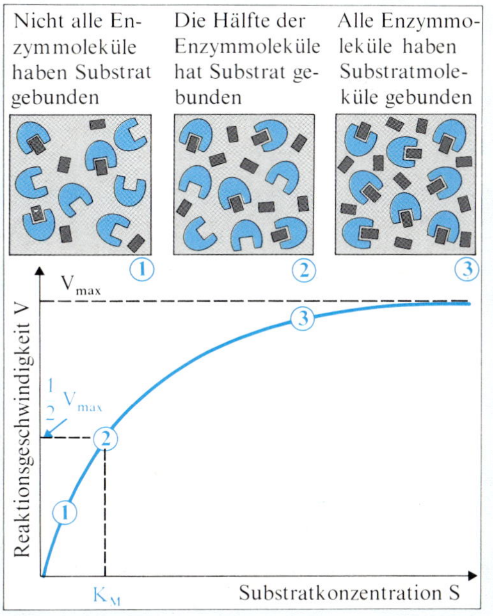

99.3. Abhängigkeit der Reaktionsgeschwindigkeit von der Substratkonzentration

V 100.1. Enzyme in Verdauungspräparaten

Materialien und Geräte: Verdauungsenzympräparat, Reagenzgläser, Mörser und Pistill, Spatel, Wasser, Stärkelösung, Iod-Kaliumiodidlösung

Durchführung: Eine Verdauungstablette wird zermörsert und in wenig Wasser in einem Reagenzglas suspendiert. In zwei Reagenzgläsern wird verdünnte Stärkelösung mit wenigen Tropfen Iod-Kaliumiodid-Lösung versetzt. In eine der blauen Lösungen gibt man eine kleine Menge der Enzym-Suspension. Nach wenigen Minuten ist eine Farbänderung sichtbar. Deutung?

V 100.2. Enzyme auf Teststreifen

Materialien und Geräte: Teststreifen zum spezifischen Nachweis von Glucose im Harn oder im Blut (z.B. aus der Apotheke), Glucoselösungen verschiedener Konzentrationen (z.B. 100 mg/300 mg/600 mg pro 100 ml), Reagenzgläser

Durchführung: Je nach Art des verwendeten Teststreifens (Packungsaufschrift beachten) prüfen wir Glucoselösungen verschiedener Konzentration und beobachten und vergleichen die Farbänderung.

V 100.3. Enzyme in der Nahrungsmittelindustrie

Materialien und Geräte: Fleischzartmacher („meat-tenderizer"), zwei Scheiben Rindfleisch

Durchführung: Eine von zwei Scheiben Rindfleisch wird beidseitig mit Fleischzartmacher bestreut und bei Zimmertemperatur etwa 1/2 Stunde liegengelassen. Vergleich mit der unbehandelten Scheibe!

V 100.4. Enzyme in Biowaschmitteln

Materialien und Geräte: Bio-Waschmittel, Waschmittel ohne Enzyme, 2 Bechergläser, Thermometer, zerriebenes gekochtes Hühnereiweiß

Durchführung: In Wasser von etwa 60 °C werden gleiche Portionen von Waschmitteln und ein kleiner Löffel gekochtes Hühnereiweiß gegeben. Ergebnis nach 30 Minuten.

9.4. Anwendungen von Enzymen in Medizin und Technik

Um 1900 wollte der Münchner Chemiker Eduard BUCHNER aus Hefepreßsaft, Zucker und anderen Zutaten ein Schönheitsmittel herstellen. Da er wußte, daß zuckerhaltige Lösungen wegen der immer vorhandenen Hefepilze in Gärung übergehen, preßte er sein Präparat durch ein Filter, das keine Hefezellen durchließ. Trotzdem begann die Lösung zu gären. Die zellfreie Gärung, d.h. der Ablauf des Gärungsstoffwechsels außerhalb der lebenden Zellen, war entdeckt.

Enzyme in der Medizin. Vielen Menschen mit Verdauungsproblemen infolge mangelhafter Enzymsynthese, z.B. durch die Bauchspeicheldrüse, kann geholfen werden. Durch Enzyme, die aus den Bauchspeicheldrüsen von Schweinen oder aus Pilzzellen gewonnen werden, läßt sich dieser Mangel beheben. Seit man weiß, daß das Enzym Lysozym, das natürlicherweise im Sekret von Auge und Nase vorkommt, die Bakterienzellwand angreift, versucht man bakteriellen Halsinfektionen durch Lutschtabletten, die Lysozym enthalten, beizukommen.
Die Eigenschaft von Enzymen, nur eine Substanz unter vielen umzusetzen, hat man bei der Entwicklung von Teststreifen ausgenutzt. Sie erlauben es, z.B. geringste Mengen Glucose direkt aus Blut oder Harn quantitativ zu bestimmen.
Als Kuriosität sei erwähnt, daß Spulwürmer, wenn sie den enzymhaltigen Nahrungsbrei des Dünndarms besiedeln, Hemmstoffe gegen die eiweißverdauenden tierischen und menschlichen Enzyme abscheiden, um einer Verdauung zu entgehen. Pflanzliche Enzyme jedoch, gegen die diese Hemmstoffe unwirksam sind (z.B. Papain), greifen ihre Körperwand an und vertreiben sie.

Enzyme in der Technik. Vor allem in der Nahrungsmittelindustrie braucht man heute Enzyme, z.B. zur *Stärkeverflüssigung*. Durch Enzympräparate aus Pilzen kann so aus Stärke süßer Sirup hergestellt werden. Manche Pralinen mit einer Sirupfüllung werden hergestellt, indem man einen Zuckerwürfel mit Schokolade überzieht und dann den Inhalt durch das Enzym Invertase (das die Saccharose spaltet) verflüssigt. Bei sogenannten *Bio-Waschmitteln* werden eiweißspaltende Enzyme von Bakterien eingesetzt. Dazu werden abgetötete Bakterien dem Waschpulver zugegeben.

10. Biomembranen

10.1. Aufgaben und Eigenschaften von Biomembranen

Zerzupft man mit einer Pinzette eine *Ligusterbeere* und bringt den Inhalt in einen Wassertropfen auf einem Objektträger, so kann man im Lichtmikroskop einzelne Zellen erkennen. Durch Zugabe einer mittelkonzentrierten Salzlösung läuft der bereits bekannte Vorgang der Osmose ab: Die großen Vakuolen verlieren Wasser und das Plasma löst sich von der festen Zellwand ab. Diese und andere Versuche lassen den Schluß zu, daß Vakuole und Plasma je von einer **Membran** umgeben sind.

Auch bei der lichtmikroskopischen Betrachtung des *Zweibelhäutchens* ist uns die Plasmamembran, die die Vakuole umschließt, als optisch unsichtbare Begrenzung begegnet. Die *Mundschleimhautzellen* sind ebenfalls von einer solchen lichtmikroskopisch nicht sichtbaren Membran umgeben. Die Zelle wird aber nicht nur von einer Membran umschlossen, sondern auch einzelne Zellbezirke sind durch Membranen abgegrenzt. Die Zelle wird gewissermaßen in Reaktionsräume aufgeteilt, in denen Stoffwechselreaktionen ablaufen, Stoffe gespeichert, abgebaut und synthetisiert werden.

Man nennt solche Zellräume *Kompartimente*. Membranen sorgen für eine **Kompartimentierung** der Zelle. Erst das Elektronenmikroskop zeigt uns, daß auch viele Zellorganellen wie Kern, Mitochondrien und Plastiden von Membranen umgeben sind. Das Endoplasmatische Reticulum durchzieht als Membransystem die ganze Zelle.

Ein wesentliches Kennzeichen von Membranen lebender Zellen ist ihre „Halbdurchlässigkeit", ihre **Semipermeabilität.** Das bedeutet, daß Plasmamembranen für manche Teilchen Barrieren darstellen, die einer freien Diffusion entgegenwirken, andere hingegen durchgelassen werden. Wir werden sehen, daß Membranen noch weit mehr leisten: Sie sind in der Lage, aus einer Vielzahl von Substanzen, die die Zelle umgeben, ganz bestimmte auszuwählen und aufzunehmen.

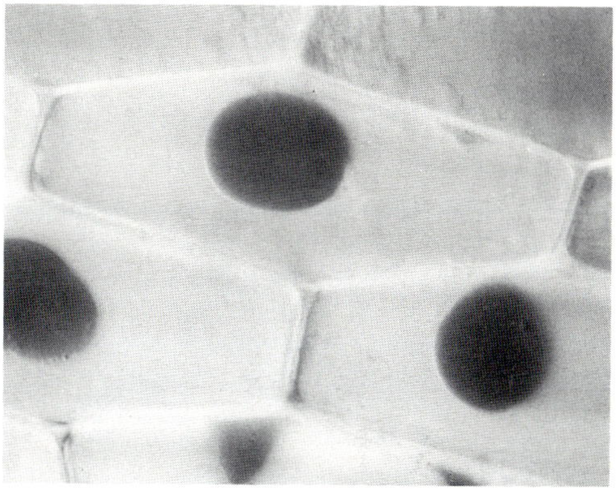

101.1. Zwiebelzelle (lichtmikroskopisches Bild). Nach Zugabe von mittelkonzentrierter Salzlösung wurde die Plasmolyse ausgelöst. Die Vakuolen sind klein und kugelförmig.

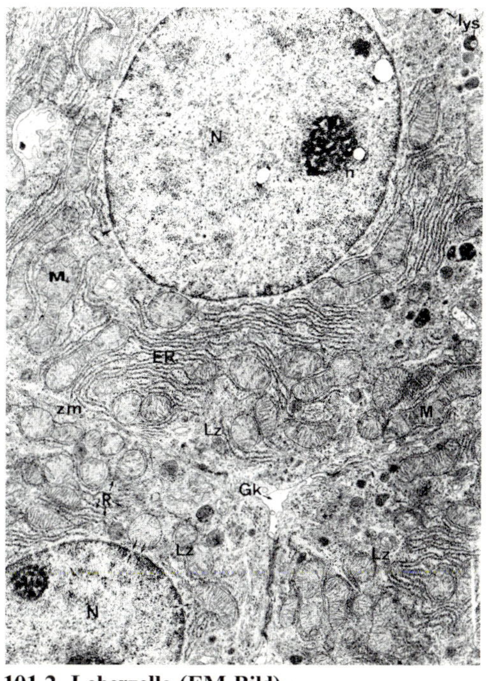

101.2. Leberzelle (EM-Bild)

V 102.1 Ionenfallenprinzip

Materialien und Geräte: Neutralrot-Stammlösung (0,1 g/100 ml H_2O), Pufferlösungen (0,2 M)
– Pufferlösung II: 61,0 ml einer 0,2 M Na_2HPO_4 · dest. Wasser; 5,9 ml dieser Lösung und 4,1 ml einer 0,2 M Essigsäure ergeben eine Pufferlösung von pH 4,8.
– Pufferlösung II: 61,0 ml einer 0,2 M Na_2HPO_4 · 2 H_2O-Lösung (35 g auf 100 ml dest. Wasser) und 39,0 ml einer 0,2 M $NaH_2PO_4 \cdot H_2O$-Lösung (2,7 g auf 100 ml dest. Wasser) ergeben eine Pufferlösung von pH 7,0.
Farblösungen: Neutralrot-Stammlösung mit der jeweiligen Pufferlösung 1:10 verdünnt ergeben
– Farblösung I: (sauer, pH 4,8): kirschrot
– Farblösung II: (neutral, pH 7,0): braunrot

Durchführung: **a)** Wir prüfen das Löslichkeitsverhalten von Neutralrot in Wasser und in Benzol in Abhängigkeit vom pH-Wert des wäßrigen Milieus. Dazu geben wir zu je 5 ml Farblösung I und Farblösung II 5 ml Benzol. Vergleichen Sie mit der Tabelle 102.1.
b) Die Vakuole der Zwiebelzelle als Ionenfalle
Wir lösen kleine Stückchen des Zweibelhäutchens ab (Anleitung S. 10). In je ein Färbegläschen (Petrischale) mit Farblösung I und Farblösung II werden einige dieser Hautstückchen gelegt. Nach etwa 20 Minuten betrachten wir die Zwiebelzellen unter dem Mikroskop. Zeichnen Sie eine Skizze der Zellen. Geben Sie an, welche Teile jeweils gefärbt sind.

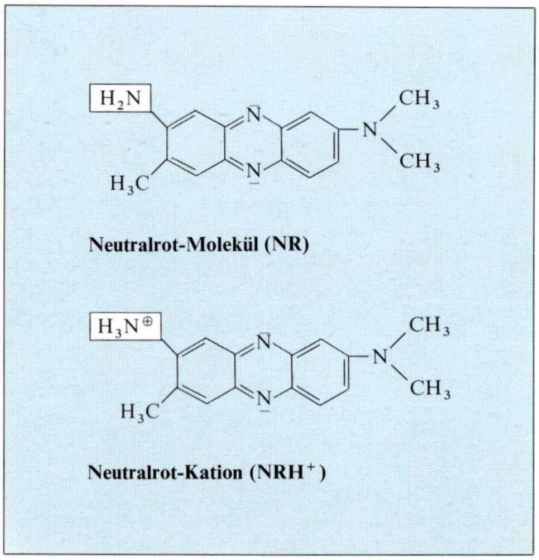

102.1. Neutralrot-Molekül und Neutralrot-Kation

		Farblösung I	Farblösung II
pH-Wert		7,0 (neutral)	4,8 (sauer)
Teilchenzustand		Neutralrot-Molekül (NR)	Neutralrot-Kation (NRH^+)
Farbe	wäßr. Phase	braunrot	kirschrot
	Benzolphase	gelb	schwachgelb
Löslichkeitseigenschaften des Farbstoffes		lipophil	hydrophil
Durchlässigkeit der Biomembran für Farbstoffteilchen		gut	schlecht

102.2. Eigenschaften von Neutralrot bei verschiedenen pH-Werten

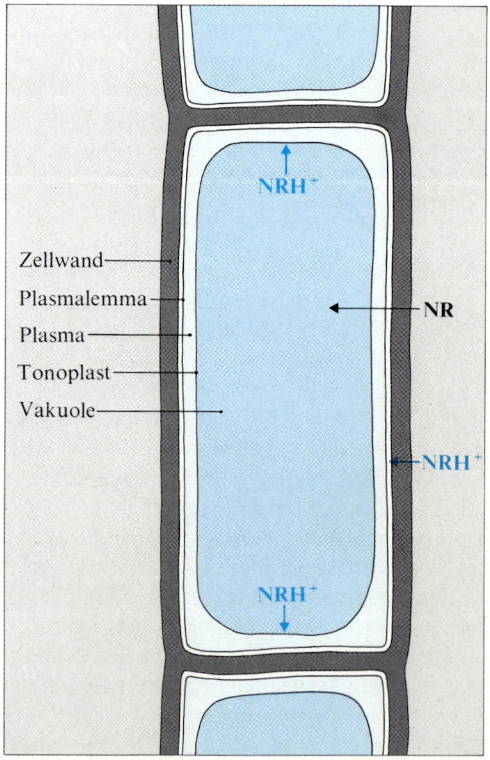

102.3. Anreicherung von Neutralrot-Kationen in der Vakuole. NRH^+ kann weder Plasmalemma noch Tonoplast passieren.

10.2. Feinbau von Biomembranen – Membranmodelle

Gibt man zu einem Tropfen Blut, der sich auf einem Objektträger befindet, etwas destilliertes Wasser, so kann man, wie wir gesehen haben, unter dem Mikroskop beobachten, wie die roten Blutkörperchen anschwellen. Schließlich platzen sie und geben den Inhalt frei. Übrig bleiben leere Hüllen. Es handelt sich um die Membranen der Erythrocyten. Durch Zentrifugation kann man jetzt die Membranen vom ausgetretenen Hämoglobin abtrennen. Diese leeren Erythrocytenmembranen stellen ein gutes Untersuchungsobjekt für die Membranforschung dar.
Inzwischen hat man recht genaue Vorstellungen über die chemische Zusammensetzung von Membranen gewonnen. In allen Biomembranen fand man als Bausteine *Lipide* (Fette) und *Proteine* (Eiweißstoffe). Häufig ließ sich auch noch eine geringe Menge von *Kohlenhydraten* nachweisen. Wir wollen diese Stoffklassen im folgenden etwas genauer betrachten, um ihre Funktion im Baugefüge der Membranen besser zu verstehen.

Membranlipide. Als wichtigste Vertreter der Lipide in Membranen findet man **Phospholipide.** Das mengenmäßig häufigste Phospholipid ist das **Lecithin.** Bei diesem Molekül sind zwei Fettsäuren mit langen Kohlenwasserstoffketten sowie Phosphorylcholin an ein Glycerinmolekül gebunden. Wie alle Lipide ist auch das Lecithin unlöslich in Wasser, gut löslich dagegen in vielen organischen Lösungsmitteln. Durch seinen chemischen Bau ist dieses Molekül *bipolar.* Es besitzt einen *hydrophilen* und einen *hydrophoben* Teil. Aufgrund dieser Eigenschaften bildet z. B. Lecithin, sobald es in wäßrige Umgebung gelangt, geordnete Molekülverbände.
Bringt man ein Tröpfchen eines solchen Lipids auf Wasser, so bildet sich eine Fettschicht, die nur aus einer Moleküllage besteht. Dabei ragen die hydrophilen Molekülteile ins Wasser und die hydrophoben Molekülteile in die Luft. Schüttelt man diese auf Wasser schwimmende Lipidschicht kurz durch, entstehen unter Wasser kleinste Fetttröpfchen. In ihnen sind die Lipidmoleküle so angeordnet, daß die hydrophilen Molekülteile wieder dem Wasser zugewandt sind, die hydrophoben Seiten dagegen nach innen ragen.
Schon 1925 hat man erste Untersuchungen zum Aufbau der Membranen durchgeführt. Als Untersuchungsobjekte dienten die Membranen roter Blut-

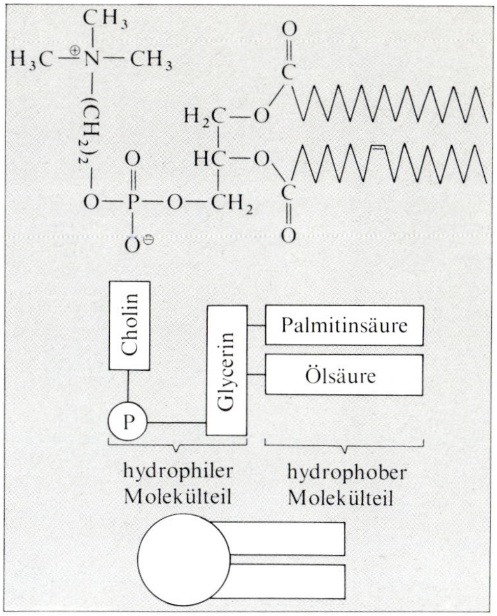

103.1. Lecithin, ein wichtiges Membranlipid. Es besteht aus zwei Fettsäuren (z. B. Palmitinsäure und Ölsäure), Glycerin, einer Phosphatgruppe und Cholin. Das Gesamtmolekül ist bipolar.

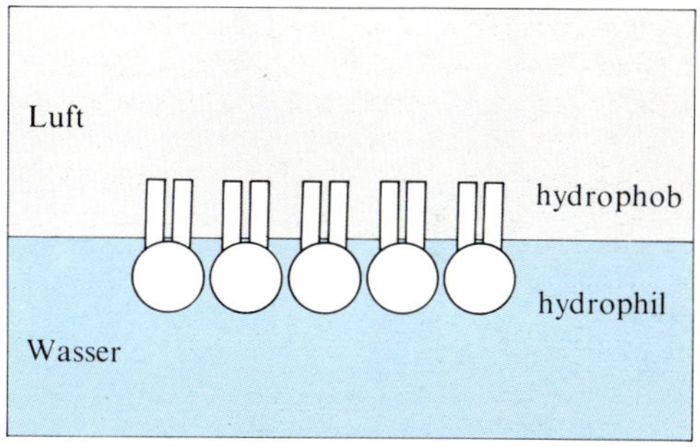

103.2. Lipide ordnen sich an der Grenzfläche Wasser-Luft als monomolekularer Lipidfilm an

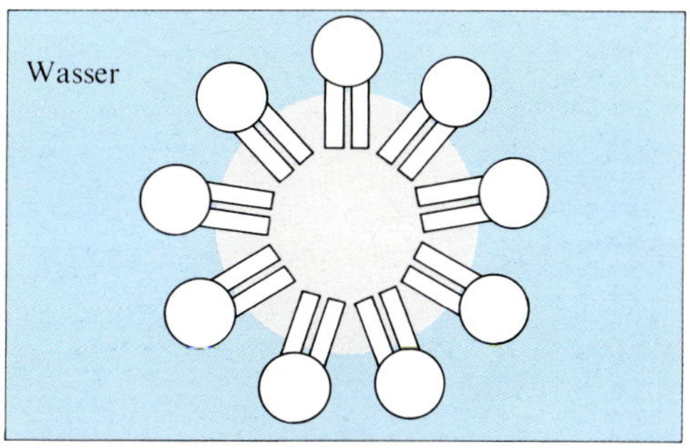

103.3. In Wasser bilden Lipidmoleküle kugelige Molekülverbände

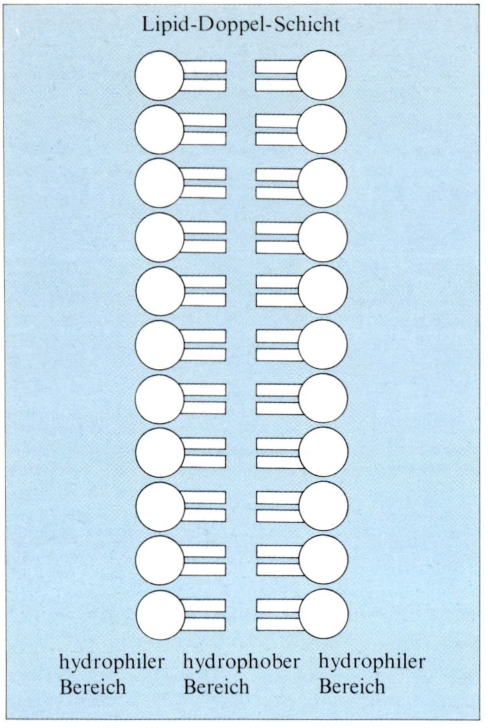

104.1. Membranmodell von GORTER und GRENDEL

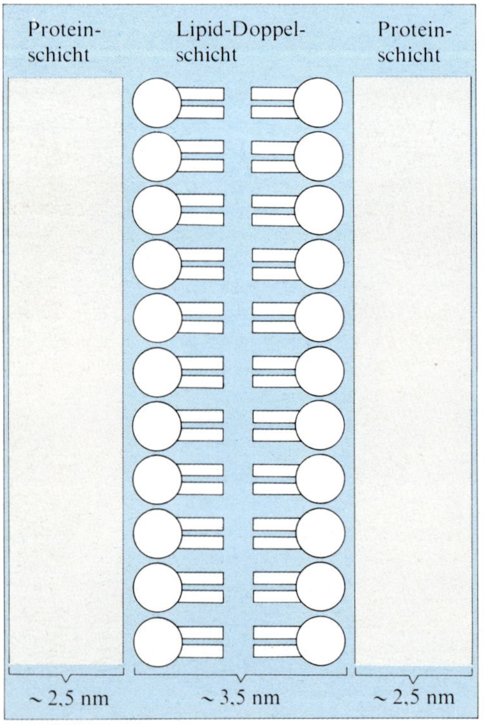

104.2. Membranmodell von DAVSON und DANIELLI

körperchen. Bringt man die extrahierten Lipidbausteine von Erythrocytenmembranen auf Wasser, so breiten sie sich zu einem Fleck bestimmter Größe aus. Die Fläche läßt sich in Beziehung setzen zur Menge der verwendeten Erythrocyten. Da der einschichtige Lipidfleck auf Wasser immer das doppelte der berechneten Gesamtoberfläche der Erythrocyten einnahm, schlossen GORTER und GRENDEL daraus, daß die Zellmembran aus einer **Lipid-Doppelschicht** besteht.

Membranproteine. Das Membranmodell von GORTER und GRENDEL macht keine Aussagen über die Membranproteine. Man findet davon aber z.B. auch in den roten Blutkörperchen einen erheblichen Anteil. DAVSON und DANIELLI entwickelten 1936 als Ergebnis von Versuchen ein Membranmodell, das die Proteine mit berücksichtigt: Der Lipiddoppelschicht sind nach ihrem Modell auf den hydrophilen Außenseiten Proteine aufgelagert.

Dieses Modell wurde durch Ergebnisse der Elektronenmikroskopie, die etwa um die gleiche Zeit entwickelt wurde, weitgehend bestätigt. Da in solchen elektronenoptischen Aufnahmen alle Zellmembranen gleich aussehen, nannte man sie damals **Einheits-** oder **Elementarmembranen.** Man war der Meinung, daß alle Membranen auch chemisch gleich gebaut sind.

Dieses Membranmodell stimmte etwa 30 Jahre mit den Forschungsergebnissen überein. Erst ab 1969 machte man Beobachtungen, die mit diesem Modell nicht mehr zu erklären waren.

Membrankohlenhydrate. Mit etwa 10% Gewichtsanteil sind die Kohlenhydrate mengenmäßig am geringsten am Membranaufbau beteiligt. Man findet sie fast ausschließlich an der Zellaußenseite von Plasmamembranen. Hier sind sie entweder an Proteine oder an Lipide gebunden. Auf der Oberfläche der Erythrocyten zum Beispiel haben sie eine wichtige Funktion als *Blutgruppenantigene*. Sie legen damit die Blutgruppe des betreffenden Individuums fest.

Das Membranmodell von SINGER und NICOLSON. Mitte der sechziger Jahre fand man einige Membraneigenschaften, die das bisherige Modell vom Aufbau der Einheitsmembran in Frage stellten: 1. in manchen Membranen ist die isolierte Proteinmenge größer als sie bei einer einfachen Lage beiderseits der Lipiddoppelschicht sein dürfte. Auch enthalten z.B. die Membranen der Mitochondrien und Chloroplasten Proteine, die je nach Zelltyp unterschiedlich häufig vorkommen. 2. Biomembranen sind darüber hinaus asymmetrische Strukturen, d.h. manche Membranbestandteile, z.B. die Blutgruppenantigene der Erythrocyten, kommen nur auf der Zelloberfläche vor.

Diese und weitere Beobachtungen führten S. J. SINGER und G. L. NICOLSON zur Aufstellung eines neuen Membranmodells. In diesem Modell lagern die Proteine nicht als flächige Schichten auf beiden Seiten der Lipiddoppelschicht. Sie liegen vielmehr unregelmäßig verteilt vor und dringen unterschiedlich tief in die hydrophobe Lipidinnenschicht ein. Manche Proteine reichen sogar ganz durch die Membran hindurch. Auch können je nach Gewebeart außen und innen verschiedene Mengen von Proteinen aufgelagert sein.

Man hat festgestellt, daß die Biomembranen bei physiologischen Temperaturen keine starre Struktur besitzen, sie befinden sich vielmehr in einem „flüssigkristallinen" Zustand. In einer mehr oder weniger flüssigen Lipidschicht „schwimmen" die Proteine. Beide Membranbestandteile, Lipide und Proteine, zeigen in der Membran eine beachtliche Beweglichkeit. SINGER und NICOLSON nennen deshalb ihr Membranmodell das **Flüssig-Mosaik-Modell.**

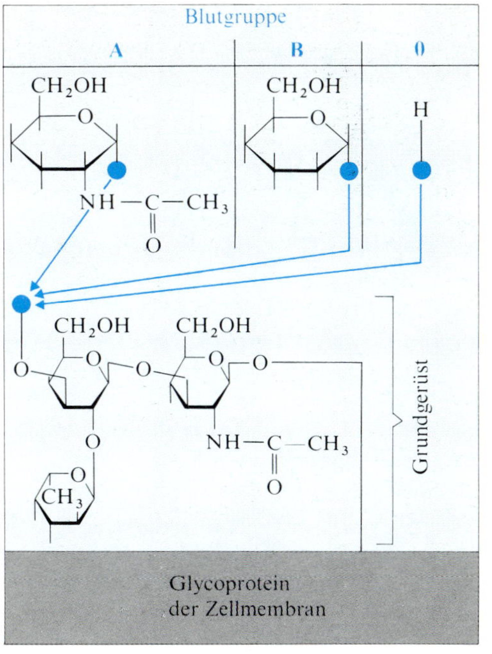

105.2. Kohlenhydrate auf der Erythrocytenmembran. Die jeweilige Endgruppe legt die Blutgruppe fest.

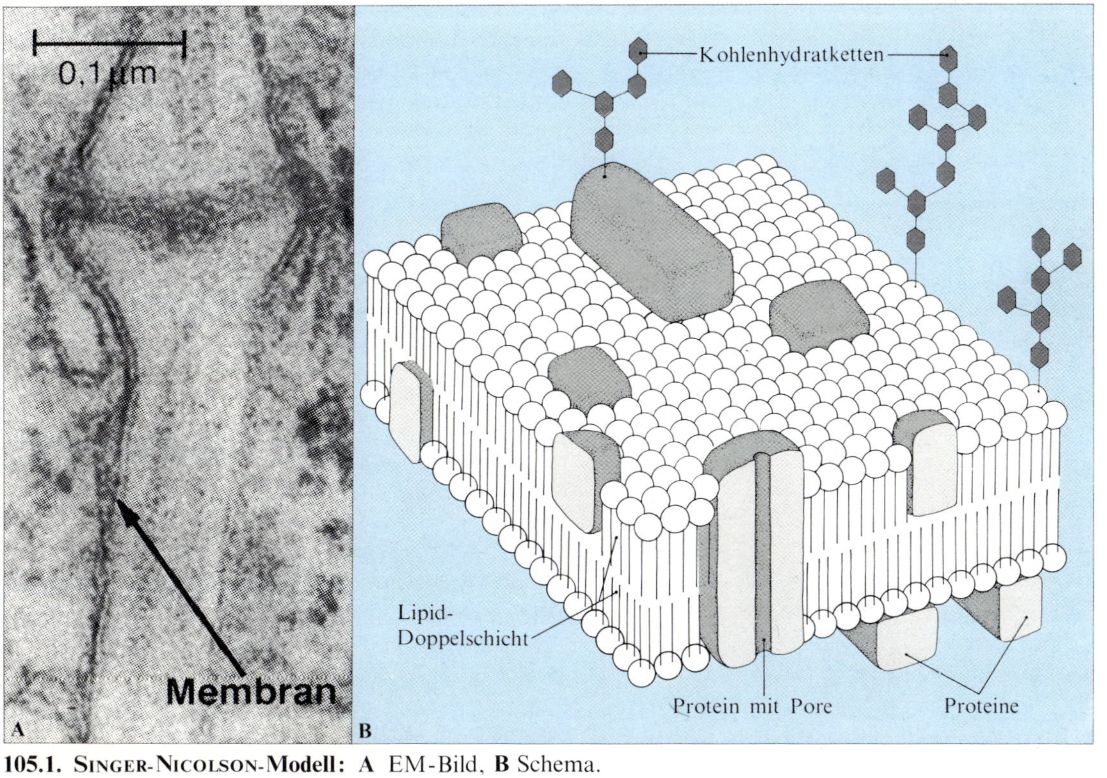

105.1. SINGER-NICOLSON-Modell: A EM-Bild, **B** Schema.

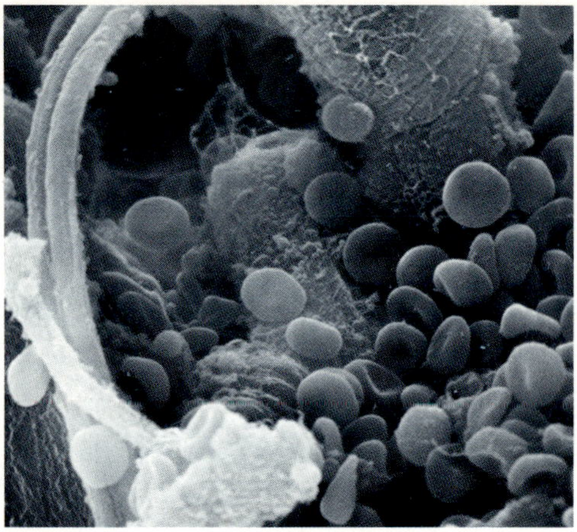

106.1. Rote Blutzellen (EM-Bild)

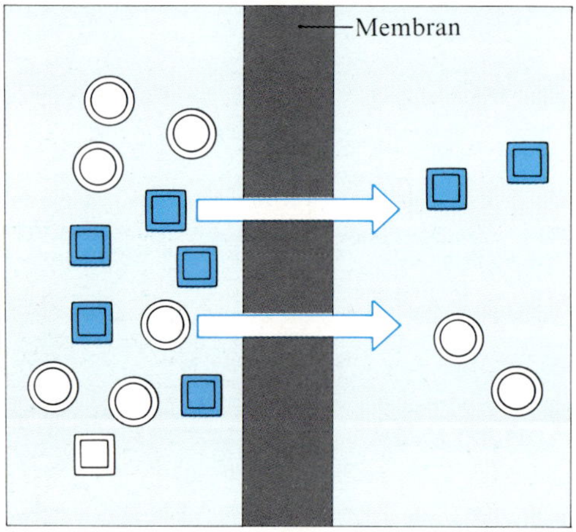

106.2. Diffusion. Beispiel: Aufnahme und Abgabe von O_2 und CO_2 bei Gewebezellen.

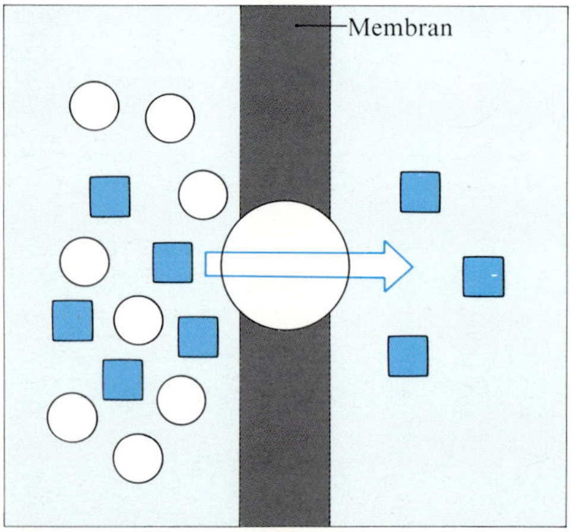

106.3. Passiver Transport. Beispiel: Glucoseaufnahme durch die Erythrocytenmembran.

10.3. Stofftransport durch Biomembranen

Am Pantoffeltierchen, einem vergleichsweise großen Einzeller, kann man gut zwei kleine Bläschen beobachten, die in regelmäßigen Abständen größer werden und dann plötzlich verschwinden. Versuche haben ergeben, daß sich in diesen *pulsierenden Bläschen* über sternförmige Kanäle Wasser sammelt, das dann nach außen abgegeben wird. Saugt man unter das Deckglas eines Lebendpräparates von Pantoffeltierchen nämlich etwas destilliertes Wasser, so kann man sehen, daß die pulsierenden Bläschen zunehmend schneller arbeiten. Man kann daraus schließen, daß Wasser die Zellhaut des Pantoffeltierchens durchdringt und über die pulsierenden Bläschen wieder nach außen gebracht wird.
Bringt man rote Blutkörperchen in destilliertes Wasser, so platzen sie. Wasser dringt auch durch die Membran der Blutzellen, es diffundiert ein. Die Zellinhaltsstoffe wie Salze, Glucose, Proteine und viele andere Stoffe können dagegen die Zelle nicht verlassen. Die Membran der Pantoffeltierchen und auch der Erythrocyten ist also *halbdurchlässig* (semipermeabel).
Andererseits brauchen alle Zellen, sowohl die Einzeller als auch die roten Blutkörperchen, Nährstoffe für ihren Stoffwechsel und müssen sie deshalb durch die Membran aufnehmen. Sie muß also doch in gewisser Weise auch für größere Moleküle durchlässig sein. Membranen sind also nicht bloße Begrenzungen von Zellen, sondern **selektive Barrieren,** die den Stofftransport regulieren. Diese Eigenschaften müssen in ihrem Bau begründet sein. Für verschiedene Stoffgruppen gibt es ganz unterschiedliche Aufnahmemechanismen.

10.3.1. Diffusion

In den Belüftungsbecken von Kläranlagen wird der Belebtschlamm durch kräftige Rührwerke und Einblasen von Luft ständig mit Sauerstoff versorgt. Die vielen Bakterien, die die organischen Abfallstoffe abbauen sollen, brauchen zur Atmung ständig ein mit Sauerstoff angereichertes Medium. Die Einzeller nehmen den Sauerstoff dabei durch ihre Zelloberfläche aus der Umgebung auf. Die Aufnahme erfolgt durch Diffusion in das Zellinnere. Da dieser Sauerstoff durch Stoffwechselprozesse in der Zelle ständig verbraucht wird, bleibt immer ein Konzentrationsgefälle zwischen außen und innen erhalten.

Dies ist für die Zelle deshalb von so großer Bedeutung, weil die treibende Kraft dieses Gasübertritts allein das Gefälle der Sauerstoffkonzentration ist.
Auch Wasser, Kohlenstoffdioxid und Ammoniak werden nur auf dem Wege der Diffusion durch die Zellmembran ausgetauscht. Sowohl die Aufnahme und Abgabe allgemein als auch die Richtung des Übertritts sind nur vom Konzentrationsunterschied zwischen innen und außen abhängig. Das bedeutet, daß Diffusion wenig selektiv ist. Die Zelle hat keine Möglichkeiten, Aufnahme und Abgabe zu steuern. Reine Diffusion kann deshalb im Stoffaustausch einer Zelle mit der Umgebung keine so wichtige Rolle spielen.

10.3.2 Passiver Transport

Ein geeignetes Objekt, um Transportvorgänge durch Zellmembranen zu untersuchen, sind rote Blutkörperchen. Sie sind leicht zu beschaffen und zudem relativ einfach gebaut.
Bringt man rote Blutkörperchen in Glucoselösungen verschiedener Konzentration, so nehmen sie Glucose aus jeder der Lösungen jeweils bis zum Konzentrationsausgleich auf. Dieser Vorgang kann einige Stunden dauern. Entnimmt man aber aus jeder der verschiedenen konzentrierten Glucoselösungen die Zellen schon nach einer Stunde und bestimmt die inzwischen aufgenommene Glucosemenge, so erhält man unterschiedliche Werte. Man wird erwarten, daß um so mehr Glucose in die Zellen aufgenommen wurde, je größer die Umgebungskonzentration ist. Trägt man aber die Werte der Glucosekonzentration in den Zellen gegen die Glucosekonzentration in den Lösungen in ein Diagramm ein, so erhält man nicht eine Gerade, sondern eine sogenannte *Sättigungskurve*. Dies ist eine Kurve, die anfänglich bei geringen Lösungskonzentrationen schnell ansteigt, bald aber einen Maximalwert erreicht. Auch bei weiter zunehmender Konzentration der Lösung wird nicht mehr Glucose in die Zellen aufgenommen. Die Glucoseaufnahme erreicht eine *Sättigungskonzentration*. Wie kann man diese Versuchsergebnisse erklären?

Offenbar gelangt Glucose nicht durch einfache Diffusion in die roten Blutkörperchen, sonst müßte die Glucosekonzentration in der Zelle linear zur Konzentration der Umgebung zunehmen. Eine Sättigungskurve kann durch die Annahme erklärt werden, daß es in der Membran spezielle Orte gibt, an denen Glucose hindurchtransportiert wird. An

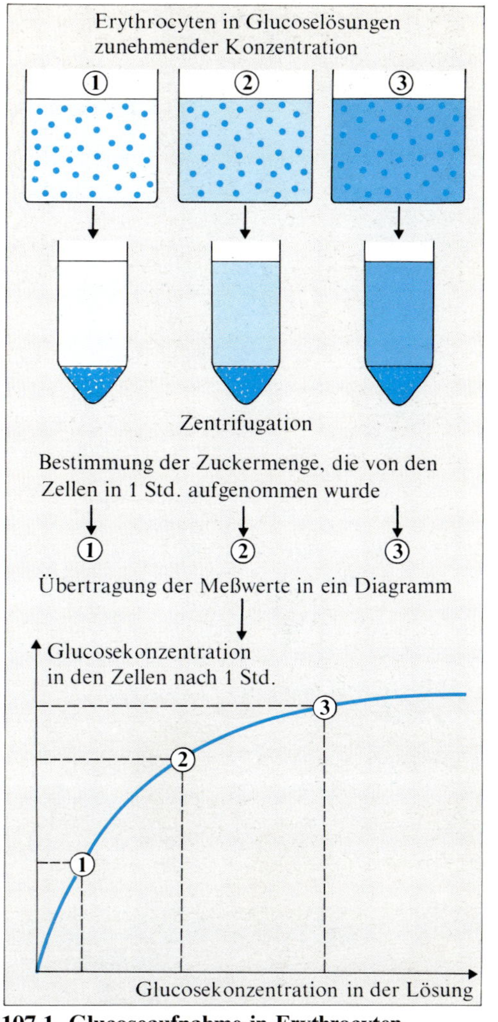

107.1. Glucoseaufnahme in Erythrocyten

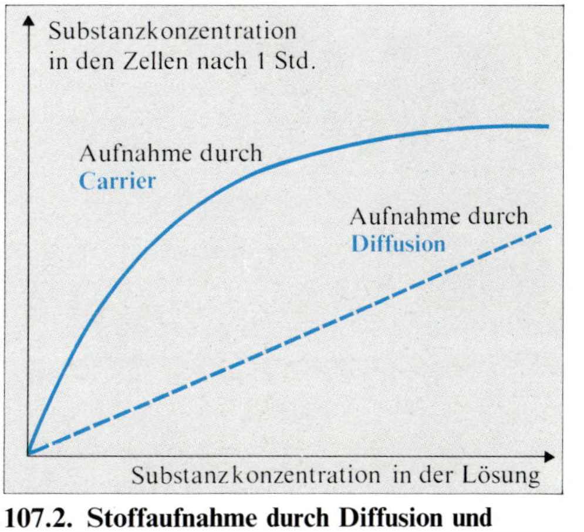

107.2. Stoffaufnahme durch Diffusion und passiven Transport

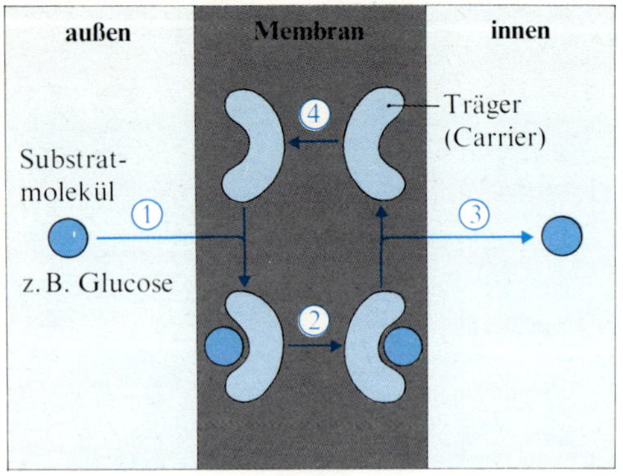

108.1. Passiver Transport.

1 Das zu transportierende Ion oder Molekül wird auf der einen Membranseite an den Carrier gebunden
2 Die Bindungsstelle des Carriers wird an die gegenüberliegende Membranseite verlegt
3 Das Teilchen wird entlassen
4 Die Bindungsstelle des Carriers wird an die Ausgangsseite zurückverlegt.

diesen Plätzen sitzen sogenannte **Trägermoleküle** („Carrier"), die auf Glucose spezialisiert sind. Sie binden Glucose, transportieren sie durch die Membran und entlassen sie auf der anderen Seite wieder. Diese Transportaufgabe erfüllen sie mit einer bestimmten Maximalgeschwindigkeit. Wenn alle Trägermoleküle „ausgelastet" sind, ist die maximale Transportkapazität erreicht. Auch bei noch größerer Umgebungskonzentration erfolgt kein weiterer Transport mehr. Die Sättigungskurve verläuft dann parallel zur x-Achse.

Solche Trägermoleküle, die es für sehr viele Molekülarten gibt, transportieren „ihre" Substanzen allein in Abhängigkeit vom Konzentrationsgefälle des betreffenden Teilchens, und zwar in beiden Richtungen gleich gut durch die Membran. Sie brauchen dazu keine Energie, etwa aus dem Stoffwechsel der Zelle. Der Vorteil dieses **passiven Transports** für die Zelle liegt vor allem in der sehr selektiven Substanzaufnahme.

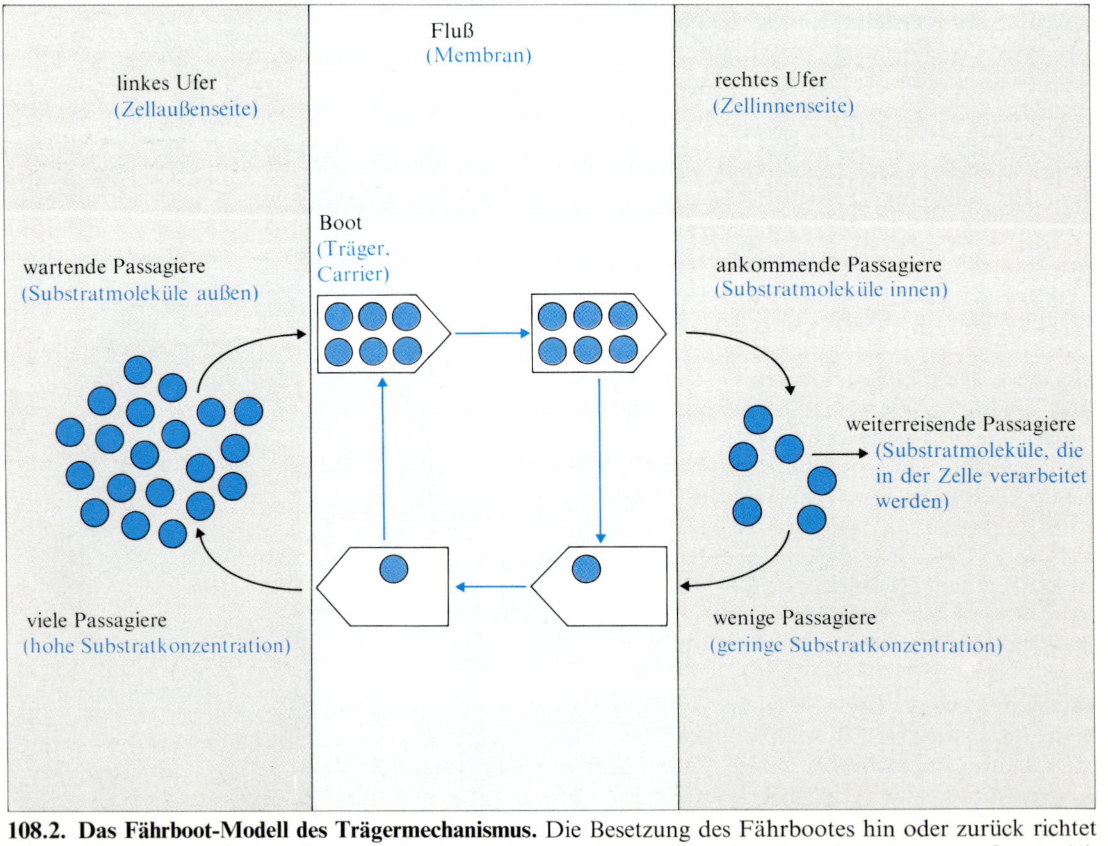

108.2. Das Fährboot-Modell des Trägermechanismus. Die Besetzung des Fährbootes hin oder zurück richtet sich nach der Menge der jeweils wartenden Passagiere. Für jeden Platz, den das Fährboot hat, muß man sich in der Membran ein eigenes Trägermolekül vorstellen.

10.3.3. Aktiver Transport

Für viele Vorgänge, die in Zellen ablaufen, z. B. die Synthese von Eiweißstoffen, werden relativ hohe Kalium-Ionen-Konzentrationen benötigt. Die meisten tierischen Zellen halten deshalb im Zellinnenraum immer eine hohe K^+-Ionen-Konzentration aufrecht. Sie liegt deutlich höher als in der Umgebung der Zellen. Die Natrium-Ionen-Konzentration in der Zelle ist dagegen viel niedriger, in der Zellumgebung liegt sie vergleichsweise hoch.

Bei roten Blutkörperchen kann man die K^+- und Na^+-Ionen-Konzentration im Inneren und im umgebenden Plasma leicht bestimmen und findet auch dort die beschriebenen Verhältnisse. Offenbar gibt es in der Membran aller dieser Zellen ein System, das diese Konzentrationsverhältnisse schaffen und aufrechterhalten kann. Deshalb sind z. B. rote Blutkörperchen gut geeignete Objekte, diesen Vorgang zu untersuchen.

Konzentrationsunterschiede von Ionen, aber auch diejenigen anderer Teilchen, erfordern sowohl zu ihrem Aufbau als auch zu ihrer Aufrechterhaltung ständigen Energieeinsatz durch die Zelle. Da die Zellmembran nie vollständig undurchlässig für diese Ionen ist, käme es durch solche kleinen „Lecks" bald zu einem Konzentrationsausgleich zwischen Innenraum und Umgebung. Einen weiteren Hinweis darauf, daß die Zelle ständig Energie aufwenden muß, um die Konzentrationsunterschiede aufrechtzuerhalten, erhält man durch die Beobachtungen absterbender Zellen. Hier kommt es durch Diffusion schnell zu einer Gleichverteilung z. B. von K^+- und Na^+-Ionen zwischen Zelle und umgebendem Medium.

Durch diese Beobachtungen angeregt, hat man intensiv nach einer „Pumpe" in der Membran gesucht. Welche Membranbestandteile sind in der Lage, unter Energieverbrauch Na^+-Ionen aus dem Zellinneren nach außen zu pumpen und dafür K^+-Ionen in die Zelle aufzunehmen?
Man weiß heute, daß es sich um Eiweißstoffe handelt, die in die Membran eingebaut sind. Diese Eiweißstoffe sind Enzyme, die ATP spalten, man nennt sie deshalb *ATPasen*. Ein solches Enzym braucht für seine volle Funktion Na^+-Ionen an der Innenseite der Membran und K^+-Ionen an der Außenseite der Membran. Offenbar reicht diese *Na^+-K^+-ATPase* durch die ganze Membran hindurch und hat Bindungsstellen innen für Na^+-Ionen und außen

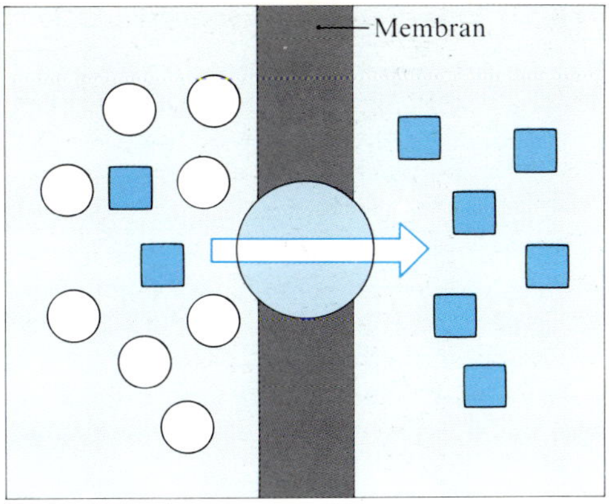

109.1. Aktiver Transport

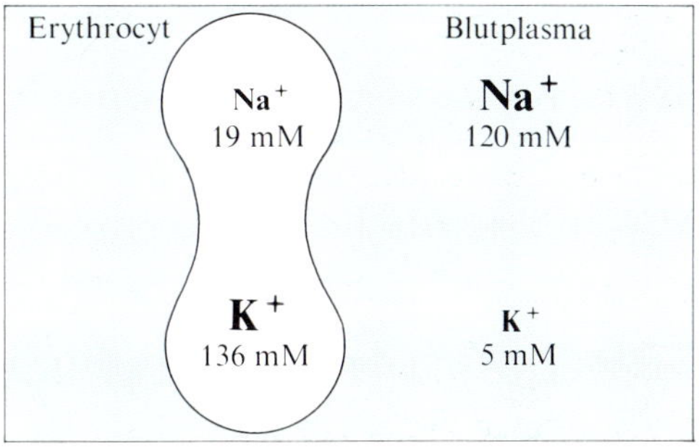

109.2. Natrium- und Kalium-Ionenkonzentration bei menschlichen Erythrocyten im Vergleich zum umgebenden Medium

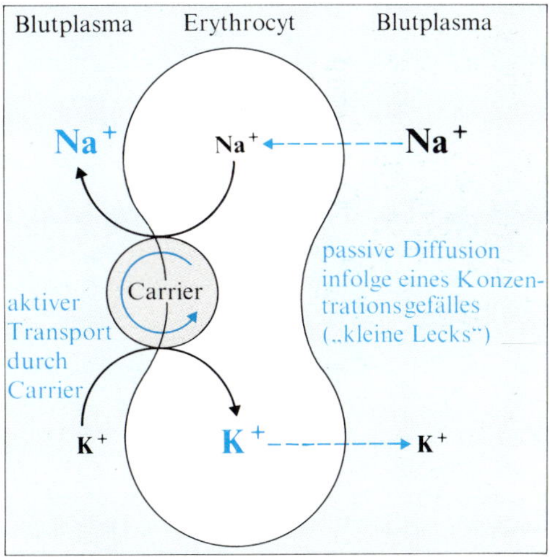

109.3. Ein Carrier in der Erythrocytenmembran. Er hält die Na^+/K^+-Konzentrationsunterschiede zwischen Erythrocyteninnenraum und umgebenden Blutplasma aufrecht. Die Größe der chemischen Symbole entspricht etwa ihrer Konzentration.

V 110.1. Ölfleck als Membranmodell

Materialien und Geräte: 1 runde Plastikschüssel (40 cm ∅), 1 Pfefferstreuer mit Bärlappsporen (Lycopodium), 1 Bürette, 1 Becherglas, Ölsäure oder Olivenöl, Leichtbenzin, Wasser

Durchführung: Füllen Sie eine saubere, fettfreie, runde Plastikschüssel mit Wasser. Streuen Sie gleichmäßig Bärlappsporen hauchdünn auf die Wasseroberfläche. Verdünnen Sie das Öl bzw. die Ölsäure im Verhältnis 1:2000.

Stellen Sie das Volumen eines Tropfens fest, indem Sie 50 Tropfen des Benzin-Öl-Gemisches

für K^+-Ionen. Pro ATP-Molekül kann sie drei Na^+-Ionen aus der Zelle pumpen, zwei K^+-Ionen werden dafür aufgenommen. Weil es sich dabei um geladene Teilchen handelt, wird zugleich ein elektrochemisches Potential aufgebaut. Man schätzt, daß ein Erythrocyt etwa 50 solcher Pumpen besitzt. Jeder Pumpzyklus dauert nur etwa eine hundertstel Sekunde.

Derartige Na^+-K^+-Ionenpumpen kommen in praktisch allen Membranen von Muskeln und Nervenzellen höherer Tiere und des Menschen vor. Vor

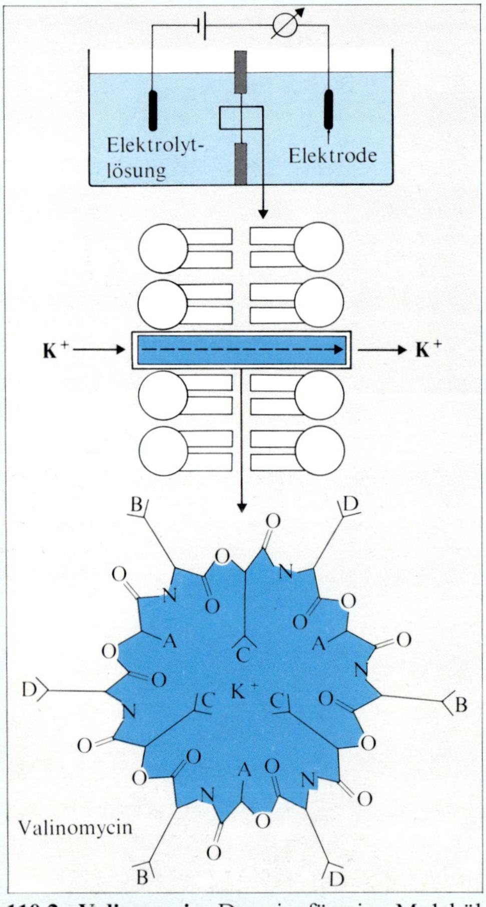

110.2. Valinomycin. Das ringförmige Molekül aus verschiedenen Aminosäuren ermöglicht den K^+-Transport in einer künstlichen Lipidmembran.

Untersuchungen zum Carriertransport an künstlichen Membranen

Zur Untersuchung des Carriertransports hat man ein geeignetes Modellsystem entwickelt. Man stellt sich künstliche Lipiddoppelmembranen her, in die dann Carriermoleküle eingebaut werden können. Solche Systeme haben gegenüber den lebenden Membranen der Zelle große Vorteile, da sie definiert und damit übersichtlicher gebaut sind. Solche Lipiddoppelmembranen, die in einem etwa 1 mm großen Loch in der Trennwand zwischen zwei wäßrigen Elektrolytlösungen hergestellt werden können, sind für Ionen (z. B. K^+ oder Na^+) eine außerordentlich wirksame Barriere.

Durch Messung der Leitfähigkeit zwischen beiden Membranseiten kann man zeigen, daß praktisch keine Ionen durch die Membran dringen können. Enthält diese aber z. B. **Valinomycin,** einen *Ionencarrier*, der hauptsächlich K^+-Ionen (weniger gut auch andere Alkaliionen, z. B. Na^+) durch die Membran transportiert, so steigt die Leitfähigkeit zwischen der einen und der anderen Membranseite. Man nimmt an, daß die Kaliumionen wie in einem Käfig eingeschlossen durch die Membran transportiert werden.

Ein Valinomycinmolekül transportiert die beachtliche Zahl von maximal etwa 10000 K^+-Ionen in der Sekunde. Man nennt diese Menge die *Wechselzahl* des Carriers.

allem bei Nervenzellen spielt der gebildete Konzentrationsunterschied der Ionen eine wichtige Rolle. Er ist als Membranpotential von einigen Millivolt nachweisbar und für die Nervenleitung unbedingte Voraussetzung.

Die Energie, die z.B. Gehirnzellen für ihre Na^+-K^+-Pumpen bereitstellen müssen, beträgt bis zu 70% ihres Gesamtverbrauchs von ATP. Die Na^+-K^+-Pumpe ist also ein *aktives Transportsystem*, ein Carrier für Transportvorgänge gegen ein Konzentrationsgefälle.

aus einer Bürette herauslaufen lassen und die Volumendifferenz bestimmen.

Lassen Sie nun einen Tropfen des Benzin-Öl-Gemisches auf die Wasseroberfläche fallen. Das Benzin verdunstet, die Öl- bzw. Ölsäureschicht bleibt zurück. Ermitteln Sie den Radius des kreisförmig ausgebreiteten Ölfleckes. Der Ölfleck entspricht einem sehr flachen Zylinder. Setzen Sie den Radiuswert in die Kreiszylindervolumenformel ($V_Z = \pi \cdot r^2 \cdot h$) ein.

Transport durch Poren

Trägermoleküle in Membranen haben eine bestimmte maximale Transportkapazität. Wir nennen sie Wechselzahl. Auch bei sehr großer Konzentration transportierbarer Moleküle oder Ionen können Carrier maximal etwa 10^4 Teilchen pro Sekunde befördern.

Bei Erregung einer Nervenzellenmembran gelangen aber in der Sekunde etwa 10^8 Na^+-Ionen in das Zellinnere. Das sind 10^4 mal mehr als z.B. Valinomycin an Kalium-Ionen befördern kann. Solche hohen Transportraten lassen sich also nicht mit Carriern erklären. Man kennt keine Transportmoleküle mit so großer Wechselzahl.

Eine Erklärung bot sich an, als man **porenbildende Proteine** entdeckte. Ein solches Molekül ist das **Gramicidin A,** ein aus 15 meist hydrophoben, d.h. „wasserabstoßenden" Aminosäuren aufgebautes Peptid. Dieses Molekül bildet spiralige Strukturen, in denen ein etwa 0,4 nm dicker Kanal bleibt. Wenn sich zwei dieser Gramicidinmoleküle zusammenlagern, überbrückt die entstehende Pore die Membran. Jede dieser Gramicidinporen läßt tatsächlich etwa 1000mal mehr Ionen durch als das Valinomycinmolekül transportieren kann. Es ist deshalb sehr wahrscheinlich, daß für Transportvorgänge, die eine besonders hohe Transportgeschwindigkeit erfordern (z.B. für den Einstrom von Na^+-Ionen in die Nervenzelle nach Erregung), solche Poren verantwortlich sind. Durch Veränderungen in der Molekülstruktur können solche Poren geöffnet und geschlossen werden.

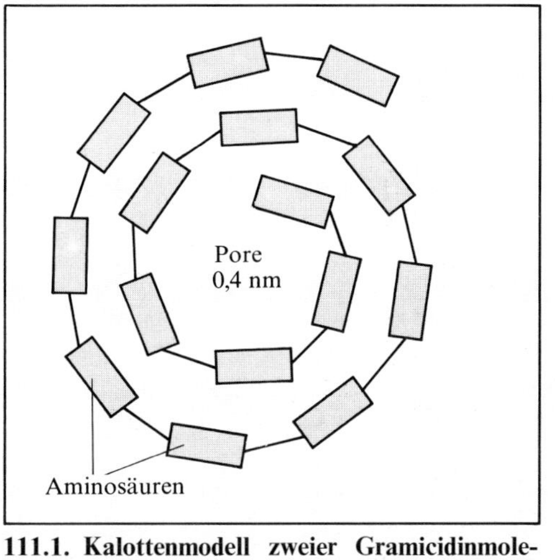

111.1. Kalottenmodell zweier Gramicidinmoleküle. Durch Aneinanderlagerung zweier Moleküle in der Porenachse (Dimerisierung) reicht das Molekül und damit die Pore durch die Membran hindurch.

111.2. Zwei Gramicidinmoleküle bilden eine Pore in einer bimolekularen Lipidschicht

11. Stoffwechsel der Zelle

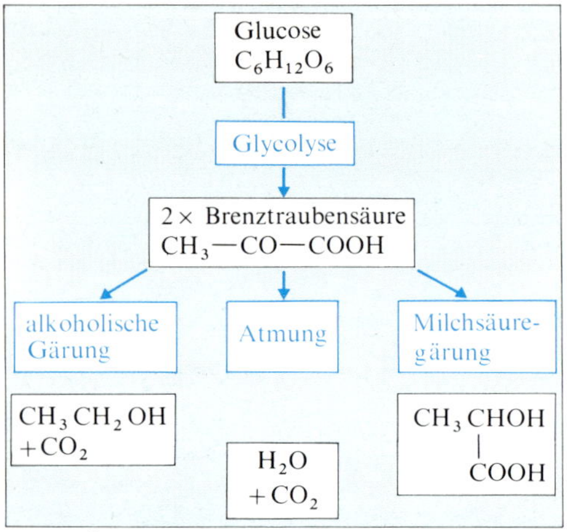

112.1. Übersicht über den Abbau der Glucose im Zellstoffwechsel

V 112.2. Alkoholische Gärung

Materialien und Geräte: 1 Erlenmeyerkolben, Bäckerhefe, Wasser, 20 g Glucose, Bariumhydroxidlösung

Durchführung: In einem Erlenmeyerkolben werden 20 g Bäckerhefe in 500 ml Leitungswasser suspendiert und mit 20 g Glucose versetzt. Mit einem Gärröhrchen, das Bariumhydroxid-Lösung enthält, wird der Kolben verschlossen. Nach Beendigung der Gärung kann der entstandene Alkohol aus der Flüssigkeit destilliert und durch Entzünden qualitativ nachgewiesen werden. Das entstandene CO_2 trübt die Bariumhydroxid-Lösung.

V 112.3. Milchsäuregärung

Materialien und Geräte: Milch, Indikatorpapier, Phenolphthalein, Natronlauge 1/100 molar

Durchführung: Lassen Sie frische Milch bei Zimmertemperatur einige Zeit stehen. Prüfen Sie vorher und nachher den pH-Wert. Dazu eignet sich Indikatorpapier. Man kann auch mit Phenolphthalein als Indikator die entstehende Milchsäure in verschiedenen Abständen titrieren (Natronlauge).

Läßt man eine zuckerhaltige Lösung, z.B. frischgepreßten Fruchtsaft, einige Zeit bei Zimmertemperatur stehen, so beginnt er zu gären. Seit Jahrtausenden dient dieses Verfahren der **alkoholischen Gärung** zur Gewinnung alkoholischer Getränke.
Frische Milch wird nach einiger Zeit sauer. Dieser Vorgang ist ein Grundprozeß zur Sauermilch-, Joghurt- und Käseherstellung. Wir nennen ihn *Milchsäuregärung*. Wie entstehen im Stoffwechsel der Hefepilze und der Milchsäurebakterien Ethanol und Milchsäure?
Für beide Vorgänge ist Glucose ein wichtiges Ausgangsprodukt. Sie wird aus dem Medium in die Zellen aufgenommen und im Verlaufe mehrerer Abbauschritte in zwei kleine Bruchstücke, die **Brenztraubensäure,** zerlegt. Man nennt diesen Vorgang **Glycolyse** (wörtlich: „Zuckerauflösung").
Brenztraubensäure wird bei den oben besprochenen Prozessen schließlich zu Ethanol bzw. Milchsäure weiterverarbeitet.

11.1. Glycolyse

Der Abbau von Glucose zu Brenztraubensäure wird in allen Schritten durch Enzyme katalysiert, die im Zellplasma liegen. Aus der Glucose mit 6 C-Atomen entstehen schließlich zwei Moleküle Brenztraubensäure mit 3 C-Atomen. Ein Ziel dieser Zuckerzerlegung ist die Gewinnung von Energie. Diese wird in der Zelle in Form von ATP festgelegt.
Betrachten wir die Glycolyse genauer, so finden wir, daß zuerst ATP verbraucht wird. Glucose wird phosphoryliert. Sie wird dadurch in einen reaktionsbereiten Zustand gebracht. Wie zum Anwerfen eines Motors, der schließlich Energie liefert, muß erst einmal Energie hineingesteckt werden. Die Phosphorylierung der Glucose und aller weiteren Folgeprodukte bis hin zur Brenztraubensäure hat zusätzlich den Effekt, daß diese die Zellmembran nicht mehr passieren können. Auf diese Weise gehen sie der Zelle nicht mehr durch Diffusion verloren.

Insgesamt ergibt sich beim Abbau der Glucose aber doch ein Energiegewinn. Pro Glucosemolekül werden 2 ATP verbraucht, aber 4 ATP gewonnen. Neben diesem Nettogewinn von 2 ATP bleibt auch noch ein Molekül NADH, ein reduziertes Coenzym, übrig. Auch dieses kann, wie wir später sehen werden, von der Zelle zur Energiegewinnung verwendet werden.

Gärungen. Unter Luftabschluß bilden Hefezellen aus Brenztraubensäure Ethanol. Milchsäurebakterien wandeln Brenztraubensäure in Milchsäure um. Was ist der stoffwechselphysiologische Grund für diese Schritte? Während des Glucoseabbaus wurde an einer Stelle das Coenzym NAD^+ zu NADH reduziert. Dadurch verarmt die Zelle an NAD^+, NADH reichert sich an. Die Reduktion der Brenztraubensäure zu Ethanol oder zu Milchsäure, bei der jeweils NADH gebraucht wird, stellt für die Zelle eine Möglichkeit dar, das NAD^+ wieder zu regenerieren. Bei der alkoholischen Gärung und der Milchsäuregärung ergibt sich in der Bilanz ein Gewinn von jeweils 2 Molekülen ATP. Dieses ATP, die „Energiewährung“ der Zelle, kann für energieverbrauchende Prozesse eingesetzt werden.

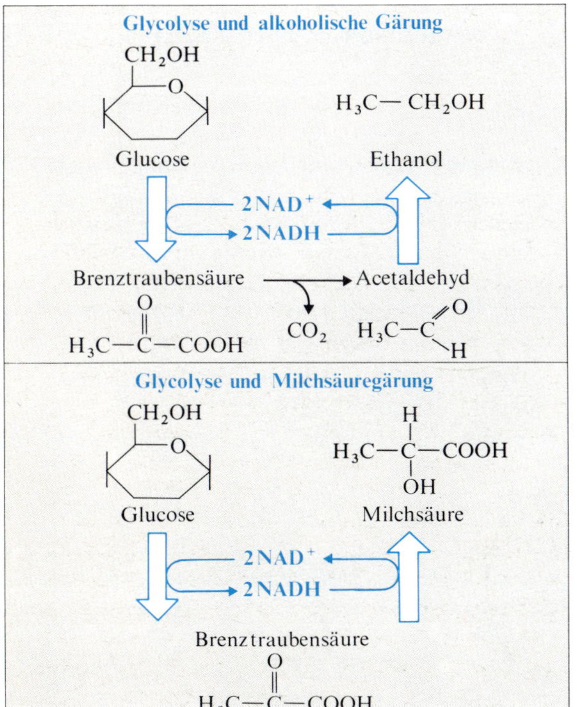

113.1. Alkoholische Gärung und Milchsäuregärung

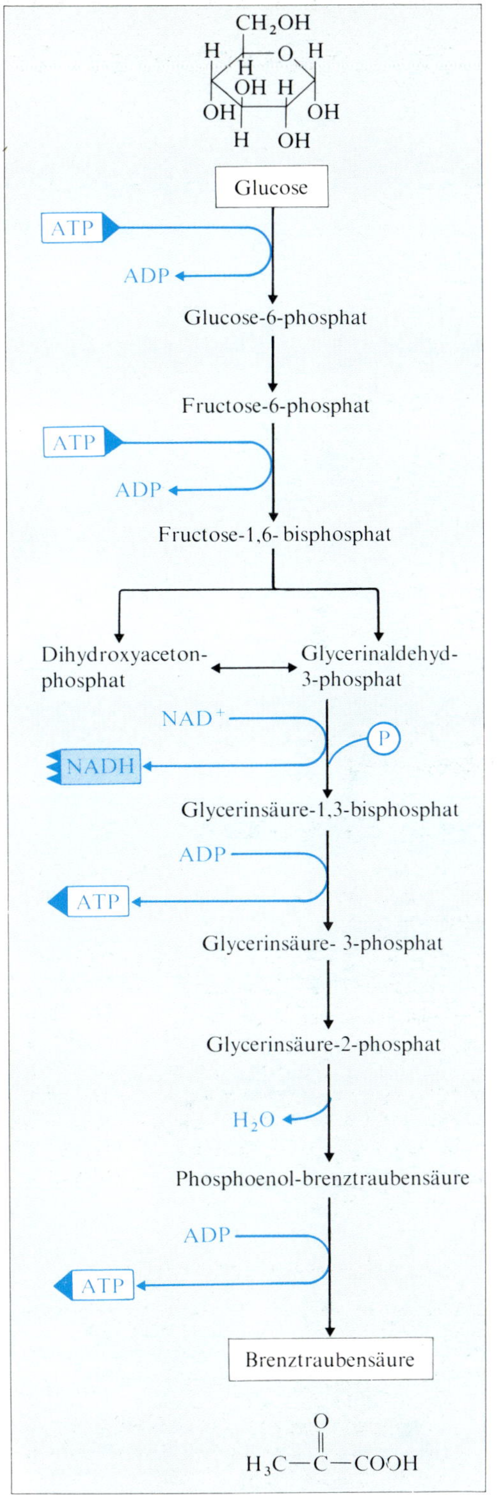

113.2. Glycolyse

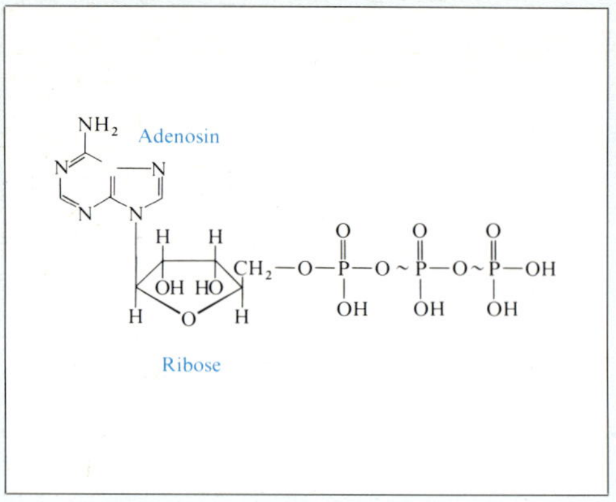

Energietransport durch ATP

Bei energieliefernden und energieverbrauchenden Vorgängen in der Zelle erfolgt die Energieübertragung in den meisten Fällen durch Cofaktoren. Dies sind Adenosinphosphate. Bei der Spaltung von Adenosintriphosphat (ATP) und Adenosindiphosphat (ADP) oder Adenosinmonophosphat (AMP) wird Energie verfügbar. Bei der Bildung dieser Adenosinphosphate wird Energie chemisch festgelegt.
Ein weiterer wichtiger energieübertragender Cofaktor ist das Guanosintriphosphat (GTP).

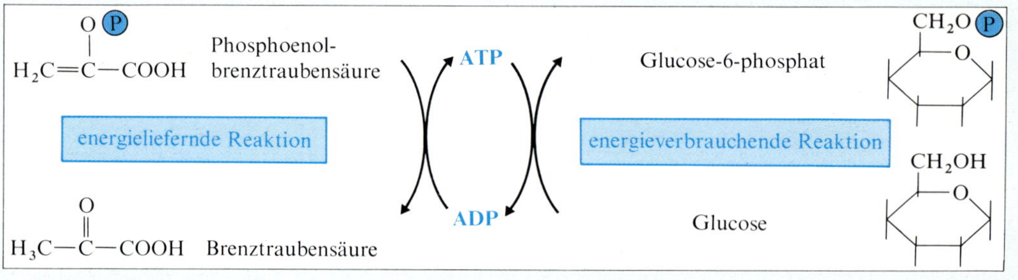

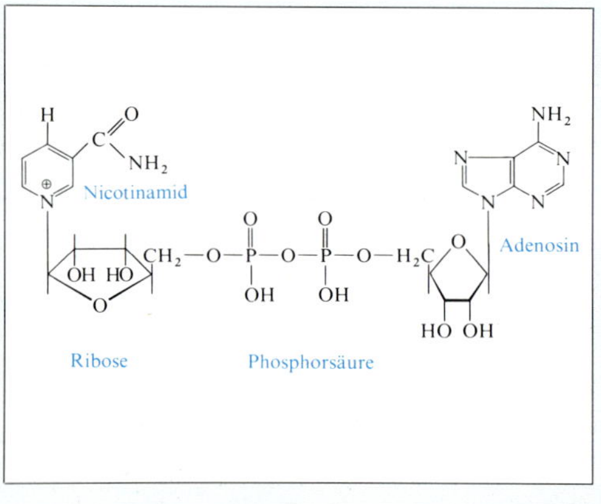

Wasserstofftransport durch NADH

Bei Oxidations- und Reduktionsvorgängen in der Zelle erfolgt die Wasserstoffübertragung durch Cofaktoren. Es handelt sich hierbei um das Nicotinamid-adenin-dinucleotid (NAD^+), das Wasserstoff reversibel binden kann. Es wird dadurch zu NADH reduziert. Die Wasserstoffanlagerung erfolgt im Nicotinamidteil des NAD^+-Moleküls.
Ein weiterer wichtiger wasserstoffübertragender Cofaktor ist das Flavin-Adenin-dinucleotid ($FAD/FADH_2$).

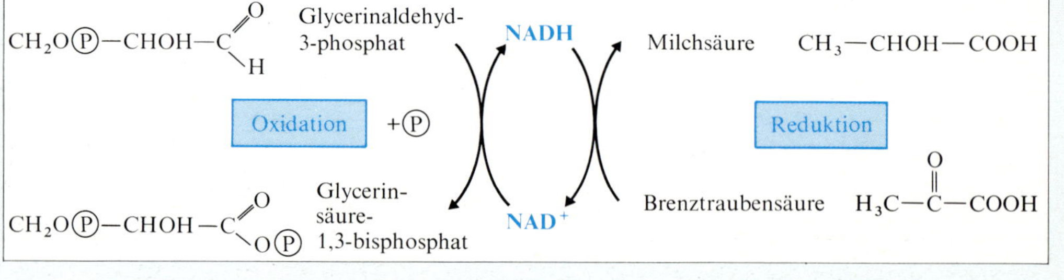

11.2. Citronensäurezyklus

Eine mit Hefezellen versetzte glucosehaltige Lösung gärt unter Luftabschluß nach kurzer Zeit. Belüftet man diesen Ansatz, so nimmt das Hefewachstum stark zu, Alkohol ist dagegen nicht nachweisbar. Bei Sauerstoffzufuhr läuft also offenbar keine Gärung ab.

Die in der Glycolyse gebildete Brenztraubensäure wird zuerst unter CO_2-Abspaltung an Coenzym-A angelagert. Das entstandene Acetyl-Coenzym-A, die **aktivierte Essigsäure,** wird jetzt an ein Akzeptormolekül, die *Oxalessigsäure*, angelagert. Die entstehende Citronensäure wird dann in einem Kreisprozess, der ihren Namen trägt, um zwei C-Atome verkürzt, die als CO_2 den Zyklus verlassen. In den Abbauschritten des Citronensäurezyklus wird schließlich das Akzeptormolekül Oxalessigsäure wieder regeneriert.

Auffällig ist, daß nur eine geringe Energiemenge entsteht. Dafür werden 4 NADH-Moleküle und ein Molekül $FADH_2$ pro Molekül Brenztraubensäure gebildet. Diese reduzierten Cofaktoren werden in einem weiteren wichtigen Stoffwechselprozess, der *Atmungskette,* weiter verarbeitet.

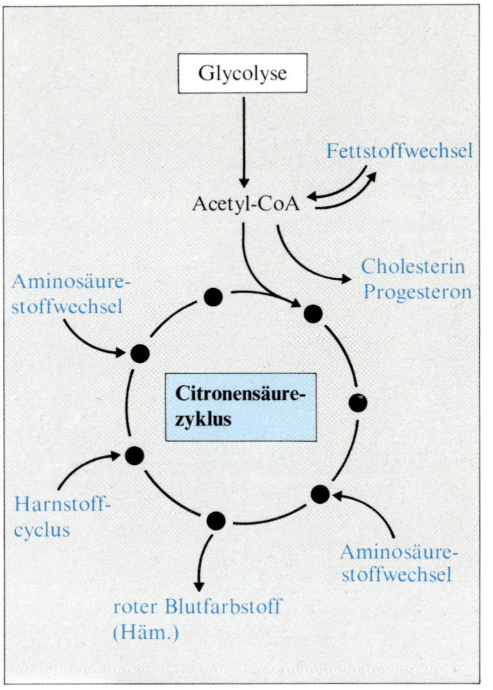

115.2. Der Citronensäurezyklus als Drehscheibe des Zellstoffwechsels

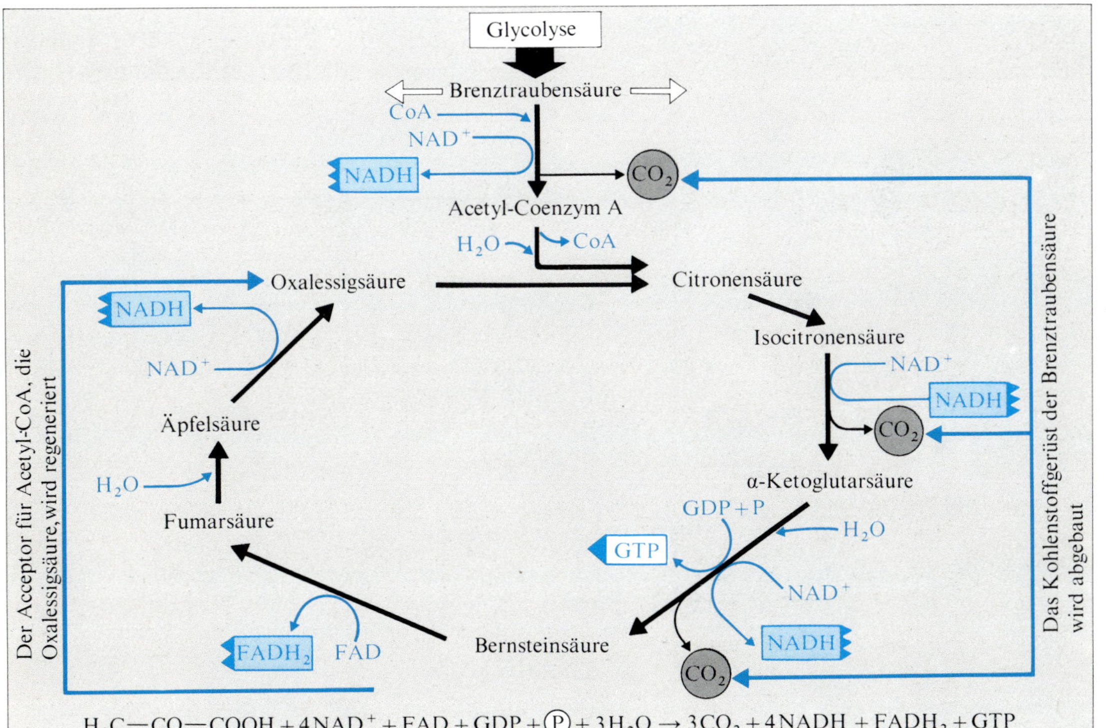

$$H_3C{-}CO{-}COOH + 4\,NAD^+ + FAD + GDP + Ⓟ + 3\,H_2O \rightarrow 3\,CO_2 + 4\,NADH + FADH_2 + GTP$$

115.1. Citronensäurezyklus (Schema)

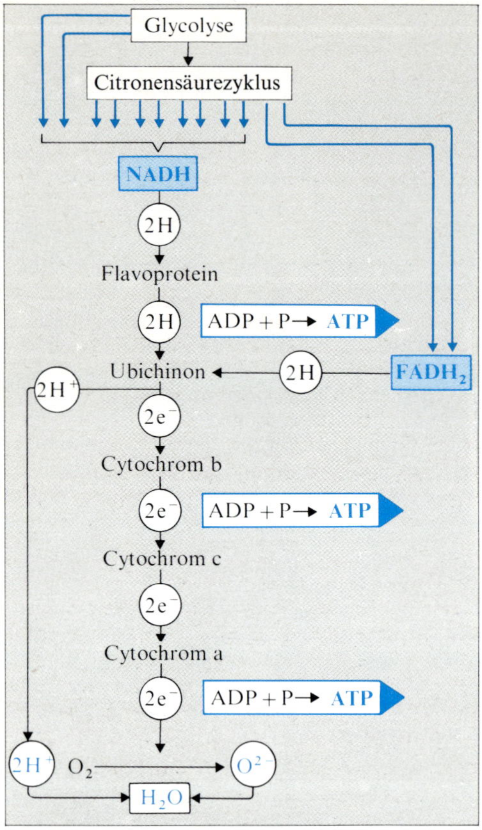

116.1. Atmungskette

11.3. Atmungskette

Hefezellen, die in einer belüfteten Zuckerlösung wachsen, vermehren sich schneller als diejenigen, die unter Luftabschluß gären. Offenbar gewinnen sie unter Sauerstoffzufuhr aus Glucose mehr Energie für das Zellwachstum als unter den sauerstofffreien Bedingungen der Gärung. Wo entsteht aber diese Energie, wenn in der Glycolyse nur zwei Moleküle ATP pro Molekül Glucose und im Citronensäurezyklus nur zwei Moleküle GTP entstanden?

Sie entsteht in der **Atmungskette,** in der die reduzierten Cofaktoren NADH und $FADH_2$ mit Sauerstoff zu H_2O oxidiert werden. Dieser Oxidationsvorgang erinnert an die Knallgasreaktion, bei der Wasserstoff und Sauerstoff unter hohem Energiegewinn zu H_2O verbrennen.

Damit nun in der Zelle die Energie nicht schlagartig frei wird und als Wärme verlorengeht, ist der Vorgang in kleine Schritte aufgeteilt. Wie Wasser über eine Kaskade von Wasserrädern mehrfach kleinere Turbinen treiben kann, so wird auch in den Mitochondrien der Zelle an drei Stellen der Atmungskette Energie in Form von ATP gewonnen. Der Hauptenergiegewinn des gesamten Glucoseabbaus erfolgt also in der Atmungskette durch Oxidation reduzierter Cofaktoren. Diese stammen aus der Glycolyse und dem Citronensäurezyklus.

Abbauvorgang	Abbauschritte	reduzierte Cosubstrate	C-Bilanz	Energiebilanz
Glycolyse (Cytoplasma)	Glucose → 2 Brenztraubensäure	2 NADH	C_6 → $2C_3$	2 ATP
Citronensäurezyklus (Mitochondrien)	→ 2 CoA; → 2 CO_2; 2 Acetyl-CoA; 2 Citronensäure; → 2 CO_2; → 2 CO_2; 2 Oxalessigsäure	2 NADH; 6 NADH; 2 FADH$_2$	→ 2 C_1; $2C_2$; $2C_6$; → 2 C_1; → 2 C_1; $2C_4$	2 GTP (= 2 ATP)
Atmungskette (Mitochondrien)		$24H^+ + 24e^- + 6O_2$ → $12O_2^-$ → $12H_2O$		34 ATP
		10 NADH; 2 FADH$_2$		38 ATP

116.2. Übersicht über den Glucose-Abbau

12. Photosynthese

12.1. Bedeutung der Photosynthese

Wenn man Pflanzen in einer Nährlösung kultiviert, die keine Kohlenstoffverbindungen enthält, entwickeln sie sich ohne Beeinträchtigung. Trotz der fehlenden Kohlenstoffverbindungen beträgt der Anteil des Kohlenstoffs an der Trockensubstanz der Pflanze 40 bis 50%. Daraus können wir schließen, daß die Pflanze den Kohlenstoff der Luft entnimmt. Hier kommt er in Form des Kohlenstoffdioxids in einem Anteil von 0,03% vor. Zu ihrem Gedeihen ist die Pflanze ausschließlich auf anorganische Stoffe angewiesen, nämlich Wasser, Nährsalze, Kohlenstoffdioxid und Sauerstoff. Aus ihnen baut die Pflanze alle in ihr vorkommenden organischen Verbindungen auf. Der grundlegende Vorgang ist der Aufbau von Kohlenhydraten aus Kohlenstoffdioxid und Wasser. Diesen Prozeß, der nur in den grünen Teilen der Pflanze und nur am Licht abläuft, nennt man **Photosynthese.**

Die Photosynthese kann zweifellos als der wichtigste biochemische Synthesevorgang auf der Erde angesehen werden. In der Biomasse der gesamten Organismen der Erde sind schätzungsweise 500 bis 1000 Milliarden Tonnen des photosynthetisch fixierten Kohlenstoffs gebunden. Alle Organismen, die nicht selbst Photosynthese durchführen können, sind – unmittelbar oder mittelbar – auf organische Stoffe angewiesen, die die grünen Pflanzen erzeugen. Die Photosynthese ist daher die *Grundlage für alles Leben auf der Erde.*

Durch die Photosynthese wird ständig kosmische Strahlungsenergie in chemische **Energie** umgewandelt. Diese steht dann für andere biochemische Reaktionen in der Zelle zur Verfügung. Durch die Photosynthese grüner Pflanzen in vergangenen Erdperioden sind die in Form von Kohle und Erdöl vorliegenden Energievorräte entstanden. – Durch die Photosynthese wird außerdem der **Sauerstoff der Atmosphäre** ständig regeneriert, der durch die Atmung aller Organismen verbraucht wird.

Entdeckungsgeschichte der Photosynthese

Der Niederländer VAN HELMONT (1577–1644) pflanzte einen 5 Pfund schweren Weidenbaum in einen Kübel mit einer abgewogenen Menge Erde, den er nur mit Regenwasser goß. Nach 5 Jahren wog der Baum 169 Pfund, die Erde hatte nur etwa 60 g an Gewicht verloren. Er schloß daraus, daß die Pflanzen ihre Stoffmasse allein aus Wasser bilden.

Der Engländer PRIESTLEY zeigte 1771/72, daß Tiere die Luft in einem abgeschlossenen Gefäß durch Ausscheidung eines Gases „verderben“, in welchem eine Kerzenflamme erlischt und in welchem sie selber ersticken. Brachte er jedoch in das Gefäß mit der verbrauchten Luft eine grüne Pflanze ein, vermochte eine Kerze nach einiger Zeit darin wieder zu brennen. PRIESTLEY folgerte daraus, daß die Pflanze die verbrauchte Luft wieder „verbessert“. Er zeigte experimentell, daß Pflanze und Tier in einem abgeschlossenen Raum zusammen leben können. Er kannte aber das Licht noch nicht als den entscheidenden Faktor.

Die Entdeckung der Lichtabhängigkeit gelang dann 1779 dem holländischen Arzt INGENHOUSZ. Nachdem der französische Chemiker LAVOISIER erkannt hatte, daß es sich bei den entscheidenden Luftbestandteilen um Kohlenstoffdioxid und Sauerstoff handelt, wies der Schweizer SENEBIER 1783 nach, daß der O_2-Abgabe eine CO_2-Aufnahme vorangehen muß.

ROBERT MAYER erkannte 1845 die energetischen Zusammenhänge bei der Photosynthese. Dem deutschen Botaniker SACHS gelang 1862 der Nachweis, daß in den Chloroplasten Stärke gebildet wird.

Aufgrund der Arbeiten von WILLSTÄTTER und STOLL sowie von Fischer ist seit 1939 die Struktur des Chlorophylls bekannt. Die Forschungsarbeit der letzten Jahrzehnte, z.B. durch den Amerikaner CALVIN, galten der Biochemie der Photosynthese.

V 118.1. Notwendigkeit des Lichts

Materialien und Geräte: Kapuzinerkresse oder Flieder, Alufolie, großes und kleines Becherglas, Heizplatte, Brennspiritus, Iod-Iodkalium-Lösung

Durchführung: Am Vorabend oder am frühen Morgen eines Sonnentages decken wir Blätter an der Pflanze mit einem Streifen Alufolie ab, aus der wir Figuren oder eine Schrift herausgeschnitten haben. Die Schablone sollte das Blatt auch an der entsprechenden Stelle der Unterseite bedecken. Nach einigen Stunden pflücken wir die Blätter ab und tauchen sie kurz in kochendes Wasser. Dann legen wir sie in Brennspiritus und erhitzen im Wasserbad, bis das Chlorophyll vollständig entzogen ist. Die bleichen, spröde gewordenen Blätter werden kurz in heißes Wasser getaucht und in einer Petrischale mit Iod-Iodkalium-Lösung übergossen. Nach einigen Minuten werden die Blätter abgewaschen.

V 118.2 Notwendigkeit des Chlorophylls

Materialien und Geräte: Zierpflanze mit grünweiß gescheckten (panaschierten) Blättern (Eschenahorn, Pelargonie, Holunder...), großes und kleines Becherglas, Heizplatte, Brennspiritus, Iod-Iodkalium-Lösung

Durchführung: Nach einigen Stunden Belichtung werden einige Blätter abgepflückt und wie in V 118.1 weiterbehandelt. Wir zeichnen die Blätter vor und nach der Behandlung und vergleichen.

V 118.3. Demonstration und Nachweis des Assimilationssauerstoffs

Materialien und Geräte: Wasserpest, Glasgefäß, Trichter, Reagenzglas, Stativ, Glimmspan

Durchführung: Wir bringen ein Bündel frisch abgeschnittener Sprosse der Wasserpest mit den Schnittstellen nach oben in ein Gefäß mit frischem Wasser und stülpen einen Glastrichter darüber. Auf das Trichterende schieben wir ein wassergefülltes Reagenzglas, dessen Mündung in das Wasser eintauchen muß. Die Versuchsanordnung wird in das Sonnenlicht oder in das Licht einer kräftigen Lampe gestellt. Wir beobachten die Gasblasenbildung. Mit einem glimmenden Span prüfen wir das entstandene Gas (vgl. Abb. 119.2.).

V 118.4. Nachweis des Assimilationssauerstoffs mit der Indigo-Methode

Materialien und Geräte: Wasserpest, 0,1 %ige wäßrige Indigokarmin-Lösung, 1 %ige Natriumdithionit-Lösung ($Na_2S_2O_4$), Standzylinder, Stopfen oder Glasplatte

Durchführung: Die Indigokarmin-Lösung füllen wir in das Glas und setzen tropfenweise Natriumdithionit-Lösung zu, bis die Blaufärbung gerade verschwunden und die Lösung schwach gelblich geworden ist (Reduktion zu Indigoweiß). In die entfärbte Lösung stecken wir einen oder mehrere Sprosse der Wasserpest und schließen sie luftblasenfrei und luftdicht durch den Stopfen oder die Glasplatte ab. Das Gefäß stellen wir ins Licht und beobachten. Erklärung?

V 118.5. Abhängigkeit von der Lichtintensität

Materialien und Geräte: Wasserpest, Lampe, Reagenzglas, Büroklammer

Durchführung: Wir beschweren einen frisch abgeschnittenen Sproß der Wasserpest an seiner Spitze mit einer Büroklammer und stecken ihn umgekehrt in ein wassergefülltes Reagenzglas. Die Schnittstelle des Sprosses muß einige cm unterhalb der Wasseroberfläche liegen. In einem etwas abgedunkelten Raum stellen wir eine Lichtquelle nahe an das Reagenzglas heran und zählen die pro Minute austretenden Sauerstoffblasen. Dann entfernen wir die Lampe schrittweise und zählen jeweils die Blasen. Stellen Sie die Ergebnisse in einem Kurvenbild dar!

V 118.6. Notwendigkeit des Kohlenstoffdioxids und Abhängigkeit von der CO_2-Konzentration

Materialien und Geräte: Wasserpest, 3 Reagenzgläser, Leitungswasser, gründlich abgekochtes Wasser, Sprudel, Büroklammern

Durchführung: Wir stecken je einen Sproß der Wasserpest umgekehrt in ein Reagenzglas mit
a) Leitungswasser,
b) abgekochtem Wasser (abkühlen lassen!),
c) Wasser, das mit etwas Sprudel versetzt wurde.
Im dritten Glas sollen keine CO_2-Bläschen mehr aufsteigen. Wir stellen die drei Gläser in das Sonnenlicht oder so vor eine Lichtquelle, daß alle gleich stark bestrahlt werden. Wir zählen die an der Schnittstelle austretenden Sauerstoffbläschen, vergleichen und werten aus.

12.2. Bedingungen der Photosynthese

Summarisch läßt sich der Photosyntheseprozeß in folgender Gleichung darstellen:

$$6CO_2 + 12H_2O \xrightarrow[\text{Chlorophyll}]{\text{Lichtenergie}} C_6H_{12}O_6 + 6O_2 + 6H_2O$$

Pro Mol erzeugter Glucose wird eine Energiemenge von 2875 kJ benötigt. – Aus dieser Gleichung ergibt sich, daß fünf Bedingungen für den Ablauf der Photosynthese wichtig sind:

Kohlenstoff. Die Kohlenstoffquelle für die Landpflanzen ist das CO_2 der Atmosphäre, für Wasserpflanzen das im Wasser gelöste CO_2 sowie gelöste Carbonate. Die CO_2-Aufnahme aus der Luft und damit die Photosyntheserate wird quantitativ auf folgende Weise bestimmt: Über den beblätterten Zweig einer Pflanze wird in einer klimatisierten Glaskammer ein Luftstrom geleitet, dessen CO_2-Gehalt vorher und nachher gemessen wird. Eine andere Nachweis- und Meßmethode beruht auf dem Einbau von radioaktiv markiertem $^{14}CO_2$. Das ^{14}C kann in den Photosyntheseprodukten nachgewiesen und quantitativ bestimmt werden.

Wasser. Die Notwendigkeit des Wassers als eines Ausgangsstoffes für die Photosynthese läßt sich mit einfachen Mitteln nicht nachweisen. In wissenschaftlichen Laboratorien wird dazu schweres Wasser, $H_2{}^{18}O$, verwendet. Man kann den markierten Sauerstoff in den Folgereaktionen nachweisen.

Lichtenergie. Die Synthese von Kohlenhydraten aus CO_2 und H_2O ist ein energieverbrauchender Vorgang. Als Energiequelle dient die Sonnenstrahlung.

Chlorophyll. Daß nur chlorophyllhaltige Zellen zu assimilieren vermögen, läßt sich an panaschierten, d.h. grün-weiß oder grün-gelb gefleckten Blättern zeigen. Nur in den grünen Teilen des Blattes sind die Photosyntheseprodukte nachweisbar. Die Photosyntheseorte in den Zellen sind die Chloroplasten. In ihnen sind nach Belichtung Stärkekörnchen mikroskopisch erkennbar.

Sauerstoff. Die Bildung von Sauerstoff kann man leicht bei Wasserpflanzen demonstrieren und messen, da die O_2-Bläschen an den Schnittstellen der Stengel austreten und gezählt werden können.

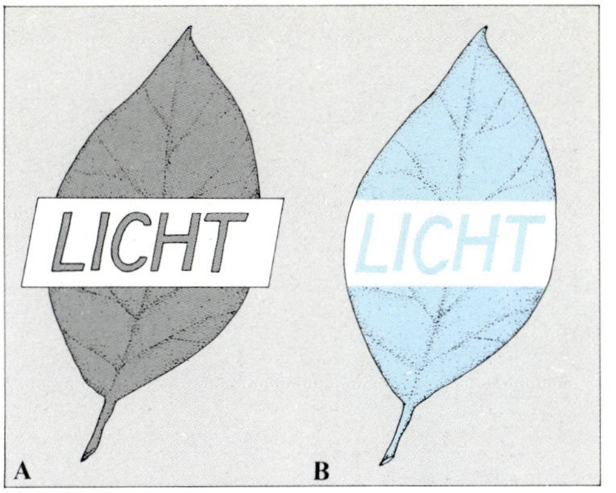

119.1. Stärkebildung bei der Photosynthese: A Blatt mit Schablone, **B** Stärkenachweis nach mehrstündiger Belichtung (vgl. V 118.1.).

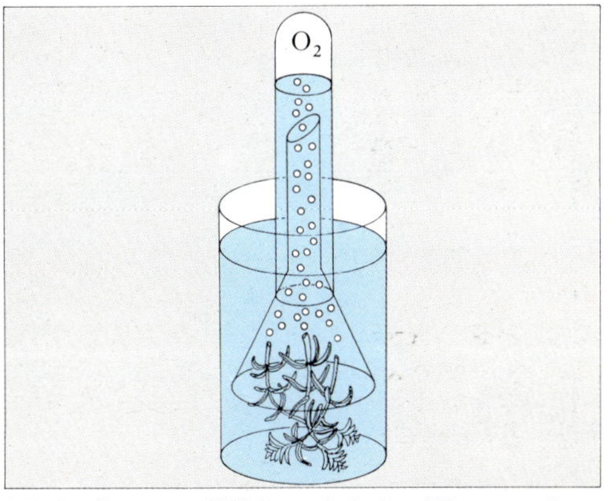

119.2. Sauerstoffbildung bei der Photosynthese (Wasserpest)

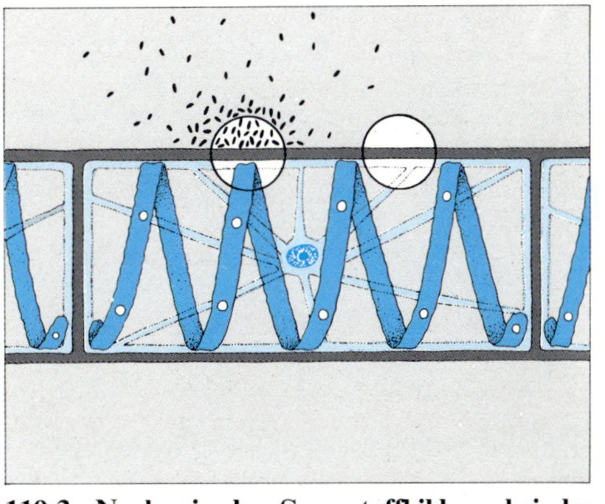

119.3. Nachweis der Sauerstoffbildung bei der Photosynthese an der grünen Fadenalge Spirogyra. Sauerstoffliebende Bakterien sammeln sich nur dort an, wo ein eng begrenztes Lichtbündel (Kreise!) den schraubenförmigen Chloroplasten trifft.

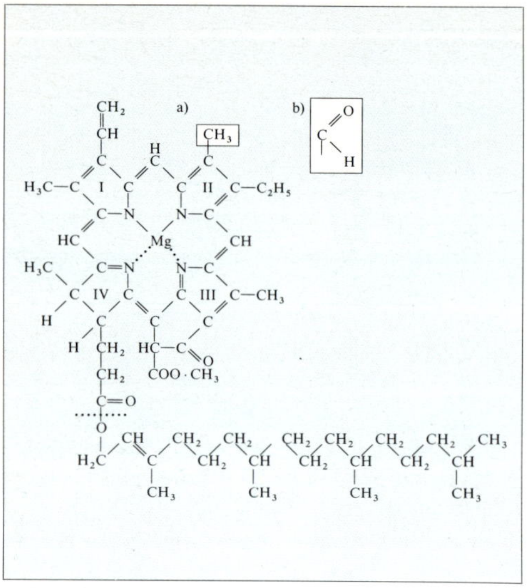

120.1. **Chlorophyll a und b**

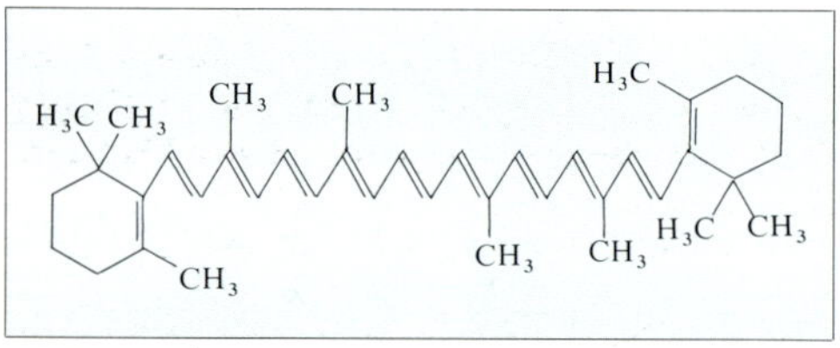

120.2. **β-Carotin**

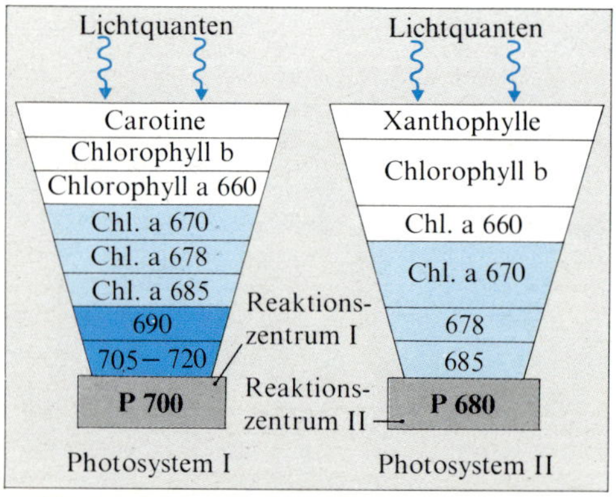

120.3. Zusammensetzung der Photosysteme I und II. Die Antennenpigmente „fangen" die Lichtquanten ein und leiten sie stufenweise zum Reaktionszentrum weiter (Trichtermodell). Die Systeme unterscheiden sich sowohl in ihrer Zusammensetzung aus Antennenpigmenten als auch in den Absorptionsmaxima der einzelnen Chlorophyll-a-Formen.

12.3. Lichtabsorption

Das Licht kann nur dann photosynthetisch wirksam werden, wenn es durch bestimmte Moleküle absorbiert wird. Diese Absorption erfolgt durch *Chromatophorenpigmente*, in erster Linie durch das **Chlorophyll a.** Daneben absorbiert auch das **Chlorophyll b.** Die beiden Chlorophyllarten absorbieren das Licht in den verschiedenen Wellenlängenbereichen unterschiedlich stark. Die Absorptionsmaxima liegen im Rot und im Blau. Die beiden Maxima von Chlorophyll b liegen etwas näher beieinander als die von Chlorophyll a. Die Maxima zeigen die Spektralbereiche mit bevorzugter Absorption an. Eine gewisse Absorption findet auch im mittleren Spektralbereich statt. Am geringsten ist die Absorption im langwelligen Rot.
Die Funktion des Chlorophylls b und der Carotinoide besteht darin, Lichtenergie aufzunehmen, die vom Chlorophyll a nicht absorbiert werden kann. Sie übertragen dann die aufgenommene Strahlungsenergie auf bestimmte Moleküle des Chlorophylls a. Man bezeichnet sie deshalb als *Antennenpigmente.* Aus demselben Grund nennt man sie auch akzessorische Pigmente.

Jeweils mehrere Hundert Chlorophyllmoleküle und andere Pigmentmoleküle sind in der Thylakoidmembran der Chloroplasten zu einer *photosynthetischen Elementareinheit* zusammengeschlossen. Nur eines der Chlorophyll-a-Moleküle ist darin photochemisch aktiv und stellt das *Reaktionszentrum* dar. Alle übrigen Pigmentmoleküle übertragen die absorbierte Lichtenergie auf dieses zentrale Molekül. In jedem Chloroplasten sind über eine Million solcher Systeme vorhanden.

Bei der Photosynthese wirken stets zwei dieser Systeme zusammen, sie sind hintereinandergeschaltet. Im **Photosystem I** ist das Reaktionszentrum ein Chlorophyllmolekül a_I, das bei 700 nm absorbiert. Es wird daher auch Pigment 700 (P 700) genannt. Das Reaktionszentrum im **Photosystem II** ist ein Chlorophyllmolekül a_{II}, es absorbiert bei 680 nm und heißt deshalb Pigment 680 (P 680). Die beiden Systeme enthalten in unterschiedlichem Mengenverhältnis Chlorophyll a und b sowie Carotinoide. Alle diese Moleküle außer den Reaktionszentren haben Antennenfunktion, d.h. sie „fangen" Strahlungsenergie ein und übertragen die absorbierte Energie auf das Reaktionszentrum.

12.4. Biochemie der Photosynthese

12.4.1. Die Herkunft des Sauerstoffs

Bei der Photosynthese wird Sauerstoff freigesetzt. Dieser Sauerstoff entsteht durch *Wasserspaltung* (Photolyse des Wassers), stammt also aus dem H_2O und nicht, wie ursprünglich angenommen, aus dem CO_2. Diese Auffassung wird durch folgende Versuchsergebnisse und Befunde gestützt:

1. Die grünen und roten Schwefelbakterien sind durch den Besitz von *Bacteriochlorophyll* zur Photosynthese befähigt. Wegen dieser Tätigkeit sind sie licht-, aber nicht sauerstoffbedürftig, sie leben anaerob. Sie verwenden bei der Photosynthese nicht CO_2 und H_2O, sondern CO_2 und H_2S als Ausgangsstoffe. Anstelle von O_2 wird elementarer Schwefel freigesetzt. Die Photosynthese verläuft hier nach der folgenden Gleichung:

$$6CO_2 + 12H_2S \xrightarrow[\text{Bacterio-chlorophyll}]{\text{Lichtenergie}} C_6H_{12}O_6 + 12S + 6H_2O$$

Wegen der Analogie zur Photosynthese grüner Pflanzen liegt die Vermutung nahe, daß das H_2S und das H_2O als Wasserstoffquelle oder H-Donatoren einander entsprechen, daß also bei den grünen Pflanzen das Wasser gespalten wird, so wie bei den Schwefelbakterien das H_2S.

2. Daß der Sauerstoff dem Wasser entstammt, wurde durch Markierungen des Wassers mit dem Sauerstoffisotop ^{18}O weitgehend bestätigt. Verwendete man $H_2{}^{18}O$, wurde markierter Sauerstoff ausgeschieden:

$$6CO_2 + 12H_2{}^{18}O \xrightarrow[\text{Chloro-phyll}]{\text{Licht-energie}} C_6H_{12}O_6 + 6\,{}^{18}O_2 + 6H_2O$$

3. Aus lebenden Zellen isolierte Chloroplasten entwickeln bei Abwesenheit von CO_2 im Licht Sauerstoff aus Wasser, wenn man ihnen als Wasserstoffakzeptor $NADP^+$ zusetzt. Dieser Vorgang wird als HILL-Reaktion bezeichnet. Hierbei findet keine CO_2-Assimilation und keine Zuckersynthese statt. Das $NADP^+$ wird zu NADPH reduziert.

$$H_2O + 2NADP^+ \xrightarrow{\text{Lichtenergie}} 2NADPH + \frac{1}{2}O_2$$

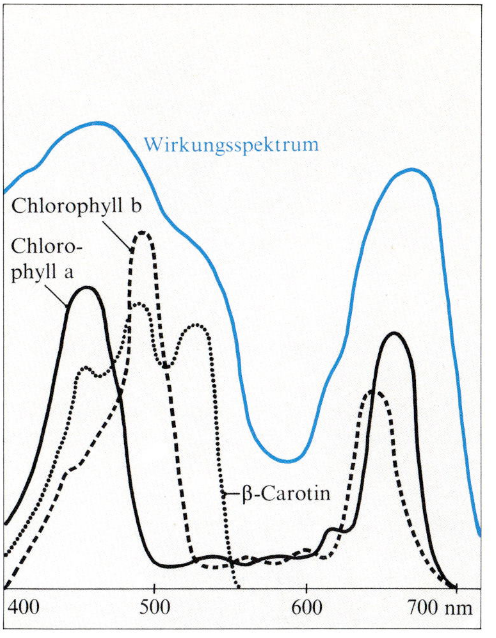

121.1 Absorptionsspektren der Photosynthesepigmente: Chlorophyll a und b, β-Carotin (schwarz) und Wirkungsspektrum der Photosynthese (blau).

A 121.2. Vergleichen Sie die Absorptionskurven der Photosynthesepigmente miteinander und setzen Sie diese in Beziehung zum Wirkungsspektrum der Photosynthese.

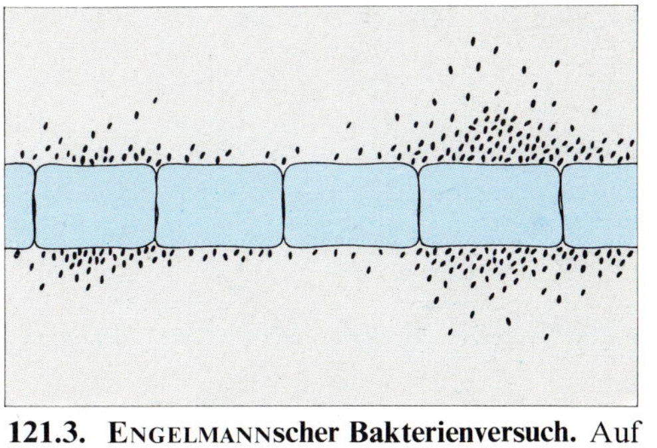

121.3. ENGELMANNscher Bakterienversuch. Auf eine grüne Fadenalge wird ein durch ein Prisma erzeugtes Spektrum projiziert. Durch den Assimilationssauerstoff angelockte sauerstoffliebende Bakterien sammeln sich längs des Fadens an. Die Bakteriendichte ist abhängig von der Photosyntheseintensität, die in den einzelnen Wellenlängenbereichen verschieden ist. Durch diesen Versuch wird die unterschiedliche Wirksamkeit der verschiedenen Wellenlängenbereiche anschaulich dargestellt.

V 122.1. Lichtabsorption in grünen Blättern

Materialien und Geräte: frische grüne Blätter, Lichtquelle (Taschenlampe, Projektor....)

Durchführung: In einem verdunkelten Raum halten wir unmittelbar vor eine Lichtquelle ein grünes Blatt, stellen die Farbe des durchgelassenen Lichts fest und legen nacheinander weitere Blätter dazu. Seitlich sollte dabei kein Licht austreten. Erklären Sie die beobachtbaren Farbänderungen!

V 122.2. Lichtabsorption in einer Rohchlorophyllösung

Materialien und Geräte: alkoholische Rohchlorophyllösung (vgl. V 29.4.), Lichtquelle, enges Becherglas

Durchführung: In einem verdunkelten Raum stellen wir auf eine nach oben gerichtete Lichtquelle ein Becherglas, das mindestens so breit ist wie die Lichtquelle. Wir gießen die Chlorophyllösung zunächst in dünner, dann in zunehmend dickerer Schicht ein und stellen jeweils die Farbe des durchgelassenen Lichts fest. Erklärung? Vergleichen Sie mit dem Ergebnis von V 122.1.!

V 122.3. Fluoreszenz des Chlorophylls

Materialien und Geräte: alkoholische Rohchlorophyllösung (vgl. V 29.4.), Lichtquelle, evtl. UV-Lampe

Durchführung: Die Chlorophyllösung wird im verdunkelten Raum im auffallenden Licht einer Lampe betrachtet. Der Effekt ist noch eindrucksvoller bei Verwendung einer UV-Lampe (Vorsicht! UV-Licht gefährdet das Auge). Nach Feststellung der Farbe des von der Lösung zurückgestrahlten Lichts gießen wir etwas Wasser in die Lösung und stellen wieder die Farbe fest. Erklärung?

12.4.2. Primärreaktionen – Sekundärreaktionen

Die HILL-Reaktion zeigt, daß die Wasserspaltung auch ohne Anwesenheit von CO_2 abläuft. Die Wasserspaltung steht also nicht in unmittelbarem Zusammenhang mit der Reduktion des Kohlenstoffdioxids. Man vermutete daher, daß die Photosynthese aus zwei hintereinandergeschalteten Reaktionsfolgen besteht. Sie werden als die *Primär-* und die *Sekundärreaktionen* bezeichnet.

Weiteren Aufschluß über den Ablauf der Photosynthese gibt folgendes Versuchsergebnis: Isolierte Chloroplasten besitzen die Fähigkeit, bei Belichtung aus ADP und anorganischem Phosphat ATP aufzubauen, ohne daß CO_2 vorhanden sein muß.

Primärreaktionen (Lichtreaktionen). Bei Belichtung einer Pflanze werden Lichtquanten von den Chlorophyllmolekülen des Reaktionszentrums absorbiert. Dadurch werden Elektronen in den Molekülen auf ein höheres Energieniveau gehoben. Die Chlorophyllmoleküle gehen in einen angeregten Zustand über. Schon nach 10^{-9} sec kehrt das Elektron in den Grundzustand zurück. Der größte Teil der aufgenommenen Strahlungsenergie wird dabei in chemische Energie umgesetzt. Dieser Vorgang vollzieht sich in zwei hintereinandergeschalteten Lichtreaktionen, der Lichtreaktion I und der Lichtreaktion II. Sie laufen an den Photosystemen I und II ab und sind durch eine Elektronentransportkette miteinander verbunden.
Wir betrachten zunächst die **Lichtreaktion II.** In ihr wird durch die Wirkung eines Lichtquants dem Chlorophyll a_{II} (P 680) des Photosystems II ein Elektron entrissen. Dieses wird auf einen noch nicht genau bekannten Akzeptor A_{II} übertragen und wandert über eine Kette von Redoxsystemen zum Chlorophyll a_I des Photosystems I, energetisch gesehen gewissermaßen „bergab". Diese Redoxsystemkette besteht aus Plastochinon, Cytochrom b, Cytochrom f und Plastocyanin. Ein Teil der Energie des Elektrons wird dabei zur Bildung von ATP aus ADP und anorganischem Phosphat verbraucht. Diese Art der Energiebindung wird, weil sie durch Lichtenergie hervorgerufen wird, als **Photophosphorylierung** bezeichnet.
In der Lichtreaktion II entsteht im Chlorophyll a_{II} eine Elektronenlücke. Diese wird ausgefüllt durch ein Elektron eines OH^--Ions des Wassers. Durch die Elektronenabgabe wird das Ion zum OH-Radikal. Zwei OH-Radikale reagieren miteinander zu Wasser und elementarem Sauerstoff. Dieser wird als **Assi-**

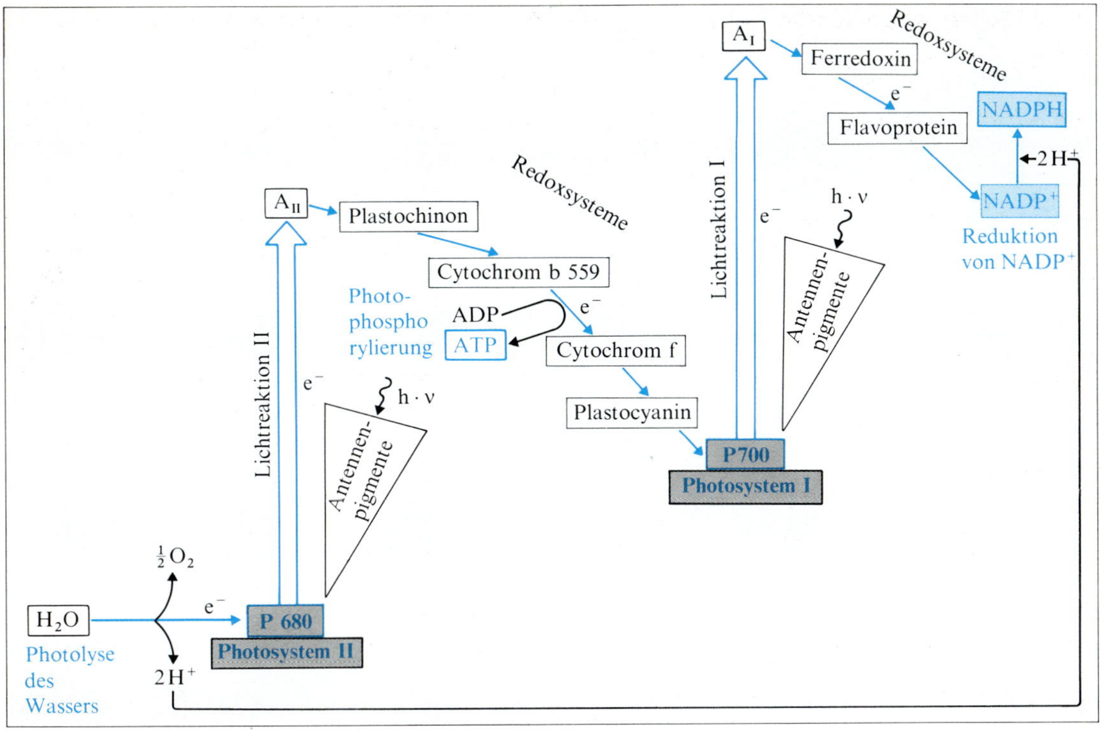

123.1. Die photochemischen Reaktionen bei der Photosynthese

milationssauerstoff frei. Diese *Wasserspaltung*, bei der Protonen, Sauerstoff und Elektronen freigesetzt werden, findet unter der Einwirkung des Lichts statt und wird deshalb als **Photolyse des Wassers** bezeichnet.

Im Photosystem I findet die **Lichtreaktion I** statt. Durch Belichtung des Chlorophylls a_I (P 700) werden Elektronen zunächst auf einen noch nicht sicher bekannten Akzeptor A_I übertragen und von dort über Ferredoxin und ein weiteres Redoxsystem (Flavoprotein) auf das Coenzym $NADP^+$. Dieses geht unter Aufnahme zweier aus der Wasserspaltung stammender Protonen in die reduzierte Form NADPH über.

Betrachten wir zusammenfassend den Weg der Elektronen während der beiden Lichtreaktionen, so ergibt sich also ein nichtzyklischer Elektronentransport vom OH^--Ion über das Photosystem II, die Redoxsystemkette, das Photosystem I und eine weitere Redoxsystemkette zum $NADP^+$. Das NADPH steht nun mit der darin investierten Energie als *Reduktionsäquivalent* für die Dunkelreaktionen bereit. Außerdem steht mit dem während der Lichtreaktionen gebildeten ATP ein *Energieäquavalent* für die Dunkelreaktionen zur Verfügung.

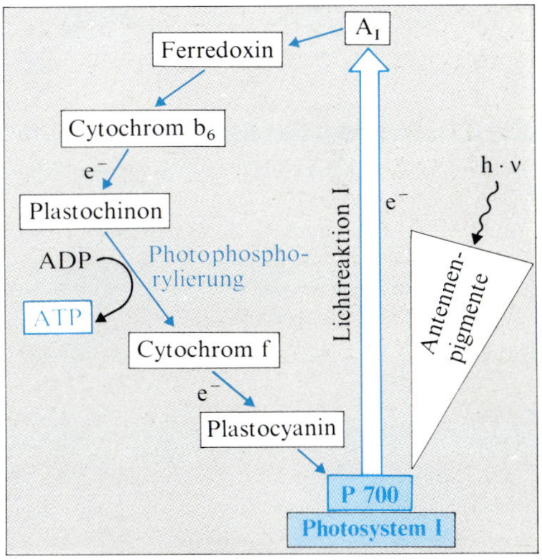

123.2. Die zyklische Photophosphorylierung. Außer dem nichtzyklischen gibt es noch einen zyklischen Elektronentransport, an dem nur das Photosystem I beteiligt ist. Hierbei werden die energiereichen Elektronen über den Akzeptor A_I, das Ferredoxin, Cytochrome, Plastochinon und Plastocyanin zum P 700 zurückgeführt. Auch dabei wird ATP gebildet. Eine Reduktion des $NADP^+$ zu NADPH findet nicht statt.

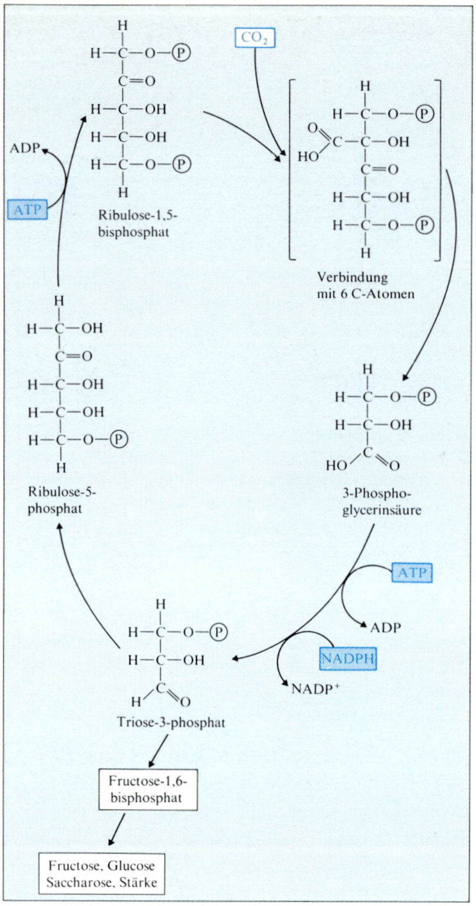

124.1. Dunkelreaktionen der Photosynthese

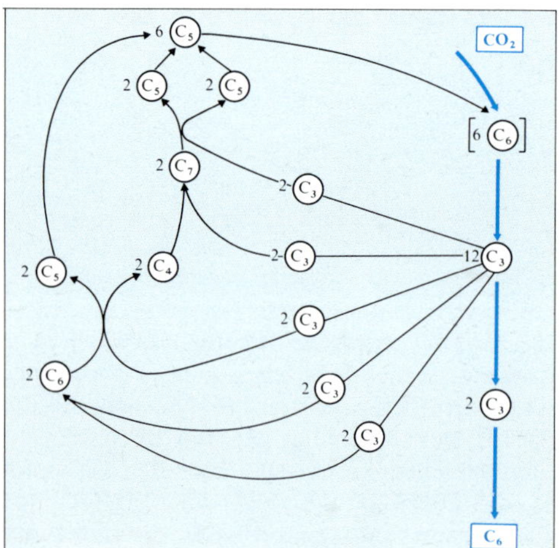

124.2. Schema des CALVIN-Zyklus

Sekundärreaktionen (Dunkelreaktionen). In der Dunkelphase wird das CO_2 mit Hilfe von NADPH und ATP, die in der Lichtphase gebildet wurden, reduziert. Das CO_2 wird nicht als solches reduziert, sondern es wird zunächst an einen unabhängig vom Licht gebildeten *Akzeptor*, das *Ribulase-1,5-bisphosphat*, gebunden. Der hierdurch gebildete instabile C_6-Körper wird sofort in zwei C_3-Körper, die 3-Phosphoglycerinsäure, zerlegt. Diese wird nun durch NADPH zu Triose-3-phosphat reduziert, wobei die im ATP deponierte Energie verbraucht wird. Dabei werden $NADP^+$ und ADP wieder regeneriert. Zwei Moleküle Triose-3-phosphat werden dann in einen C_6- Körper, das *Fructose-1,6-bisphosphat*, ungewandelt. Aus ihm entstehen die bekannten Photosyntheseprodukte wie Glucose, Saccharose und Stärke.

Ribulose-1,5-bisphosphat muß als CO_2-Akzeptor fortwährend neu gebildet werden, da es selber in die Synthese eingeht. Es wird in einem als **CALVIN-Zyklus** bezeichneten Kreisprozeß aus weiteren C_3-Körpern auf dem Weg über C_3-, C_4-, C_5- und C_7-Körper wiederhergestellt. Dabei wird noch einmal ATP verbraucht. Nur ein Sechstel der gebildeten C_3-Körper wird direkt zur Bildung der Photosyntheseprodukte verwendet und kann als Photosynthesegewinn betrachtet werden. Die übrigen fünf Sechstel gehen in den CALVIN-Zyklus ein.

Für die Fixierung und Reduktion des CO_2 ist also das Licht nicht unmittelbar notwendig. Aus diesem Grund nennt man diese Vorgänge „Dunkelreaktionen". Diese Bezeichnung darf aber nicht zu der falschen Vorstellung führen, daß die Sekundärvorgänge in Dunkelheit stattfinden. Tatsächlich laufen sie neben den Primärreaktionen im Licht ab. Sie sind lediglich *lichtunabhängig*.

Die beiden Reaktionsfolgen der Photosynthese lassen sich abschließend also folgendermaßen charakterisieren:
In der Lichtphase erfolgt zunächst nur die *Energieumwandlung*, nämlich die Umwandlung von Strahlungsenergie in chemische Energie. Erst in der Dunkelphase erfolgt die eigentliche *Substanzumwandlung*, nämlich die Umwandlung anorganischer in organische Stoffe. – Die beiden Vorgänge sind auch räumlich voneinander getrennt: Die Energieumwandlung findet in den Thylakoiden der Chloroplasten statt, die Reduktion des CO_2 im Chloroplastenstroma.

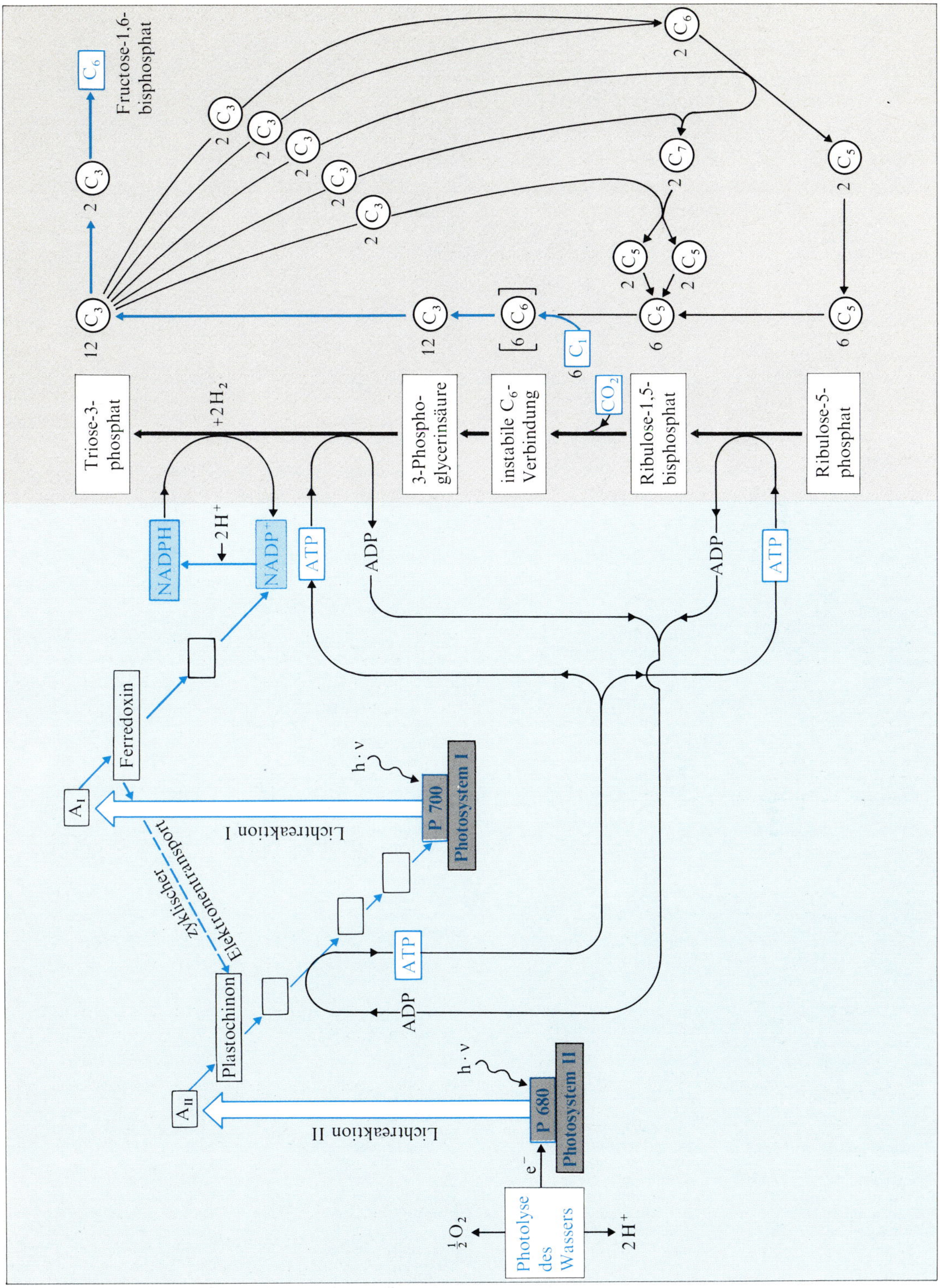

125.1. Übersicht über die Photosynthese-Reaktionen

Register

*Fette Seitenzahlen weisen auf ausführliche Behandlung im Text hin; ein * hinter den Seitenzahlen verweist außerdem auf Abbildungen; f. = die folgende Seite; ff. = die folgenden Seiten.*

A

A-Bande **54*f.,** 58*
Abschlußlamelle 24*, 25f.
Absorptionsspektrum 121*
Acetabularia 23f., 27*
Actin 56f.
Acetyl-Coenzym-A 115*f.
Adenin **76*f.,** 77*, 80*, 81f.
ADP 114f., 122f.
Äquatorialplatte 72f., 74f.
α-Helix-Struktur **93*f.**
aktives Zentrum 95f.
Aktivierungsenergie **96***
Akzeptor 124f.
Alanin 92*
Alkaloide **31**
Aminogruppe 92*f.
Aminosäure 81*, 82*f., **92***
Aminosäuresequenz 93f.
Aminosäurenstoffwechsel 61*
Amöbe 22*, 27f., **39***, 40*, **42, 51,** 70f.
AMP 114f.
Amylopektin 89f., 90*
Amylose 89f., 90*
Anaphase **72,** 73*f., **74,** 75*
Antennenpigment 120*f.
Anthocyane 31f.
Anticodon 82*
Arbeitsteilung 46f.
Assimilationssauerstoff 123f.
Atmungskette 61*, 115f., **116***
ATP 65f., 112f., **113*f.,** 122f., 123
ATPase 109f.
ATP-Bildung 61*
ATP-Energietransport **114**
Auflösungsvermögen **16f.**
Auge **8, 9*,** 16*
Augenfleck 41*f., 44*
Augentierchen 22*, 23f., 41*
Außenplasma 39f.

B

Bacteriochlorophyll 121f.
Bakterie 23f., 68f., 119*
Bakteriengeißel **53***
Bakterienzelle 68*
Base
– komplementräe 80f.
– organische 76*f., 78f., 80*f.
Basenpaar
– komplementäres **77f.**
Basensequenz **82**
Basentriplett **82**
β-Faltblatt-Struktur **93*f.**
Bindegewebe 46, **47,** 84*
Bildungsgewebe 22*, **48*f.**
Binsenmark 23f.
Biomembran 68f., **101**
– Feinbau **103**
Bläschen, pulsierendes **39,** 106f.
Blattepidermis 14*
Blattfarbstoff **29**
Blattquerschnitt 14*, 48*
Blaualge 23f., 68, 69f.
Blutausstrich 32*, 47*
Blutgruppenantigene 104f.
Blutkörperchen
– rote 22*, 32*f., 106, 107f., 109f.
– weiße 22*
Blutplasma 84*
Boten-RNA (m-RNA) **80, 81f.**
Brenztraubensäure 112*, 113*, 114*, 115*, 116*
BROWNsche Bewegung **34, 35**
BUCHNER, EDUARD 100f.

C

Calciumoxalatkristall **31f.**
CALVIN **124***
Carbonsäuregruppe 92f.
Carotinoid 28f., 64, 120f.
Carotin 28f., 65*, 120*
Carrier **108,** 109*
Carriertransport **110f.**
Cellobiose 88*, **89,** 90*f.
Cellulose **24,** 25f., **86*,** 87*, 88*f., 90*f.
Centromer 71, 72, 73*, 74f.
Ceratium 21*f.
CHARGAFF, E. 77f.
Chiasma 74f.
Chitin **89**
Chlamydomonas 22*, 44*, 45f., 52f.
Chlorophyll 28f., 64, 65*, 69, **119, 120*,** 121*
Chlorophyllfluoreszenz 122f.
Chloroplast **28*,** 29f., 41f., 44*, 50*, **64*, 65*,** 67*, 69*, 104f., 119*, 121f., 124f.
Chlorzinkiodlösung 25f.
Cholesterin 91*f.
Cholin, radioaktives 61*
Chromatin 27f., **57*f.,** 67*
Chromatide **71,** 72f., 73*
Chromatogramm 29*
Chromatographie **29**
Chromoplast **28*, 29**
Chromoplastenform 29f.
Chromosom 57*f., **71*,** 72f., 73*
– homologes 74f.
Chromosomensatz
– diploider **74f.**
– haploider **74f.**
Ciliaten 53f.
Cilie **40, 52,** 53f.
Citronensäurezyklus 61*, **115*,** 116*f.
Coenzym 96*f.
Cofaktor **96,** 114f., 116f.
Cosubstrat 96*f.
CRICK 76f., 78f.
Cristae 60f.
Crossing-over 74f.
Cystein 81*
Cytoplasma **26,** 30f., 33f., 39f., 44*, 67*, 68*, 69*
Cytoplasmabewegung 50f.
Cytoplasmamembran 68*
Cytosin **76*f.,** 77*, 80*, 81f.

D

DANIELLI 104*
Darmschleimhaut 46*
Dauergewebe 48f.
Dauerpräparat 12f.
DAVSON 104*
Deckgewebe 46f.
Denaturierung 98f.
Dendrit 21*f., 22*
Deplasmolyse 33f., 35f.
Desoxyribonucleinsäure (DNA) **27, 76*,** 87*
– Bau **76**
– Raumstruktur **76**
Desoxyribose **76*f.,** 86*f., **87***
Dichtegradient 19*
Dichtegradientenzentrifugation **19***
Dickenwachstum 25f.
Dictyosom **66*,** 67*
Differenzierung **44**
Diffusion **34*, 35*, 106*,** 107*
Dipolmolekül 84f.
Disaccharide 86*, **88***
DNA 64*, 65, 68*, 69*, 70*, 71*, 72, 77*, 78*, 80*, 81*
– Doppelhelix 78f.
– identische Verdoppelung **78***
– Kettenmolekül 77*
– Modelle 78*
– Polymerase 78f.
– Raumstruktur **77*f.**
– Superhelix 71*
Druck, osmotischer **36,** 37f.
Dünnschnitt **14**
Dünnschichtchromatographie 29*
Dunkelfeldmikroskopie **15***
Dunkelreaktion 124*f.
Dynein 52f.

E

E. coli 22*, 59*
Einbettung **14f., 17**
Einheitsmembran **104f.**
Einzeller 21f., 23f.
Eiweißstoff 26f.
Eiweißsynthese 92f.
Eizelle 22*, 74f.
Ektoplasma 26f., 50*, 51*
Elektronenmikroskop **16***
Elektronenquelle **16***
Elektronentransport
– nichtzyklischer 123f.
– zyklischer 125*
Elektrophorese **94***
Elementareinheit, photosynthetische 120f.
Elementarfibrille 25*f.
Elementarmembran **104f.**
Elementarpartikel 60*f., 61*
Endocytose **40**
Endoplasma 26f., 50*, 51*
Endosymbionentenhypothese **70***
Endosymbiose **70**
Energie 117f.
Energieäquivalent 123f.
Energieumwandlung 124f.
ENGELMANNscher Bakterienversuch 121*
Entwässerung **17**
Enzym 27f., 92f., **95*,** 109f.
– Bau **95**
– Wirkungsweise **95, 97**
Enzymaktivität 98*
Enzymanwendung **100**
Enzymhemmung **99**
Enzym-Substrat-Komplex 95*f.
Epidermis 38*, **48**
Epidermispräparat **22**
Epithel **46***
ER
– glattes **58*f.**
– rauhes **58*f.**
Erbinformation 72f., 78f., 81*f.
Erythrocyten 103, 104f., 107*, 109*
– semipermeable 106f.
Erythrocytenmembran 105*, 109*
Escherichia coli s. E. coli
Essigsäure, aktivierte 115f.
Ethanol 113*f.
Eucyte 68f., 69*, 70f.
Eudorina 44*f.
Euglena 22*, 23f., **43**
Eukaryote 23f., 68f., 70f.
Exkret **31**

F

F-Actin 55*
FAD/$FADH_2$ (Flavin-Adenin-dinucleotid) 114, 115, 116*f.
Fadenalge 119*, 121*
Fährboot-Modell 108*
Färbung **14f.**
Faserzelle 23f.
– pflanzliche 22*
FEHLINGsche Lösung **88**
FEHLINGsche Probe **87f.**
Feintrieb **9*f.**
Festigungsgewebe 48, **49**
Fett 26f., 61*
– Nachweis **91**
Fettabbau 60f.
Fettfleckprobe **91**

Fettsäureabbau 61*
Fixierung **14f., 17**
Flächenwachstum 25f.
Flagellat 52f., 70f.
Flavon 31f.
Flüssig-Mosaik-Modell **105f.**
Fluoreszenzmikroskopie **15***
Fortpflanzungszelle 52f.
Fructose 86*f., **87***, 124f., 125*
Fruchtzucker 86*f.

G

Gärung **113**
– alkoholische **112f.**, 113*
Galactose **87***, 88f.
Gefäß 49*f.
Gefrierätzung **18***
Geißel **41***, **52***, 68*, 69*f.
Geleitzelle 20*, 21f.
Gelzustand 26f.
genetischer Code **81, 82*f.**
genetische Information 81*
Gerüstsubstanz 92f.
Gesamtvergrößerung 9f.
Gewebe 7*
– pflanzliches **48**
– tierisches **46**
Gewebespannung **37**
Glucose 86*f., **87***, 89f., 95*, 107f., **112*f.**, 113*, 114*, 119f.
– Abbau 116f.
Glucoseaufnahme 107*
Glucosevergärung 98*
Glutaraldehyd 17f., 52f.
Glycin 92*
Glycogen **89**, 90*f.
Glycolyse **112**, 113*, 114*, 115*, 116*f.
Glycoprotein 66f.
Glycosid **31**
GOLGI-Apparat **66**
GOLGI-Vesikel 66*f.
GOLGI-Zisterne 66f.
GORTNER 104*f.
Gramicidin 111*f.
Grana **64f.**
Granathylakoid 64*
Guanin **76***, 77*, 80*, 81f.
GRENDEL 104*
Grobtrieb **9*f.**
Großkern 40*, 41
Grundgewebe 48f., **49**

H

Haar 22*
Hämoglobin 94f.
Hafer 89*
halbdurchlässig (s. semipermeabel)
Hautgewebe **48**
Hefezelle 97*
Hellfeldmikroskopie **15**
Hemmung **99**
– allosterische **99***
– kompetitive **99***
Heuaufguß **23**
Hexose 87*f.
HILL-Reaktion 121, 122f.
Homogenisator 19*
Homogenisierung **19***
HOOKE, ROBERT 7f.
Hornalge 21*f.
Hydra 45f.
Hydrathülle 85*f.
hydrophil 85f., 103*f., 104
hydrophob 85f., 103*f., 105f.
hypertonisch 32f., 33f.
hypotonisch 32f., 33f.

I

I-Bande **54*f.**
IEP, isoelektrischer Punkt 94f.
Innenplasma 39f.
Interferenzkontrastmikroskopie **15***
Interphase **72**
Invertase 100f.
Iod-Iodkalium-Lösung 11f.
Ionenfallenprinzip **102f.**
Ionenpumpe 110f.
isotonisch 32f.

K

Kaliumpermanganat 17f.
Karminessigsäure 27f., 74f.
Kartoffel 89*
Kartoffelknolle 29f.
Katalase 96f., **97**
Katalysator **95**, 96*f.
Kern 7*, 18*, **57**, 58*, 101f.
Kernäquivalent 68f., 69*
Kernfärbung **27**
Kernhülle 27f., **57***, 67*, 72f.
Kernkörperchen **27**, 30*, **57***
Kernplasma 27f., **57***
Kern-Plasma-Relation **23**
Kernpore **57**, 58*, 67*
Kernsubstanz 68f.
Kieselalge 18*
Kleinkern 40*, 41f.
Knochen 47f., 84*
Knochengewebe **46***
Knorpel 47f., 84*
Knorpelgewebe 46*, **47**
Kochsalzlösung, physiologische 32*f.
Kohlenhydrat 26f., 31f., 61*, **86***, 103f., 105*
Kohlenhydratabbau 60f.
Kohlenstoff **119**
Kohlenstoffdioxid 117f.
Konjugation 41f.
Kompartiment 27f., 101f.
Kompartimentierung **26**, 27f., **68**
Kompartimentierungshypothese **70***
Kondensor 9*, 16*
Kondensorblende **9f.**
Kondensorlinse **9f.**
Kontrastierung 14f., **17**

L

Lactose 86*, 87*, 88*f.
Längenmessung (Mikroskop) 13
Längsteilung 41f.
Lampe 9*
Leberzelle 62*, 63*, 101*
Lebewesen, einzellige **39**
Lecithin 91*f., 103*f.
VAN LEEUWENHOEK, ANTON 7f.
Leitbündel 49*f.
Leitgewebe 48f., **49**
Leukoplast **28***
Lichtabsorption **120, 122**
Lichtenergie **119**, 121f.
Lichtmikroskop **9***, 16*
Lichtreaktion **122**, 123f., 125*
Lipid **91***, 103*f., 105*f.
Lupe **8, 9**
Lupenvergrößerung 8*
Lysosom **66**
Lysozym 95*, 100f.

M

Maltase 95*
Maltose 86*, 88*, 90*f., 95*
Matrix 60*f., 61f.
Malzzucker 86*, **88***
Meiose **74**, 75*
Membran 68f.
– künstliche 110f.
– permeable 35*
– semipermeable 35*, 36*
Membraneinstülpung 68*, 69*
Membrankohlenhydrat **104**
Membranlipid 103*f.
Membranmodell **103, 104***
Membranprotein **104**
Membransystem 26f., 101f.
messenger-RNA (m-RNA) **80f., 81*f.**
Metaphase **72**, 73*, **74**, 75*
Methacryl 17f.
Methylenblau 11f., 12f.
Micelle 25f.
MICHAELIS-Konstante **99f.**
Micrococce 23f.
Microtubuli 26f., 69*
Mikrofibrille **24**, 25*
Mikromanipulator 27f.
Mikroskop 7f., **8**
Mikroskoppflege 9*
Mikrotom **14***
Mikrotubuli **52*f.**
Milchsäure 88f., 113*f., 114*
Milchsäuregärung **112f.**
Milchzucker 86*, 87*f., **88***
Mitochondrium 26f., **60***, 61*, **65f.**, 69*, 101f., 104f.
– Bau **60**
Mitochondrienvermehrung **61***
Mitose **72**, 73*, 75*
Mittellamelle 24*, 25f.
Monosaccharide 86*, **87***
Mundfeld 40*f.
Mundschleimhaut **10***, 12*, 22*, 101f.
Murein 69f.
Muskel 52*, 84*
– gestreifter 58*
Muskelfaser **54***, 58*
Muskelfaserbündel **52***
Muskelgewebe 46f., **47**
Muskelkontraktion **54, 55**, 56*, 92f.
– Gleitmodell **55**
Muskulatur
– glatte 47f.
– quergestreifte 47f., **54f.**
Myofibrille **54***, 55*
Myosinfilament 55*, 56*
Myosin **55***, 56f.

N

$NAD^+/NADH$ 113, 114, 115f.
$NADP^+/NADPH$ 121f., 125*
Nahpunkt **8**
Nahrungsvakuole 40*, 51*
Negativkontrastierung 17*f.
Nervengewebe 46f., **47***
Nervenzelle **21***, 22*, 47f.
Netztrachee 22*
Neutralfett **91*f.**
Neutralrot 102*f.
Neurit 21*f., 22*
Neurofibrille 21*
NICOLSON, G. L., 104, 105f.
Nucleinsäure **76**
Nucleolus 67*
Nucleosom 71*
Nucleotid **76**, 77, 78f., 81, 82f.
Nucleus **27, 57***

O

Objektiv **9***, 16*
Objektmikrometer **13***
Objektstrahl 15f.
Objekttisch 9*
Objektträger 10*, 17f.
Okular **9***, 16*
Okularmikrometer **13***
Oligosaccharide 86*, **88**
Organ 7*
Organelle 27f.
Organismus 7*
Osmometer **34, 36***
Osmose **34, 36**
Osmosetheorie **35**
Oxalat **31**
Oxalessigsäure 115*, 116*f.
Oxidation 114*, 116f.

P

Pandorina 44*f.
Pantoffeltierchen **12*f.**, 22*, **23, 40***, 41*, **42, 43**, 53f., 106f.
Paraffin 14f.
Paralleltextur 24*, 25f.
Paramecium (s. Pantoffeltierchen)
pasteurisieren 98f.
Pellicula 40, 41f.
Pentose 87*f.
Peptidbindung **93***
PFEFFERsche Zelle **36***
Pflanze, vielzellige **23**
Pflanzenfett 91*
Pflanzengewebe, Wassergehalt **84***
Pflanzenzelle **11**, 67*, 102f.
Phagocytose 39*, **40***, **42**, 70*
Phasenkontrastmikroskopie **15***
Phenylalanin 92*
Phospholipid **91*f.**, 103f.
Phospholipidmolekül 65*
Phosphorsäure 76*, 80*
Phosphorwolframsäure 17*
Phosphorylierung 112f., **122**
– zyklische 123*
Photoreceptor 41*f.
Photosynthese 28f., **117, 121**
– Bedingungen **119**
– Entdeckungsgeschichte 117f.
Photosynthesereaktion 125*
Photosystem I **120***, 125*
Photosystem II **120***, 125*
pH-Optimum 98f.
pH-Wert 98*f., 102*
Pinocytose 39*, **40***, **42**
Pinocytose-Vesikel 67*
Plasma 7*, 81*, 102*
Plasmalemma 7*, 26f., 30*, 33f., 50*, 67*, 68, 69*f., 102*

Plasmaströmung **50*, 51**
Plasmid 70*f.
Plasmolyse **32, 33***, 35f.
Plastide **28, 29,** 70f., 101f.
Plastidenfarbstoff **29**
Platin 96f.
Pore 111*
Porentransport **111**
Polyribosom **59f.**
Polysaccaride 86*, **89,** 90*
Polysom **59f.**
Primärelektronen 18f.
Primärreaktion **122**
Primärstruktur **93***
Primärwand 24*, **25**
Primordialwand 25f.
Procyte **68,** 69*, 70f.
Prokaryont 68f., 70*f.
Präparatherstellung **10**
Prophase **72,** 73*, **74,** 75*
Protein 61*, 65*, **92*, 95,** 103f., 105*f.
– Aufbau **92**
– porenbildendes 111f.
– Raumstruktur **93**
Protein-Anionen 94f.
Proteinbiosynthese 59f., **81,** 83*
Protein-Kationen 94f.
Pseudopodie 40f., 51* (s. Scheinfüßchen)
Pyrenoid 44*

Q

Quartärstruktur **94***

R

Rasterelektronenmikroskop (REM) **18**
– Aufnahme 18*
Reaktionsgeschwindigkeit 99*f.
reaktionsspezifisch 95f.
Reaktionszentrum 120*f.
Reduktionsäquivalent 123f.
Reduktionsteilung
– 1. Reifeteilung 74f., 75*
– 2. Reifeteilung 74f., 75*
Reduplikation, identische **78**
Reizbarkeit **41**
Reservestoff **31**
Reticulium 58
– endoplasmatisches **58***, 66*, 67*, 101f.
– sarkoplasmatisches **58***
Ribonucleinsäure (RNA)
– Bau **80**
– Raumstruktur **80**
Ribose 80*, 86*, **87***
Ribosom 26f., **58*, 59*f.,** 60*, 64*, 67*, 68*f., 69*, 70f., **81f.,** 82f.
Ribulose-1,5-bisphosphat 124f., 125*
RNA 65f., 80*, 81*, 87*
– Bausteine 80*
– Kettenmolekül 80*
– ribosomale (r-RNA) **80f.**

Röntgenstrukturanalyse 77f.
Rohchlorophyllösung **29**
Rohrzucker 86*, 88*
Rübenzucker 86*, 88*

S

Saccharose 86*, **88***
Saccharoselösung 19*
Sättigungskonzentration 107f.
Sättigungskurve 107f.
Sarkomer **54***, 55*, 56*
Salz 26f.
Sauerstoff **119**
Sauerstoffbildung 119*
Sedimentationskoeffizient 59f.
Seeigel 115*
Sehwinkel **8f.**
Sekundärelektronen 18f.
Sekundärreaktion 122f.
Sekundärstruktur **93***
Sekundärwand 24*, 25f.
semipermeabel **35,** 106f.
Semipermeabilität **101f.**
Serin 92*
Siebröhre 20*, 49f.
Siebröhrenglied 21f.
Siebzelle 21f.
Singer, S. J. 104f., 105f.
Skelettmuskel 54*
Solzustand 26f.
Spaltöffnung **38***
Speichelamylase 98*
Spermazelle 22*, 74f.
Spindelfaser 72f., 73*, 74f.
Substanzumwandlung 124f.
Substratkonzentration **99*f.**
Substratmolekül 95*
substratspezifisch 95f.
S-Wert (Swedbeg-Einheit) 59f.

Sch

Scheinfüßchen 22*, **39**
Schirmalge 23f., 27*
Schleiden, Mathias 7f.
Schrägbedampfung 17*f.
Schwannsche Scheide 21*
Schweinsblase 36*
Stärke **86*, 89f.,** 90*
Stärkebildung 119*
Stärkekorn 29f., 64*, 89*
Stärkeverflüssigung 100f.
Stativ 9*
Steroid **91*f.**
Stoffwechsel **112**
Stoffwechselregulation **99**
Streckungswachstum 30*
Streutextur 24*, 25f.
Stroma **64*f.**
Stromathylakoid 64*
Stützgewebe 46f., **47**

T

Teilung 40f.
Telophase **72,** 73*f., **74,** 75*
Temperatur 98f.
– Einfluß 98*
Temperaturoptimum 98*f.
Tertiärstruktur **94**
Tertiärwand 25f.
Tetrade **74*f.**
Thylakoid 64f., 69*f., 124f.
Thylakoidmembran **64f.,** 65*
Thymin **76*f.,** 77*, 80f.
Tierfett 91*
Tierzelle 67*
Tonoplast 7*, 30*f., 33f., 50*, 67*, 102*
Tracheenglied 22*
Tradescantia, Staubfadenhaare 50*f.
Trägermechanismus 108*
Trägermolekül **108**
Transfer-RNA (t-RNA) **80f.,** 81*f.
Transkription **81,** 83*
Translation **81, 82,** 83*
Transplantationsversuch 27*
Transport
– aktiver **109***
– passiver 106*, **107***, 108*
Traubenzucker 86*f.
Trichocyste 41*f.
Tubuli 60f.
Tubulinmolekül, dimeres 52*
Tubus 9*
Turgor 36, 37, 38f.

U

Übergangsform **44**
Ultradünnschnitt **17**
Ultramikrotom **17**
Ultrazentrifuge **19,** 27f., 59f.
Untersuchungsmethode
– elektronenmikroskopisch **17**
– lichtmikroskopisch **14**
Uracil 80*, 81, 82f.
Uranylacetat 17*
Urzeugungstheorie 7f.

V

Vakuole 7*, **11***, 18*, **30*, 31, 33,** 36f., **43,** 50*, 102*f.
– kontraktile **37**
– pulsierende 39f., 40*, 44*, 51*
Valinomycin 110*f., 111f.
Vegetationspunkt 48f.
Vergrößerung 8*
– perspektivische 8f.
Vermehrung
– ungeschlechtliche 41f.
Vielzeller **46**
Virchow, Rudolf 7f.
Vitalfärbung **102**
Vitamin 96f.
Volvox 44f., 45*f.

W

Wanddruck **36**
Wasser **89, 119**
– als Dipolmolekül 85*
Wasserpest 50*, 51f., 119*
Wasserphotolyse 121f., 125*
Wasserspaltung 121, 122, 123
Wasserstoffbrücke 77*f.
Wasserstoffbrückenbindung 85*f.
Wasserstoffperoxid, Spaltung **97f.**
Watson 76, 78, 79f.
Wechseltierchen 22*, 39f.
Wechselzahl des Carriers 110f.
Weizen 89*
Wilkins 76f.
Wimper **40***, 53f.
Wurzelhaar **20***
Wurzelepidermis 20*
Wurzelrinde 20*

X

Xanthophyll 28f.
Xanthoproteinreaktion **92f.**

Z

Zellafter 40*, 41f.
Zellatmung 60f.
Zellbewegung **50**
Zellbiologie **7**
Zelldifferenzierung 46f.
Zelle 7*
– tierische **12**
– embryonale 30*f.
– elektronenmikroskopische **57**
– Inhaltsstoff **84**
– Bau **84**
Zellform **20,** 22*
Zellfraktionierung **19**
Zellgröße **20,** 22*, **23,** 68f.
Zellhomogenat 19*
Zellkern **11***, 19*, 21*, **26f., 27***, 39f., 44*, 50*, 51*, **57***, 69*, **71,** 81*
Zellkolonie **44**
Zellmembran **12**
Zellmund 40*
Zellorganelle 26f., 101f.
Zellplasma 40*
Zellsaft **30, 31**
Zellsaftfarbstoff **31**
Zelltheorie **7**
Zellwand 7*, **11*, 24*, 33,** 50*, 67*, 68*, 69*f., 89f., 90*, 102*
Zellzyklus **72**
Zigarettenasche 97*
Zisterne 58*f.
Z-Streifen **54*f.,** 56*, 58*
Zucker **86**
Zucker-Phosphorsäure-Kette 76*
Zwiebelepidermis 11*, 22*
Zwiebelhäutchen **10,** 13*f., 22*, 25f., 101f.
Zwiebelschuppe 10*
Zwiebelzelle 101*
Zwitter-Ion 94f.